本书是教育部人文社科规划基金项目"西北农业水资源优化配置下的政府和农户行为研究——以陕西省为例"（项目编号：11YJA790027）的最终研究成果

中国农业灌溉活动中
利益相关者行为研究

A Study of Stakeholders Behavior in
China's Irrigated Agriculture

方兰 著

科学出版社

北 京

内 容 简 介

在农业灌溉由传统的供给管理向需求和参与式管理转变的过程中，重视并发挥利益相关者的作用成为关键。本研究以我国农业灌溉活动中三个主要的利益相关者，即政府、供水单位与个体农户为研究对象，以实际案例为依托，层层递进地分析和研究了这三个利益相关者在灌溉活动中的重要作用与相互影响。在此基础上，对灌溉活动中利益相关者主体的内涵与外延进行了理论探讨，并应用博弈论相关原理对三个利益相关者之间的关系进行了理论建模与分析。本书也对我国灌溉农业的发展历程与存在问题进行了系统地回顾与分析，对灌溉活动的效益进行了评价，最后就提升我国灌溉水资源治理水平提出了相应的政策建议。

图书在版编目（CIP）数据

中国农业灌溉活动中利益相关者行为研究 / 方兰著. —北京：科学出版社，2016.10
ISBN 978-7-03-050071-7

Ⅰ．①中⋯　Ⅱ．①方⋯　Ⅲ．①农业灌溉－研究－中国

Ⅳ．①S274

中国版本图书馆 CIP 数据核字（2016）第 233912 号

责任编辑：陈　亮　任晓刚 / 责任校对：张小霞
责任印制：张　倩 / 封面设计：楠竹文化
编辑部电话：010-64026975
E-mail: chenliang@mail.sciencep.com

科 学 出 版 社 出版
北京东黄城根北街 16 号
邮政编码：100717
http://www.sciencep.com
中国科学院印刷厂印刷

科学出版社发行　各地新华书店经销
*
2016 年 9 月第 一 版　　开本：720×1000 1/16
2016 年 9 月第一次印刷　　印张：18 1/4
字数：300 000
定价：**78.00 元**
（如有印装质量问题，我社负责调换）

前 言

　　笔者自 20 世纪 90 年代参加工作以来即从事与"三农"相关的工作，在 20 余年的工作和学习中，深刻体会到"水"对于中国农业的命脉作用。进入 21 世纪以来，所见中国农村的发展变化，有欣慰，有隐忧，"慰"的是中国国力迅速崛起，正在进入快速的城镇化和步入农业的现代化，"忧"的是在资源和环境双重约束下的中国农业如何实现可持续发展。一方面是国力增强，国民富裕，对农产品的需求不断增长；另一方面是农村青壮年劳动力流入城市，大量的土地撂荒，农村陷入"空心化"的境地，更遑论农田水利基础设施的运行及维护，未来的农业可持续发展不容乐观。

　　记得 2000 年 6 月，我第一次对陕西省礼泉县苹果产区的节水技术推广进行调查，我欣喜地看到了专业化果业生产为农民带来的巨大的收入提升，也看到了缺水地区的农户在实施节水灌溉技术方面所做的努力，他们田间的蓄水池、往返拉水的拖拉机，乃至埋在地下的渗灌管道，都让我深深地震撼，我看到了基层水利部门在因地制宜多样化节水技术推广方面的努力，看到了农户在节水灌溉中所起到的巨大作用，此后我把自己的研究领域就深深地定格在了"水"！20 年不变初心，希望以一介书生之力，能为祖国的农业、农村和农民做一些有用的事情。多年来，笔者在我国农业水资源配置效率、农业水价和农业水权方面进行了较多的理论探索和实践，所研究的成果亦见诸于国内外主流学术期刊并经常被政府部门采用。学术界的肯定和来自社会的肯定，增强了我研究的信心，让我有足够的动力和饱满的热情继续将对"水"的研究工作进行下去。

礼泉调研之后，我对西北、华北乃至西南地区的农村水资源管理利用情况坚持不懈地进行田野调查。首先是在水资源较为短缺的陕西省关中各大灌区及渭北旱原地区做扩展调查，之后在陕南南水北调中线水源地的调查，让我体会到了雨量充沛的陕南地区灌溉农业与关中地区的不同。随着调研的不断深入，我和我的研究团队发现农业水资源的优化管理，灌溉活动的高效实施，最重要的不是基础设施建设，而是灌溉活动中的主要决策和行为主体，即政府、供水管理单位、农户，这三者的行为优化对灌溉活动有着决定性的影响作用。

2010 年团队在贵州省安顺市的田野调查，向我们揭示了西南大旱虽有气候变化的影响因素，但不科学的农户用水行为加剧了该地区的环境恶化及农业发展的不可持续。从此，农户在灌溉活动中的行为影响走入我们的视野，并成为我们研究的重点之一。

2011 年团队在山西大同市的调查及研究，向我们深刻揭示出影响灌溉活动的几个主要因素中，水价和政府补贴贡献最大，其次是灌溉技术。这意味着政府政策导向在农业生产和灌溉活动中所起的正面的主导作用。研究结果同时显示，农户的行为优化对社会福利提升的贡献大于政府行为优化的贡献，也再次印证了政府和农户在灌溉活动中的主体地位。

2012 年团队对黄土高原东部地区的农业水资源调查，涉及陕西北部及山西南部部分县市。我们发现调研地由于自然禀赋和社会经济状况不同，导致各地的农业用水制度、水利基础设施、耕作制度、惠农政策效应及农村生态环境等方面的情况也存在较大的地域差异。山西省由于地势原因引黄灌溉存在较大困难，基层供水部门实行六级水站提升黄河水至农户田地的灌溉，以回补地下水位。此次调研体现出了综合目标考察，由农业水资源利用推广至对生态环境及耕作制度的影响。政府、供水部门与农户的作用进一步体现。

研究团队之后于 2013 年对陕西榆林市榆阳区、2014 年对西安市十区三县、2015 年对甘肃省张掖市、2016 年对西咸新区进行了一系列有关农业水资源管理的田野调查。调研所见在不断地丰富着我们的知识，也不断地勾勒着如何优化我国农业水资源和灌溉管理的图谱，一个越来越清晰的概念在我的头脑中显现：灌溉活动中的政府、供水机构与个体农户的作用及其行为优化是决定我国农业灌溉活动优化的关键因素。

长期以来，我国在农业水资源管理方面仍存在着诸多问题需要重新思考和解决。主要体现在：

（1）偏好行政管理及计划调节，政府作用被置于绝对主导地位。从用水指标的确定到大规模的调水行为，无一不是政府行为的体现。政府对全国水资源利用情况进行整体的计划，然后根据行政体系逐步向下分配行政指标。即使是近年来逐渐兴起的水权制度，其初始水权分配仍然是这种思维模式。水权证和用水许可之间并无实质性区别。在遇到水资源需要重新配置的情况时，依然是以行政命令的方式进行水资源的再分配，同时应该体现市场作用的水价无法反映水资源的稀缺情况，这在农业水资源领域体现的尤为明显。目前我国的农业水价严重偏低，无法反映当前水资源紧缺程度。农业水价无法覆盖农业供水成本，更谈不上推行农业完全成本水价。现阶段的农业完全成本水价仍然只存在于理论当中。一方面这和农民较弱的经济水平有关；另一方面和行政管理、福利供水的计划思维也是分不开的。正是在行政思维、计划思维管理主导的体制下，市场的作用被长期地抑制，导致市场无法在资源配置中起到应有的作用。在我国全面深化改革，改革进入深水区的背景下，农业水资源的市场化改革是较为滞后的。

（2）注重供给管理，忽视需求和参与式管理，对来自需求方的农户的作用未能给予足够的重视，而农户"上"受到国家水政策、农业政策的导向，"中"受到供水部门的管理和服务，归根到底，农户是用水方，是国家政策的瞄准群体，是供水单位的终端用户，是应用水资源为生产要素的粮食的生产者，是灌溉活动的最终实现者，应该给予应有的地位。长期以来，我国一直重视水资源的供给管理，但是水资源的供给能力是有限的，目前我国水资源供给管理成本已经十分高昂，水利工程的负外部性逐渐显现，生物多样性的丧失和生态环境的破坏也为大型水利工程的兴建敲响了警钟。世界各国也都意识到这一点，并纷纷转向需求管理，很多国家实行了精细化的需求管理，迅速提高了水资源的利用效率，此举值得我们借鉴。

（3）长期以来政府和灌溉供水单位存在政企不分的状况，亟须理顺关系。各级水利部门是政府的水行政主管部门，主要通过法律、法规、政策、规划、协调监督等手段对水利工程进行管理和宏观调控；灌溉供水单位是在国家统一规划和计划指导下，遵照政策、法令的规定按社会需求和自身经济效益，进行生产经营活动的企业，是微观管理。各级政府，包括水行政主管部门应尽快从水利工程的具体管理中退出来，恢复供水管理单位的应有职能。从而使供水单位更好地执行政府的相关水政策规定，同时做好企业的自身核算，并做好对农户的灌溉用水的调度、维护及服务。

可见，农业灌溉活动的管理涉及三个主要的利益相关者，即政府、供水单位与个体农户。不同的利益相关者有不同的利益诉求，需要有相关的融通机制将这些利益相关者统筹起来，形成合力。因此重视利益相关者作用，从需求管理出发，引入市场机制是提高我国灌溉水资源管理水平、提升农业用水效率的关键。

综上，本研究拟从案例研究出发，本着发现问题，研究问题，解决问题的思路进行。全书共分两大部分，第一部分是案例分析与研究，第一个贵州安顺市的案例揭示了农户在灌溉活动中的作用和影响，第二个山西大同的案例揭示了政府与农户共同的影响作用，第三个黄土高原东部案例体现了农户、政府与供水机构在实践中的不同作用。由这三个递进的案例研究成果，我们进入第二部分的理论与政策，即理论探索、政策梳理和绩效评价部分，本部分内容涵盖灌溉活动中利益相关者主体的内涵与外延的界定，理论模型中的利益相关者关系研究，我国农业水资源管理现状与存在问题，我国灌溉农业政策的发展沿革，灌溉效益的评价等，最后提出我国在灌溉水资源治理方面的对策建议。

本书的相关研究工作由笔者与所指导的博士后、博士研究生以及硕士研究生共同完成。全书共分上、下两篇，共 8 章内容，各章节具体分工如下：第 1 章：方兰，杨伟；第 2 章：方兰，孟晓东；第 3 章：方兰；第 4 章：方兰，穆兰，陈龙，王思博，袁渊，王超亚；第 5 章：方兰，乔娜，杜毅；第 6 章：方兰，王露梅，杨钰杰；第 7 章：方兰，王亚男，徐倩，王浩；第 8 章：方兰，乔娜，穆兰。全书由方兰进行总体设计、统稿及定稿。穆兰和陈龙为全书的编辑和校对做了大量的工作。

本书的研究出版得到了教育部人文社会科学规划项目（11YJA790027）的经费资助，在此表示深深地感谢。科学出版社编辑对书稿做了认真细致的编辑工作，为本书的出版付出了极大的辛劳，也一并致以衷心的感谢！

方 兰

2016 年 7 月

目录

上篇　案例分析与研究

下篇　理论与政策

上篇
案例分析与研究

第 1 章　农户灌溉行为研究——以贵州省安顺市为例

1.1　引言

1.1.1　西南地区持续干旱引发对农业灌溉用水的反思

中国水资源总量呈短缺状态，然而在南方地区，尤其是以水资源丰沛著称的西南地区，丰富的降雨、温润的气候和大量的地下水是其农业生产的一大优势。然而，近几年来持续的旱灾却使得该地区农业生产的有效灌溉得不到基本保障。百年不遇的旱灾以毁灭性的姿态摧残了西南地区农户的预期收成和整体的农业生产环境。气象学家判断，极端的气候变化是造成持续干旱的主要原因。然而，旱灾中暴露出的很多不可忽视的主观性因素也进一步加剧了旱灾的影响程度：水资源浪费现象严重；农户及地方政府对可能出现的灾害（尤其是旱灾）缺乏忧患意识；灌溉模式落后；基本水利设施普遍存在荒废或失修。这也引起社会各界对于西南地区农业生产活动、农业灌溉模式及整体水利设施建设的关注和讨论，而对西南地区农业灌溉用水问题进行深层的研究则显得刻不容缓（付全高，2010）。

自 2011 年入夏起，西南地区又一次遭受了旱灾的侵袭。随着干旱的不断蔓延，探究旱灾的原因，专家认为其是多方面因素作用的结果，既有自然性及工程性的原因，也有制度性的原因（徐长春，2010）。在气候专家的解读下，客观地说，全球气候变化已然成为持续干旱的罪魁祸首。但不可回避的是，西南地区近年来持续的旱灾同样也暴露出该地区农业生产中落后的灌溉模式、老化的水利设施及农户淡薄的节水意识等问题，而这些问题也进一步映射出严重干旱的主观性原因。事实上，自 2008 年至今，西南地区出现的大面积干旱使得该地区水资源利用不合理及水利设施老化、不配套等问题不断引起社会各界的广泛关注。从中央至地方，无论是政府还是专家学者都开始积极地重新审视西南地区的农业生产、水资源利用及农业灌溉情况。

1.1.2　西南旱灾凸显农业灌溉用水问题

1.1.2.1　农户"靠天吃饭"心态导致农业灌溉模式落后

我国西南地区虽然降水丰富，但却在很大程度上存在着时空分布不均的问题。西南三省中以云南省降水量最大，其次是四川省，最后是贵州省。其中，云贵两省气候特征和地形地貌最为相似。由于其特殊的地形，热带季风和亚热带季风受云贵高原阻挡，形成暖锋（主要位于云南省境内）和冷锋（主要位于贵州省境内）影响云贵两省的雨量形成。显而易见，相对降水量较大的滇川两省，贵州省在旱灾中就面对着更大的困难。贵州省具有典型的喀斯特地貌，并大都以山地为主，是传统的灌溉农业区，村寨大多傍山而建。受地形影响（山高、坡陡致使河流水难以有效地为农户灌溉所用），贵州省农业水利建设难度比较大。同时，农户对待农业生产也大都抱着"靠天吃饭"的心态，灌溉模式普遍落后，大部分农田、农地仅依靠自然降水，即俗称的"望天田"。如果村寨依山傍水，农户会适当修葺长满杂草的土渠，将附近的河流水引入田地以保证农作物的有效灌溉。而在西南大旱期间，多数河流断流、干枯，这直接地影响了农户的生活和生产。而对于周围没有河流的村寨来说，旱灾对于他们的影响则更为严重。除了天然降水灌溉外，农户的生产活动所需的灌溉用水主要依靠自然降水后的山塘积水或者小型水库蓄水，待需水时从中引水或提水灌溉，有的村寨也依靠打井取水解决日常的生活和农业灌溉。一旦遭遇极端干旱气候，一方面农作物不能获得充足的自然降水补给；另一方面，山塘、水库不能得到有效蓄水纷纷干涸，农业灌溉问题便无从解决。而近年来西南地区不断发展的采矿业也使得原先容易采集的地下水越来越难获取。可见，极端的干旱气候对西南地区农业生产影响非常大，这也使得本不应该在丰水的西南出现的农业灌溉水紧缺问题成为政府及农户最为棘手的难题。

1.1.2.2　"打井取水"等短期行为使西南农业可持续发展难以为继

面对近几年持续不断的干旱气候，中央及地方政府除了在财力、物力、人力上帮助西南地区救灾外，也与各地农户一起积极地找寻取水抗旱的办法。众所周知，西南地区地下水资源储量大。因此，面对百年难遇的旱灾，地方政府及农民普遍采用打井取水进行抗旱。在旱灾期间，西南各省打井数量快速上升，虽然有效地缓解了城镇居民的饮水问题，部分地区的农业灌溉用水紧缺问题也在一定程度上得到了缓解。然而，这在旱灾过后却为西南地区农业灌溉带来了新的问题。西南地区大多为喀斯特地貌（尤其是云贵两省），打井抽取地下水常常会造成地下水位下降。值得注意的是，在旱灾期间，打井工作大多以村为单位，缺乏专业的地质和水利专家的指导。因此，常常出现一个村在进行打井工作时，打穿地下水上层石灰岩而使得刚刚完工的邻村水井缺水。据了解，在此次抗旱期间，甚至出现打井工作的严重失误，造成地下河改道。长远来看，这种看似简单但却缺乏科学指导的打井取水灌溉方式不但不能解决西南地区农业灌溉用水问题，还可能会加剧灌溉用水的紧张程度。

1.1.3 问题提出

西南旱灾所引发的一系列近忧及隐患，使得大批学者开始探索极端气候对西南地区农业生产的影响。与此同时，部分研究者也开始将关注的焦点转到西南地区农村水利建设以及农户灌溉用水行为的研究中来。事实上，作为灌溉活动的主体，农户的用水行为极大地影响了该地区的农业灌溉用水效率，更会进一步影响该地区的农业生产活动。那么，研究农户的用水行为则有可能为改善西南地区的灌溉模式、提高该地区的灌溉效率提供科学的依据，进而有效地应对可能出现的极端天气。因此，对于影响农户灌溉用水行为因素的分析可以从根本上理解该地区"靠天吃饭"的农业灌溉模式，更可利用分析所得结论督促农户在以后的农业生产中合理地利用水资源，预警性地面对旱灾。

本研究的实证分析立足于贵州省安顺市，研究数据均来源于对该市不同乡镇农户的入户调查及相关部门的信息、资料。事实上，西南各省无论是农业灌溉模式还是其在旱灾中所经历的损失，乃至抗旱所采取的措施都极为相似，而贵州省作为西南大旱的受灾省份之一，研究其灌溉情况能够更好地为其他西南省份提供借鉴。位于黔中的安顺市具有典型的高原型湿润亚热带季风气候，农业人口约为贵州省农业人口的 20%，其农业产值约占贵州省的 10%。因此，无论从气候还是农业生产方面，安顺可以在很大程度上代表贵州的整体水平。因此，以安顺为基础数据的实证研究对于贵州省乃至西南地区均有很好的代表性。另外，本研究的实证分析选取微观个体农户为研究对象，能够更加详细地分析影响农户灌溉用水行为的因素以及农户灌溉用水行为对整个地区灌溉模式、灌溉效率的影响，修正并完善抗旱过程中的各项举措，无论是对改善农户薄弱的节水意识、落后的灌溉方式，还是积极地面对未来可能出现的干旱，都有着非常积极的意义。

1.2　文献综述及评价

1.2.1　公共物品理论与农户灌溉用水行为

早在 19 世纪八九十年代，西方学者就将农户行为和公共物品的使用联系在一起，他们认为公共物品的性质在很大程度上决定了个人的行为选择。几位最富有代表性的国外研究者集中讨论了农户合作行为和维持的问题。Garrett Hardin（1982）最早将公共物品理论与农户的过度放牧联系在一起，提出著名的"公地的悲剧"：任意许多个人共同使用一种稀缺资源，便会发生环境的退化。他对于农户对公共物品的使用持完全悲观的态度。Howard（1982）假定每个农户均具有两种类型的效用函数，团体偏好和自利性偏好，个人必须在两种偏好效用函数之间进行权衡（trade-off），这是一种公共物品使用的集体行动模型，但这并未能解决 Hardin 提出的农户因理性决策而造成的悲剧。针对这一点，North Schofield（2008）从制度经济学角度提出，在非对称信息条件下合作的最根本理论问题是：个人通过何种方式来获知他人的偏好和可能采取的行动。他强调必须建立一种制度或依靠有效第三方来为每个人提供检查所必需的充分信息，并认为这可能获取合作解。可见，早期研究者将公共物品与农户公共投入和公共物品的使用联系在一起，得出的结论基本都显示出悲观的态度，即认为无论是公共牧地还是水利设施，农户的个人行为必定会导致集体福利的损失。

2009 年诺贝尔经济学奖获得者埃莉诺·奥斯特罗姆（2000）在吸取前人研究的基础上取得了较大的突破。她提出了公共池塘资源治理之道，打破了此问题旧有的完全公有或完全私有化的解决方法，这种理论模式为思考公地困境问题提供了一种新的视野和解决方案。她列举了许多成功的公共池塘资源管理案例，最值得本文参考的是菲律宾桑赫拉的灌溉社区，该地区存在一个长期续存的自主组织自主治理公共池塘资源（这里特指灌溉水资源）。埃莉诺·奥斯特罗姆在案例中指出这样的组织（或者管理方式）是"有私有特征"的制度和"有公有特征"的制度的混合，极大地影响了农户的灌溉用水行为并成功地在"存在着搭便车和逃避责任诱惑的环境中"使农户的灌溉用水行为实现均衡的合作解。随后，中国也有很多研究者将该理论运用到实际的研究中，如徐理响以安徽一个小生产队农业用水的变化情况为例分析"公共池塘资源理论"在中国乡村可能的应用，结论指出，中国乡村公共事物治理存在三个明显的特征：阶段性、时代性和乡土性（徐理响，2006）。

1980 年之前，中国农村的灌溉活动大多以村民小组为单位，统筹收集生产灌溉费用，形成典型的以小组为单位的共同灌溉模式。这样的灌溉方式为泵站与农户提供了比较稳定的供需水关系。自 2000 年起，我国实行了农村税费改革，改革取消了农村统筹共同生产费用，如村民小组这样的乡村组织禁止参与到农业生产环节中。政府旨在减轻农民的负担，却在无形中切断了大中型水利设施与农户之间的供水纽带（罗兴佐，2008）。2005 年，国家水利部颁布了《水权制度建设框架》，该文件被视为水利制度构建的指导性文件。根据指导思想，水资源所有权属于国家，然后将使用权分配至各用水户，用户可以根据所得的初始水权进行分配和转让。而同时，水利设施的维护等治理权力又分属国家的其他部门，如农业、电力及水利等部门，俗称"九龙治水"（陈心炎等，2010）。由于缺乏适时的沟通，各部门之间的工作常常得不到有效的协调，最直接的后果就是水利设施的失修和灌溉活动的无序。因此，赵珊（2008）将灌溉系统视为一种乡村公共物品，以山东某地为分析对象，提出社区内的农户关联博弈可以有效地对灌溉用水的过度使用进行有效的控制。她得出的结论是，农户是否能成为农村社区公共品的供给主体，农业用水协会可以发挥关键作用。庞娟（2010）则利用重复博弈的分析方法得出：在农村社区公共品的供给中，要摆脱集体行动的困境，使农户的自愿合作供给成为现实，必须要引入一定的激励机制。

　　近几年，我国农业生产连续遭受旱灾侵袭，除气候因素外，税费改革后农民以小组为单位的共同合作灌溉模式的瓦解，及由此而导致的农业生产活动抗旱脆弱性需要引起人们对当前农田水利政策的反思（罗兴佐，2008）。农户作为灌溉活动的主体，面对以上情况，大都只会顾及灌溉水资源的获取，而必定缺乏对相关水利设施维护和管理的意识。事实上，想要提高灌溉效率，除了增加灌溉的投入外，还必须改善必备的水利条件，例如对水渠的简单清理，水渠防渗等。当前，农户对于水利设施的维护和灌溉活动地管理投入便具有公共物品（或者公共池塘资源）的性质。如若相关部门之间的管理矛盾得不到协调，加之农户也无法科学地管理灌溉水资源活动，落后的灌溉模式得不到改善进而灌溉水的利用效率也将不断降低。

1.2.2　农户灌溉用水行为影响因素的博弈分析

　　若将研究的视野置于区域之间，由于水资源在人类社会经济中显得越来越重要，在过去的几十年中，众多的中外研究者开始关注不同区域间灌溉水资源的使用矛盾和政府宏观政策对农户灌溉用水行为的影响及其后果。由于研究大都关注的是单个农户或者农户的集体用水决策行为，博弈的分析方法也随之被引入到各种研究中来。本研究拟以博弈论的思想为理论分析工具，因此，将博弈的思想运用到农户灌溉用水行为的相关文献则对本研究具有较大的参考价值，目前研究的热点主要集中在以下方面：

　　1. 农业灌溉用水矛盾影响农户的灌溉用水行为

　　首先，研究者们认为农业灌溉用水矛盾会影响农户的用水行为，研究重点关注流域间上下游农户之间的用水矛盾对其用水行为的影响。由于典型的半干旱气候特征和小规模农户经营特征，Magombeyi et al（2008）以南非的 Ga-Sekororo and Olifants 流域为例，用"角色扮演"模型研究上下游农户之间的博弈。他们提出分散的农户之间共享知识和协议均享水资源会提升整个社区的福利，创造和谐、透明和农户接受度高的运行准则，进一步保障灌区水资源的需求（2008）。Mehran Homayoun-far（2010）在研究中使用动态博弈模型分析伊朗中部 Zayandeh-Rud 水库的用水管理，并将其与水资源分配的线性规划方法进行比较，结果表明所用博弈模型可以为水库运营管理政策提供可行的机制。但由于状态和决策的可变性，该模型仅能为该流域的农户解决较短时间内的用水矛盾。正如 Kaveh Madani（2010）指出，流域管理研究中的博弈理论运用为单个农户决策制定者制定更广泛、可行的战略行动提供了一个很好的框架。

2. 政府宏观政策影响农户的灌溉用水行为

随着对博弈论的不断深入研究，一部分学者开始在政府宏观政策对农户的灌溉用水行为的影响方面进行相关的有益探索，对不同政策影响下农户间用水行为和矛盾进行博弈分析。尤其在发展中国家，农业灌溉用水存在着通病：用水分配不均，水利设施维护、灌溉成本回收等归属于不同的机构，而各个部门之间长期缺乏有效的协调和统一。政府的宏观政策在很大程度上影响着农业灌溉模式和农业灌溉用水管理的发展。Sturdy 和 Graham（2008）的研究表明，在南非，农户面临着很多社会经济限制，尤其是在干旱的地区，农业本身是危险的，农民普遍不愿意投入到农业创新中，即便这样的创新可能会提高他们的生活水平。但是，农民本身更感兴趣的是生活安全而不是其他的相关利益，正是农民的认知需要、投资的选择和风险驱动他们的决策。政府提供的培训（农户自主田实践）是有效的：参与的过程给予农民先进的灌溉工具，培养他们的信心和创新的力量，结论表明政府这样的试点实验可以提高农户灌溉用水的创新行为和参与管理的积极性。

在具有中国特色的市场经济体制下，除了"看不见的手"——市场在调配资源以外，政府宏观政策的作用相比别的国家显得尤为突出。韩洪云、赵连阁（2000）以农户和政府为研究对象，指出影响灌区农户合作行为的因素有内生的也有外生的，这需要政府提供相应激励和规范措施。李良序、罗慧（2006）进一步从静态和动态两个角度分析政府管制和市场机制模式下的农户用水的特征进而找到这两种博弈模式的结合点。对于小区域内农业灌溉用水配置问题研究者指出要在信息对称和非对称情况下考虑所有取水农户的决策以及其对整体社区的影响。岳意定、徐向阳（2008）分析了灌区不同区域内农户的用水行为、供水单位和农户用水行为的关系，指出采用适当的制度安排结合水权市场配置灌溉资源确定合理的水价，可以促使农户采用节水灌溉技术。陈志松、仇蕾（2009）得出的结论是：采取集中决策模式是农户灌溉用水管理的最佳选择，而强有力的第三方区域性水资源配置管理机构是该模型取得成功的关键。

以上研究虽然考虑了农户灌溉用水行为的博弈和第三方的参与，但却没能具体考虑农户不同的特征对于博弈策略选择的影响。

1.2.3　水权、水价与农户灌溉用水行为

在研究农业灌溉用水问题时，水权和水价问题一直以来都是研究的重点。很多研究者也都把水权制度的完善程度和水价的制定看作是影响农户灌溉用水行为的重要因素。针对这些影响因素，研究者采用的研究方法主要是定性分析和定量分析：定性研究多为政策性建议（如完善水权）及少数数理模型的理论推导；定量研究主要是建立计量模型分析水价的影响。其得出的有借鉴意义的结论是：

1. 定性分析

定性的政策性建议大都从农户角度出发，强调政府应加强农业灌溉用水使用权转让补偿的研究，以提高农户的节水意识。周晓平等（2006）认为中国农业和农村用水分配缺乏公正，指出在进行农业灌溉用水分配时，由于缺乏对农民这一微观体的重视，政府常常会忽略对农民和一些弱势群

体的关注和保护。王守坤、常云昆等（2006）认为，水资源作为农户间公共物品，解决使用矛盾的关键在于配合完善和规范的水权水市场。王晓磊等（2008）提出，家庭联产承包责任制的实施使农户成为农业生产经营的基本组织单位，农户则根据自己的偏好和意愿进行灌溉活动和农业生产。由于农户受自身教育水平、年龄、从业方式、家庭构成等因素变化的影响，其灌溉行为发生了很大的变化，各地区形成了不同的灌溉制度但缺乏一定的合理性。因此当前的农业灌溉存在很大的节水潜力。他们通过对石家庄市井灌区农户的大量调研，总结了农户灌溉行为的多样性及农户之间特征的差异性，并对产生灌溉行为差异的影响因素进行了定性的分析。刘一明等（2011）通过数理模型推导定性地分析在不同的水价水平上农户对不同节水行为的选择。这样的选择会导致灌溉用水需求弹性发生变化而进一步左右农户的灌溉用水量选择。结论指出这样的模型设置可以全面地反映水价与农户灌溉用水行为以及灌溉用水量间的相互影响作用。江煜、王学峰（2008）探讨了干旱区农业灌溉水价与农户采用节水灌溉技术之间的关系并建立政府与农户博弈模型通过对模型进行分析得出政府只有采用提高灌溉水价的方式，其与农户之间的博弈才能够达到非合作均衡。

以上分析或从政策性角度考虑农户的实际利益或以数学模型推导出农户的用水选择模式，却没有实证数据和检验作为支撑，其所得结论大都过于模糊而缺少执行性。

2. 定量分析

采用定量研究的学者们主要集中讨论水价对农户灌溉用水、节水技术的采用及农户合作意识的影响。胡继连等以山东为例，从水价影响作用出发探讨农业节水的困境与可能的出路，其指出一味依靠提升水价并未能产生预期的农户节水效果（胡继连等，2006）。同样 Hong Yanga（2003）以中国北方黄淮海流域为例，得出类似结论：在当前的灌溉管理制度下，仅仅依靠提高水价并不能成为保护水资源的有效手段。与以上观点相悖的是，王学渊、赵连阁（2010）通过对不同典型灌区的比较指出在不同地理位置的灌区，水价的变化会对农户对作物的选择造成不同的影响，进而形成其不同的灌溉用水行为。牛坤玉、吴健（2010）以黑龙江省境内某农场为实证分析对象，研究表明，在不同的灌溉水价区间节水灌溉技术的采用和农户的灌溉行为都会相应发生变化。其建立的分析框架对其他灌区的水价和农户灌溉用水行为及用水量关系研究有一定的借鉴价值。

以水价、水权为研究基础的实证分析虽然能够从一个方面解释水价与农户灌溉行为的关系，但由于实证分析选取对象不同所得结论并不十分一致。除此之外其并未能解释农户之间农户行为与政府政策之间的交互影响。

1.2.4 参与式灌溉管理与农户灌溉用水行为

自埃莉诺·奥斯特罗姆提出公共池塘资源的治理新视角后，针对农业灌溉用水的管理和农户灌溉用水行为的分析，国际上掀起了参与式灌溉管理研究的新热潮。对于参与式灌溉管理的方式和管理办法，研究者的提法可谓多样。具体到中国来说，无论是国内的试点还是与国际合作的项目，农业用水协会都是参与式灌溉管理的主要体现形式。值得注意的是，当前国际研究的前沿大多引入情景分析方法，以详细分析参与式灌溉管理方式对农户灌溉用水行为、节水技术的采用、作物的选择等的交互影响。对参与式灌溉管理与农户灌溉用水行为的相关问题研究可以从以下两类进行分析：

1. 基本影响因素分析

大多数研究者在研究参与式灌溉管理方式与农户用水行为时一般都直接设定计量模型，分析参与式管理方式对农户行为的影响。另外，在考察参与式灌溉管理的影响程度时，由于很多影响因素多为定性因素，除了一般的线性分析外，研究者大都选用计量中多用来进行定量分析及对因素分析的模型：logistic 和 probit 模型。刘国勇、陈彤（2010）运用 logistic 分析，立足于新疆焉耆盆地的实地调研，利用实地数据分析了影响该地区农户灌溉用水行为选择的因素。结论表明：政府对于农业用水协会的扶持及对于参与式灌溉管理方式的宣传和培训会促使农户采取积极的节水灌溉技术。刘红梅（2008）亦用二项 logistic 模型探讨影响农户学习和采用节水灌溉技术的重要因素。结果表明，加大培养和建立用水者协会等民间组织可以促使农户学习和参与灌溉用水管理更好地采用节水技术。同样地，陈崇德、刘作银（2009）利用多元线性回归分析方法以漳河灌区 4 个村为研究对象的结果表明，建立农户水资源配置管理组织可以有效地促进农户的节水行为。张兵等（2009）利用二元 probit 回归模型以苏北地区 243 户农户调查数据为实证基础，分析了农户参与灌溉管理意愿的影响因素。并指出，参与灌溉管理（这里指农业用水协会）可以调动农户的积极性和促进他们的节水意识。

2. 情景分析

在设定情景分析的研究中，使用较多的是最优化的工具和方法，例如线性和动态规划，以期为不同情景下的相关决策变量确定最优价值。然而，实际生产活动中，如果不能很好的规划，这些方法所提供的举措也许不能正确地为农户或者政府的策略选择提供预期的效果（Dinar et al，1992）。Lorite 等（2007）针对西班牙南部缺水地区某灌区，假设四种不同的用水分配量，采用情景模式分析方法，设计三种假设情景：第一是将所有水资源平均分配给所有农户，二是以灌溉效率最大化为目标进行分配，三是耕作模式可以相应改变。其中，农户的个人用水行为也视作变量。结果表明：当水资源供给有限，并且农户愿意参与灌溉管理合作时，农户会将水资源分配给高用水效率的作物并改变相应的耕作方式。Veetti 等（2011）则选择运用多元 probit 模型研究农户对于参与式灌溉管理方式的参与意愿。其中，采取四种水价计价方法（面积、作物、体积、价格）进行情景测试，在不同的价格水平及不同的地方政府管理的背景下确定最优水价模式。结果表明，在提高水价的情况下，倾向于提高体积性水价，而参与农业用水协会将会减少这种倾向。在中国，很多研究者也开始将情景分析运用到研究中。如韩青、袁学国（2011）建立两个多元线性回归模型：农业用水协会成立对农户用水行为的影响因素模型和影响农户灌溉用水行为的因素分析模型。研究以甘肃省张掖灌区为例分析参与灌溉管理制度（农业用水户协会）对农户用水行为的影响。实证分析结果表明：成立农业用水者协会、完善排灌系统等因素，在一定程度上提高了农户灌溉水的利用效率。但同时也指出了当前农业用水协会存在的问题如激励机制并不健全以及不合理的行政管理而导致用水协会缺乏真正的民主等。

1.2.5 气候变化与农户灌溉用水行为

自 2009 年哥本哈根联合国气候大会后，气候变化问题成为了各国学者研究的绝对热点。气候的变迁对水资源的影响不言而喻，水资源对于农业生产的重要性同样很显著。在这样的背景下，众多研究者开始探索气候变迁对农户农业生产活动的影响，农户的灌溉投入、灌溉方式的变化等问题都是研究的焦点。Turral 和 Svendsen 等在研究中对目前全球灌溉情况进行了描述，并通过观察水文和水供给的变化，指出推动农户灌溉绩效、发展和现代化的因素。文章强调对于灌溉来说全球气候变化具有强大的影响力。值得注意的是，他们认为，在这样的气候背景下，高价值经济部门将在水资源获取上获得持续的竞争力，为使农业用水灌溉绩效和效率进一步改善，农户在作物耕种上有可能会倾向于高收益作物（Hugh et al，2010）。

Arayaa 和 Stroosnijder（2011）将研究的视角放在非洲国家埃塞俄比亚，这是一个以农业为主导产业的发展中国家。他们综合了北部埃塞俄比亚四个主要气候站点长期的气候数据，并运用合适的工具测定干旱及具体位置所需的补充灌溉。研究显示，专业农业气象测试的结果与农民的观测相符（约 500 名农民）。值得关注的是，当地农民所列出的导致作物歉收的几个主要原因与研究分析的数据也十分吻合。研究结论表明：当农户认识到气候变迁与其生计息息相关时，将会投入大量精力到农业生产中，其判断和预测数据常常也是非常重要的研究资料。在中国自 2008 年起经历了连年旱灾侵袭后无论是北方还是南方旱灾、水利和农业灌溉都成为社会各界的关注焦点。杨健羞等（2010）以农户为基本立足点分析 1996 年到 2008 年云南省农田有效灌溉程度的变化状况、水利建设进度以及气候变化情况之间的关系。结论表明，云南耕地有效灌溉水平低下，12 年间全省农田有效灌溉程度并没有得到显著的提高，缺乏合理维护的水利设施，面对百年难遇的旱灾则显得尤为脆弱。

气候问题虽已被政府提上日程，也引起了各方研究者的关注。但是目前的研究多集中在分析水利失修与农业灌溉、旱灾与农业灌溉、政府宏观政策与农业灌溉之间的关系，鲜有研究将极端旱灾与农户的灌溉行为联系在一起。事实上农户作为灌溉活动的主体，对于气候的判断或者预期判断和反应对于其灌溉行为影响较大，其对于农业灌溉效率也必定有很大的影响。因此，忽视农户行为的研究将不能全面地说明旱灾气候影响下的西南农业灌溉现状。

从以上对国内外关于农户灌溉用水行为与公共物品理论、博弈论、水价及水权理论、参与式灌溉管理以及气候变化的研究综述中可以看到，目前对农户灌溉用水行为影响因素的研究取得了以下成果：

首先，农户作为灌溉活动的主体，其对农业灌溉模式、效率具有重要影响，这已经得到了广泛的接受。除了关注宏观政策的影响外，越来越多的研究者开始站在农户的角度研究农业用水灌溉问题。其次，博弈的方法也被引入研究中，这样不但能够分析影响单个农户行为变化的原因，还能分析出农户的集体行为对灌溉用水效率的影响。这在很大程度上显示了博弈理论在农业灌溉水资源领域的应用价值和前景。除了以上取得的成果，相关研究仍然存在需要深入解决的问题。

关于农户用水行为及其影响因素的研究，国外学者无论是从研究的方法还是研究的理念相较国内学者都要更进一步，并且大都将研究着眼于发展中国家。但是，相关的研究大都立足于别国国情（如伊朗、印度、非洲等发展中国家），其所建立的模型和得出的结论不可能完全适用于中国的实际情况。反观国内，对于农业灌溉用水的政策性定性分析虽然考虑了农户的实际利益，但却常缺少实证分析作为支撑，而使得出的结论过于模糊因而缺少可行性。并且，大多研究都只从某一个角度为切入点，未能解释农户之间，农户行为与政府政策之间的交互影响，这并不能全面的解释和说明农户的用水行为及其变化。很多研究虽然采用了博弈论方法，但由于没有全面地将影响因素纳入模型进行分析，则不能具体地考虑诸如农户不同的特征等对于博弈策略选择的影响。本研究将在以上文献研究的基础上，汲取国外前沿的研究方法（情景分析、logistic 实证分析）并立足于中国农户的实际情况（主要是以西南地区农户为研究对象），将博弈理论作为研究的理论分析基础全面的分析影响农户灌溉用水行为的因素。

1.3　农户灌溉用水行为影响因素的理论分析

本研究的理论分析部分将以博弈论作为理论分析工具，将设定不同的情境，主要包括三方面：一般条件下、农户收入相同/不同、综合多方面（支出、政府政策、气候、水利设施、农户之间的合作以及政府政策等）因素的博弈分析。这样递进式的分析，能够全面地分析西南旱灾背景下影响农户灌溉用水行为的因素，并根据农户不同的情况，探索农户间的博弈行为可能对农业生产、农业灌溉造成总体福利的收益或者损失。最后，在博弈理论的分析框架和所得结论基础上为下一章的实证分析做出指导。

1.3.1 农户灌溉用水行为影响因素的纳什均衡解

我们借鉴张维迎（2004）关于公共物品私人资源供给的博弈分析，考虑这样的情景：西南旱灾背景下，有 n 户农户正面对旱灾，首先不考虑每个农户各自的特征区别，也不考虑政府的政策性影响（如公共投入和派遣抗旱部队增加人力等）。在面对旱时及旱灾过后，假设农户在农业生产中为应对旱灾和旱灾造成的损失自愿提供的灌溉投入为（人力，物力）。其中人力指参与到抗旱中水利抢修、构建抗旱设施等；物力指投入到农业灌溉用水中的资金及设施（如以村为单位打井的费用大都为农户集资构建）。结合西南地区的实际情况，并基于公共物品理论，该地区农户投入到旱灾中的大多为公共投入，即其他的农户也可以共同享用其福利并从中受益。因此，这里 n 户农户参与抗旱的投入总和等于所有农户提供投入的总和。可以假设，农户提供的抗旱投入越多，村庄的灌溉设施和服务水平提高的程度就越高，进而抗旱取得成功的可能就越大。

假设第 i 个农户在抗旱中灌溉投入的贡献为 g_i，则 n 户农户的灌溉总投入为 $G = \sum_{i=1}^{n} g_i$。假定农户 i 的效用函数为 $u_i(x_i, G)$，这里 x_i 表示农户除抗旱灌溉投入以外的其他物品的投入（这里假设都为其私人物品投入）。假设 $\frac{\partial u_i}{\partial x_i} > 0$，且 $\frac{\partial u_i}{\partial G} > 0$，且农户对其他物品的投入与抗旱投入之间的边际替代率是递减的。为简化推导，令 p_G 为灌溉投入的单位价格，p_X 为其他物品投入的单位价格。同时，为研究农户的灌溉行为，假设 M_i 为单个农户灌溉农业的（预期）收入。那么，每个农户面临的决策都是在给定其他农户选择一定的情况下，选择自己的最优战略，(x_i, g_i) 以期最大化各自的目标函数：

$$\begin{cases} L_i = u_i(x_i, G) + \lambda(M_i - p_x x_i - p_G g_i) \\ M_i = p_x x_i + p_G g_i \end{cases} \quad (1\text{-}1)$$

其中，$M_i = p_x x_i + p_G g_i$ 为农户目标函数的约束条件，λ 为拉格朗日乘数。

据此，对 1-1 式求一阶偏导数可得最优化的一阶条件：

$$\begin{cases} \dfrac{\partial u_i}{\partial G} - \lambda p_G = 0 \\ \dfrac{\partial u_i}{\partial x_i} - \lambda p_x = 0 \end{cases} \tag{1-2}$$

由上式可推得：

$$\frac{\partial u_i}{\partial G} \Big/ \frac{\partial u_i}{\partial x_i} = \frac{p_G}{p_x}, i = 1, 2, \cdots\cdots, n \tag{1-3}$$

很明显，式 1-3 便是消费者理论中的均衡条件。这说明，虽然旱灾下的农户灌溉投入具有公共物品的特殊性，即非竞争性、非排他性及不能依靠市场力量实现有效配置。但是由以上推导可知单个农户对于抗旱的灌溉投入也可能与其对于其他私人物品投入一样达到均衡（在其他人的选择给定的情况下）。类似可推知 n 个均衡条件下农户对抗旱灌溉自愿供给的纳什均衡为：$g^* = (g_1^*, \cdots, g_i^*, \cdots, g_n^*), G^* = \sum_{i=1}^{n} g_i^*$。

1.3.2 农户灌溉用水行为的帕累托最优分析

在上面的分析中，我们以农户的行为决策为出发点考虑单个农户的抗旱灌溉投入和其他投入，得出的结论是，单个农户对于抗旱的灌溉投入也与其对于其他私人物品投入一样可以达到消费者理论中的一般均衡。在本节，同样的假设条件下，我们期望从整体村庄（n 个农户整体角度）角度出发，考虑农户帕累托最优解的情况。设 n 个农户村庄的整体福利函数为式 1-4，其中 u_i 仍为单个农户的效用函数，r_i 为对应系数（且）：

$$W = r_1 u_1 + r_2 u_2 + \ldots + r_n u_n \tag{1-4}$$

这里，我们对于 n 个农户的整体社会福利函数也具有一定的约束条件：

$$\sum_{i=1}^{n} M_i = p_x \sum_{i=1}^{n} x_i + p_G G \tag{1-5}$$

综合式 1-4、式 1-5 可得，n 个农户提供灌溉用水投入下的帕累托最优的一阶条件为：

$$\begin{cases} \sum_{i=1}^{n} \gamma_i \dfrac{\partial u_i}{\partial G} - \lambda p_G = 0 \\ \gamma_i \dfrac{\partial u_i}{\partial x_i} - \lambda p_x = 0 \end{cases} \tag{1-6}$$

其中，i=1，2，…，n；为拉格朗日乘数。经过运算（用 n 个等式消掉 r_i），该均衡条件可以改写为：

$$\sum \frac{\partial u_i / \partial G}{\partial u_i / \partial x_i} = \frac{p_G}{p_x} \tag{1-7}$$

式 1-7 即为旱灾条件下，n 个农户提供灌溉投入的帕累托最优均衡条件。尽管在刚才的分析中我们得出，单个农户最优决策将会致使单个农户的边际替代率等于价格比率。但是，如果从整体福利出发，帕累托最优要求所有农户的边际替代率之和等于价格比率，为进一步将其与前面的结论相比较，可将 1-7 式改写为：

$$\sum \frac{\partial u_j / \partial G}{\partial u_j / \partial x_j} = \frac{p_G}{p_x} - \sum_{i \neq j} \frac{\partial u_i / \partial G}{\partial u_i / \partial x_i} \tag{1-8}$$

对比式 1-3 和式 1-8 可以清楚看到，农户帕累托最优的抗旱灌溉投入大于纳什均衡的抗旱灌溉投入。也就是说，对于抗旱的灌溉用水投入农户仅考虑自身利益的情况下可以获得纳什均衡解，此时，对于该公共物品的投入与一般私人用品的投入并无二异。但是，如果在考虑整体最大福利条件下农户可以达到帕累托最优均衡解。二者相对比，即可看出两种不同角度下，灌溉投入的公共物品性体现无疑。帕累托最优解条件下，n 个农户的整体福利将得到提高而农户却会因为"搭便车"思想而选择少投入或者"观望"，进而他们的选择只可能是纳什均衡条件下的灌溉用水投入。作为公共物品的灌溉用水投入的性质，很大程度上影响了农户最终的用水行为选择。

1.3.3　灌溉农业收入水平与农户灌溉用水行为

西南地区农户收入的平均水平相比其他发达地区较低，而农业生产支出和灌溉供给与其收入水平有着比较密切的关系。因而我们假设这一因素是对农户灌溉用水行为比较重要的影响因素之一。因此，本研究将其单独列出，分析其对农户灌溉用水行为的影响。

1. 相同灌溉农业收入水平条件下的农户灌溉用水行为

在得到以上推导结论的前提下，为使后面的分析更加直观，假定单个农户效用函数为柯布—道格拉斯形式，即 $u_i = x_i^\alpha G^\beta$，其中 $0 < \alpha < 1, 0 < \beta < 1, \alpha + \beta \leqslant 1$，那么，结合式 1-3 可推知农户个人最优的纳什均衡条件为：

$$\frac{\beta x_i^\alpha G^{\beta-1}}{\alpha x_i^{\alpha-1} G^\beta} = \frac{p_G}{p_x} \qquad （1-9）$$

此时，农户效用最大化目标函数的约束条件同样是 $M_i = p_x x_i + p_G g_i$，将其带入式 1-9，整理后可得单个农户的反应函数：

$$g_i^* = \frac{\beta}{\alpha n + \beta} \frac{M}{p_G} - \frac{\beta}{\alpha + \beta} \sum_{j \neq i} g_j, (i = 1, 2 \cdots\cdots, n) \qquad （1-10）$$

这里，反应函数的含义是：单个农户相信他人提供的抗旱灌溉投入越多，他自己的灌溉投入就会越多。那么，假设 n 个农户灌溉农业收入水平均等，在这样的均衡情况下所有农户提供的抗旱灌溉用水投入也是相同的，则纳什均衡为：

$$g_i^* = \frac{\beta}{\alpha n + \beta} \frac{M}{p_G}, (i = 1, 2, \cdots\cdots, n) \qquad （1-11）$$

而在此时的纳什均衡条件下，n 个农户抗旱灌溉总投入为单个农户投入的总和：

$$G^* = n g_i = \frac{n\beta}{\alpha n + \beta} \frac{M}{p_G} \qquad （1-12）$$

在同样的假设条件下，由式 1-8 及农户的柯布—道格拉斯形式的效用函数，n 个农户在相同灌溉农业收入水平下的帕累托最优的一阶条件为：

$$n\frac{\beta x_i^\alpha G^{\beta-1}}{\alpha x_i^{\alpha-1} G^\beta} = \frac{p_G}{p_x} \tag{1-13}$$

再结合式 1-5 推导出的约束条件，可得单个农户的帕累托最优抗旱投入为：$g_i^{**} = \dfrac{\beta}{\alpha+\beta}\dfrac{M}{p_G}$，而 n 个农户抗旱灌溉总投入为其加总：

$$G^{**} = ng_i^{**} = \frac{n\beta}{\alpha n + \beta}\frac{M}{p_G} \tag{1-14}$$

由式 1-12 及式 1-14，可得出纳什均衡的抗旱总供给与帕累托的灌溉总投入之比，并可判断其小于 1，即：

$$\frac{G^*}{G^{**}} = \frac{\alpha+\beta}{n\alpha+\beta} < 1 \tag{1-15}$$

很明显，在农户具有相同灌溉农业收入水平下，式 1-15 得出的结论是：农户的纳什均衡抗旱灌溉投入小于农户的帕累托最优投入，这与前面得出的结论一致。并且，这一比例将随着 n 的增加而增加。值得注意的是，这里值与值的比值对农户来说代表了抗旱灌溉投入和私人物品消费的重要性，因此这两个值的大小将会进一步影响农户做出的决策。这一比值的情况将在后面的分析中具体说明。

为了简化以上推导分析过程，更好地理解式 1-15 的含义，我们假设只有两户农户参与抗旱灌溉活动。并假设两户农户的灌溉农业收入，将其带入式 1-11 可得这两户农户的抗旱灌溉投入的纳什均衡组合为：$\left(g_1^*, g_2^*\right) = \left(\dfrac{\beta}{2\alpha+\beta}\dfrac{2m}{p_G}, \dfrac{\beta}{2\alpha+\beta}\dfrac{2m}{p_G}\right)$。进而可得两户农户的纳什均衡总灌溉投入（即二者投入的和）：

$$G^* = g_1^* + g_2^* = \frac{2\beta}{2\alpha+\beta}\frac{2m}{p_G}$$

在以上同样的假设条件下，考虑帕累托最优条件下的单个农户抗旱投入组合，根据式 1-13 式 1-15 也可以推得农户灌溉的帕累托最优投入组合：$\left(g_1^{**},g_2^{**}\right)=\left(\dfrac{\beta}{\alpha+\beta}\dfrac{2m}{p_G},\dfrac{\beta}{\alpha+\beta}\dfrac{2m}{p_G}\right)$。同理，帕累托最优条件下的两户

农户抗旱灌溉总投入可求得为：$G^{**}=2g_i^{**}=\dfrac{2\beta}{\alpha+\beta}\dfrac{2m}{p_G}$。

最后，再由 $\dfrac{G^*}{G^{**}}=\dfrac{\alpha+\beta}{2\alpha+\beta}$ 可推知。即 $\dfrac{G^*}{G^{**}}<1$，简化情况下，两农户

假设下所得结论与式 1-15 所得出的推导和分析相一致。

2. 不同灌溉农业收入水平下农户灌溉用水行为

在相同的假设条件下，仅对改变农户的收入状况进行分析。在农户具有不同的灌溉农业收入水平下，考虑农户纳什均衡条件下抗旱灌溉投入与帕累托最优投入的情况。事实上，当农户灌溉农业收入水平不均时，农户间的博弈（假设还是两农户情况下）将可能演变成两种情况：囚徒博弈或智猪博弈。演变的情况将视具体条件而定：若两农户的家庭收入均不依靠农业收入，那么旱灾对其预期收入的损害可以视为零，因而灌溉农业收入的不均将不影响他们的选择，最终他们的决策将走向囚徒博弈的不合作；若农户收入大部分来自灌溉农业，则旱灾对其预期收入影响就比较大，相应地，收入高的农户相较收入低的农户拥有更多的资本投入灌溉。那么农户的选择将演变为智猪博弈，收入较高的农户便是"大猪"，收入较低的农户则为"小猪"，即低收入的农户会选择"搭便车"，不投入抗旱。

结合本研究对西南地区情况的分析，西南农户之间收入存在比较大的差异，虽然有外出人口的务工收入，但大多农户家庭的主要收入还是来自农业生产，也有部分农户在进行规模化农业生产。面对旱灾，这一部分农户遭受的损失相对较大，也更愿意参与到灌溉投入中。而其他收入较少的农户，则倾向于等待收入较多农户的灌溉投入，享受最终利益的同时不付出任何成本。很明显，在农户不同收入水平下，农户间的博弈是一个"智猪博弈"。

为简化推导分析过程，我们仍假定有两户农户，农户 1 的灌溉农业收入

是农户 2 的 2 倍，即 $M_1=4m$，$M_2=2m$，根据前面的分析，在智猪博弈中，单个农户的纳什均衡抗旱灌溉投入组合为：$\left(g_1^*,g_2^*\right)=\left(\dfrac{\beta}{2\alpha+\beta}\dfrac{4m}{p_G},0\right)$，因而两农户的纳什均衡的总抗旱灌溉投入为 $G^*=\dfrac{\beta}{2\alpha+\beta}\dfrac{6m}{p_G}$。同样假设条件下，帕累托最优的单个农户抗旱投入组合为：$\left(g_1^{**},g_2^{**}\right)=\left(\dfrac{\beta}{\alpha+\beta}\dfrac{6m}{p_G},\dfrac{\beta}{\alpha+\beta}\dfrac{6m}{p_G}\right)$，而帕累托最优条件下两农户的抗旱总投入为：$G^*=2g^{**}=\dfrac{2\beta}{\alpha+\beta}\dfrac{6m}{p_G}$。

同样的，$\dfrac{G^*}{G^{**}}<1$。

这意味着，与前面收入均等的条件下所得结论相比，可以肯定的是，（两农户在收入不等条件下），纳什均衡的总灌溉供给仍然大于帕累托最优条件的两农户总供给。值得注意的是，这两户农户在收入不均条件下的纳什均衡的灌溉用水供给明显大于收入相等时的纳什均衡供给量，即 $\dfrac{\beta}{2\alpha+\beta}\dfrac{6m}{p_G}\geqslant\dfrac{\beta}{2\alpha+\beta}\dfrac{4m}{p_G}$，这意味着收入不均虽会导致"搭便车"，却促使了收入较高农户提供农业灌溉的供给，超过了收入均等时的纳什均衡供给。

1.3.4　基于博弈论的农户灌溉用水行为综合因素分析

在详细分析了农户的灌溉农业收入水平对农户灌溉用水行为的影响及其对社区整体福利的影响后，本节将进入综合因素的分析，将多个影响因素共同纳入博弈分析中，这一综合性的因素分析为下一章的实证分析提供了理论指导，对于数据整理、选择和计量模型的设计指明了方向。综合因素的分析将继续沿用前面的博弈分析框架，进一步将政府政策、气候因素、农户合作情况、当地水利设施状况等因素引入模型中，分析各因素在旱灾背景下对农户灌溉用水行为的影响，并给出阶段性的（理论部分的）分析和结论。

在前面的分析中，无论是收入相同条件下还是收入不均条件下，n 个农户村庄总的抗旱灌溉投入均在单个农户帕累托最优灌溉投入下达到最大，然而实际中却很难达到帕累托最优，农户最终的博弈选择都是纳什均衡下的灌溉投入。因此，在以下的分析中，我们的基本前提假设与前面分析相同，选择分析农户纳什均衡条件下的抗旱灌溉供给。此时，若农户选择参与抗旱并提供灌溉供给，则其提供相应的灌溉供给为 g_i；若其选择不参与抗旱则其提供的灌溉供给为 0。G' 代表 n 个农户的村庄总体的灌溉投入总量，这里并不单是农户提供灌溉供给的简单相加，还要考虑村庄原本的水利灌溉设施情况，及不同农户提供灌溉供给对村庄总的灌溉水平的影响因素。因此，设 $G' = \sum_{i=1}^{n} q_i g_j + G_0 + G_v - C$，$q_i$ 表示农户的不同特征对其提供的灌溉投入水平及村庄灌溉水平的影响，这些特征主要包括农户农业生产情况、受教育程度及农户家庭构成等。G_0 则表示村庄原有的水利灌溉设施水平，C 表示旱灾对村庄总灌溉水平的影响，G_v 表示政府抗旱政策及投入对村庄抗旱灌溉水平的影响。此时，农户的效用函数为 $u_i(x_i, G')$，$i=1,2,\cdots,n$。农户面临的决策如前一样是给定其他农户选择的情况下，选择自己的最优战略（x_i，g_i），以期最大化各自的效用函数，各农户均存在一个预期收入约束条件 $M_i=p_x x_i+p_G g_i$。这样，可以得到农户效用最大化函数（λ 为拉格朗日乘数）：

$$\begin{cases} L_i = u_i(x_i, G') + \lambda(M_i - p_x x_i - p_G g_i) \\ M_i = p_x x_i - p_G g_i \end{cases} \quad (1\text{-}16)$$

对式 1-16 求一阶偏导，可得单个农户效用最大化的一阶条件：$\frac{\partial L_i}{\partial g_i} = 0, \frac{\partial L_i}{\partial x_i} = 0$，以此类推可得 n 个均衡条件下的抗旱灌溉投入的纳什均衡：$g^* = (g_1^*, \cdots, g_i^* \cdots g_n^*)$，可见，这一结论与前面的分析无异。为使分析更直观，我们仍然将柯布道格拉斯函数引入推导中，设单个农户的效用函数为柯布道格拉斯形式：

$$u_i = x_i^\alpha G^\beta \tag{1-17}$$

其中，$0 < \alpha < 1, 0 < \beta < 1, \alpha + \beta \leqslant 1$，如前所述 α，β 表示农户私人物品的消费及灌溉投入的变化引致的农户效用的变化程度。又因为 $G' = \sum_{i=1}^n q_i g_j + G_0 + G_v - C$，可推得单个农户均衡条件下的最优供给：

$$\frac{\beta x_i^\alpha G'^{\beta-1}}{\alpha x_i^{\alpha-1} G'^\beta} = \frac{p_G}{p_x} \tag{1-18}$$

带入农户的收入约束条件式：$M_i = p_x x_i + p_G g_i$，可推得反应函数：

$$g_i^* = \frac{\beta}{\alpha + \beta} \frac{M_i}{p_G} - \frac{\beta}{\alpha + \beta} \frac{1}{q_i} \Big[\sum_{j\neq 1}^n q_i g_j + G_0 + G_v - C \Big], i \neq 1, 2, \cdots, n \tag{1-19}$$

式 1-19 又可进一步变形为：

$$g_i^* = \frac{1}{\alpha\big/\beta + 1} \frac{M_i}{p_G} - \frac{1}{\alpha\big/\beta + 1} \frac{1}{q_i} \Big[\sum_{j\neq 1}^n q_i g_j + G_0 + G_v - C \Big], i \neq 1, 2, \cdots, n \tag{1-20}$$

由于 α，β 的特殊含义，其比值则可表示对农户来说，私人物品的消费和抗旱灌溉投入的重要性，令 $\frac{\alpha}{\beta} = \mu$，式带入式 1-20，并对求一阶偏导可得：

$$g_i^* = \frac{1}{\mu^2 + 1} \frac{M_i}{p_G} - \frac{1}{\mu^2 + 1} \frac{1}{q_i} \Big[\sum_{j\neq 1}^n q_i g_j + G_0 + G_v - C \Big], i \neq 1, 2, \cdots, n \tag{1-21}$$

根据农户个人的最优反应函数式 1-19、式 1-20、式 1-21，可以分析得到影响农户灌溉投入选择的因素：首先，农户的灌溉农业收入水平越高，农户投入抗旱灌溉的积极性越高；灌溉投入的单位价格越高、村庄原有的水利灌溉设施水平越高、私人物品的消费和抗旱灌溉投入的重要性之比越高，农户参与抗旱灌溉投入的热情越低。我们将结合前面单独对农户收入变化的分析，结合本节对于多个因素对农户灌溉行为的影响，在本章小结中给出具体的理论假设分析。

1.4　基于贵州省安顺市的实证分析

1.4.1　贵州省安顺市的社会经济状况

1.4.1.1　安顺市概况

安顺市位于贵州省中西部，介于东经 105°13′～106°34′，北纬 25°21′～26°38′。全市总面积为 9267km²，总人口 269 万人。目前，安顺下辖 1 区 5 县，分别为：西秀区、平坝县、普定县、镇宁布依族苗族自治县、关岭布依族苗族自治县、紫云苗族布依族自治县。安顺市为典型的高原型湿润亚热带季风气候，全市降水量丰沛，年平均降水量为 1360mm，年平均气温 14℃。从地形上看，安顺地处长江水系（乌江流域）及珠江水系（北盘江流域）分水岭，全境以山区为主，具有典型的喀斯特地貌（安顺市政府门户网，http：//www.anshun.gov.cn/）。

安顺市温暖、湿润的气候和保护完好的自然景观使得其成为贵州省重点发展的旅游城市。作为国家最早开发并确定的甲级旅游城市，全市境内舒适的气候和瑰丽的自然景观使其被评为"中国优秀旅游城市"。因此，在制定发展道路时，安顺市政府及领导一直本着保护生态环境、创建优秀旅游城市的宗旨，这也使得安顺市的生态环境总能保持着良好的发展势态。安顺市的第三产业在旅游业的带动下得到了快速的发展。如图 1-1 所示，自 1980 年以来，安顺的经济发展速度不断提高，尤以第三产业发展速度最为迅速，而农业的发展速度则一直处于缓慢增长的趋势（1978 年生产总值指数为 100）。

事实上，安顺市作为一个传统的灌溉农业区，农业生产一直是本市农户经济收入的主要来源。与贵州省其他 8 个市、自治区相比，安顺市人均

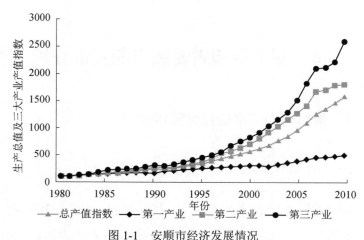

图 1-1　安顺市经济发展情况

资料来源：贵州省统计年鉴（1981～2010），安顺市 2010 年统计信息公报

生产总值位于第 5 位。并且，由于安顺市是贵州省坝地比例最大的地区，加之全年无霜期超过 280 天，适合各种农作物生长，因而农业生产产值比重相对较高。2009 年，安顺市农业生产总值占三大产值总值的比重为 27.6%，而贵阳、六盘水、遵义三市的比重仅为 5.8%，6.2%，17.9%。值得注意的是，安顺市所辖的镇宁布依族苗族自治县、普定县和紫云苗族布依族自治县均为国家级贫困县，在贵州省全部 88 个区、县排名（按人均纯收入排名）中，分列 60、64、71 名（贵州省统计年鉴，2009）。我们在实地调查中也发现，安顺市农户主要的收入来源是农业生产，农户主要种植的粮食作物为水稻，玉米，近年来农户主要种植的经济作物为烤烟、茶叶、油菜子、西红柿等。由此可见，研究安顺市的农业灌溉情况对讨论西南地区的整体灌溉情况具有一定的代表性。

1.4.1.2　持续旱灾影响下的安顺市

虽然具有降水、温度、湿度等气候方面的优势，安顺的农业生产及灌溉用水也存在一些不可忽视的问题。安顺市降水时空分布极不均匀。全市总体地势落差较大，加之水土资源分布不均衡，河流上下游水资源和土地资源得不到很好的匹配：上游分水岭处田土较多，但是易发生水土流失而缺水；中下游河段水资源较丰富但河岸边田地较少，而高处的土地虽多却存在取水困难问题，难以实现有效灌溉。另外，安顺市将近80%的旱地是坡地，土层较薄，水土保持能力差（饶学军，2001）。从时间上来看，降水主要集中在5月到10月。然而，由于缺乏完善的水利设施，汛期的雨水大量流失，而急需要灌溉的坡地却严重缺水。另外，在远离河流的山区地区，2月开始直至5月份易发生冬春连旱，6月到8月的夏旱破坏力也非常大。可以说，水资源的供需失衡在很大程度上加剧了旱灾的自然影响力。

　　自2008年以来，在极端气候的影响下，持续的干旱使得安顺市农业生产遭到了重创。2009年7月至2010年4月，安顺平均降水量相比同期偏少29.4%～44.7%。并且，安顺市多为山区，农户居住比较分散且生活比较贫困，抗御自然灾害的能力自然也非常薄弱，这也进一步加剧了农户抗旱的难度（虞苏青等，2010）。事实上，从中央政府到地方政府，乃至社会各界人士都对抗旱提供了大力支持，但是，农业生产的损失仍然非常巨大。而2011年又一次严重的夏旱致使安顺市河道断流25条，水库干涸44座，因旱农作物绝收面积达3.06万公顷（杜兴旭，2011）。直至10月，全市开始有较明显的大范围（有效）降水，旱灾情况才开始得到缓解。目前，旱灾虽已过去，可是旱灾所留下的一系列损失及问题却不容忽视。农户作为旱灾最直接的利益损失者，他们的在旱灾中及旱灾后的用水行为更具有研究意义和实际价值。

1.4.2　实证分析及结论

1.4.2.1　数据收集及统计分析

本研究的数据来源于对贵州安顺市的实地调研。实证调研以安顺市为调研目标，在这一调查样本中（根据可获得条件并依据典型抽样原则）选取 4 个乡镇包括，蔡官镇（属西秀区）、龙宫镇（属镇宁布依族苗族自治县）、大西桥镇（属平坝县）、马场乡（属镇宁布依族苗族自治县），并按照随机抽样性原则在以上 4 个乡镇选择 6 个村，随机调查了 115 户农户，最终获得有效数据样本 101 个。

（一）统计特征分析

1. 农户参与抗旱灌溉投入意愿分析

首先，研究农户参与抗旱灌溉投入及服务的意愿。在 101 个有效数据样本中，愿意对抗旱灌溉进行投入的农户共有 57 户，占总样本的 54.2%，不愿意投入的农户有 44 户，占总样本的 45.8%[①]。

2. 农户户主主要特征

下面，分析农户的户主主要特征，如表 1-1 所示，对于受调查农户，除 30 岁以下户主的比例为 4%，60 岁以上户主的比例为 10%外，其他的年龄段相对较为平均，20～30 岁所占比重为 19.7%，51～60 岁比重为 27.7%。41 岁到 50 岁之间户主较多（38.6%）。针对户主受教育程度的分析，我们以其受教育年限为划分标准。由表中数据可见，小学及小学以下文化程度的农户户主所占比例为 23.7%，初中文化程度比例最高，为 40.6%，高中以上文化程度的户主为 26.7%，大专以上程度比例最小，仅占 9%。

表 1-1　农户户主主要特征

年龄	样本个数	百分比	受教育程度	样本个数	百分比
20～30 岁	4	4%	小学以下	3	3%
31～40 岁	20	19.7%	小学	21	20.7%
41～50 岁	39	38.6%	初中	41	40.6%
51～60 岁	28	27.7%	高中	27	26.7%
60 岁以上	10	10%	大专以上	9	9%

依据农户参与抗旱灌溉投入、服务的意愿，我们可以进一步将其分为

---

① 本章统计分析中数据分析结果均来源于本研究作者实地调查过程中的数据收集及后期的整理。

两组比较其户主平均年龄和受教育程度。根据表 1-2 可以看出，愿意参加抗旱灌溉投入的农户户主平均年龄相对不愿参与的农户户主年龄较小，而其受教育年限要比不愿参与的农户户主要长。

表 1-2　农户户主主要特征对比

灌溉投入意愿	变量	最小值	最大值	均值
愿意投入	年龄	32	62	47.2
	受教育年限	0	14	6.81
不愿意投入	年龄	38	68	50.4
	受教育年限	0	9	4.77

3. 农户家庭结构特征

农户主要家庭结构情况考察的因素主要是农户的家庭总人口数量及其从事非农产业的人口数量，如表 1-3 所示。本研究调查样本的农户家庭均有从事非农业人口数的情况（包括外出务工人口等），但是从家庭结构出发的分析数据并不能很直接地显示出其与农户参与灌溉投入积极性的关系。愿意参与灌溉投入的农户家庭从事非农业生产的人口平均数相对不愿参加的家庭稍少，前者平均人数为 2 人，后者为 3 人。

表 1-3　农户家庭构成情况及比较

灌溉投入意愿	变量	最小值	最大值	均值
愿意投入	农户家庭总人数	4	8	4.4
	从事非农业人口数	1	4	1.98
不愿意投入	农户家庭总人数	3	8	4.91
	从事非农业人口数	1	4	2.91

4. 农户农业生产情况

首先，分析不同作物的收益情况。在对安顺市农户的调查中发现，其种植的粮食作物主要有两种：水稻和玉米，而经济作物类型则比较多样化，其主要包括茶叶、烤烟、油菜子及西红柿等，表 1-4 是对农户农业种植情况的基本说明①。由表中数据可知，经济作物的收益要远高于粮食作物的收益，而这些经济作物的产量和品质对灌溉的要求也同样比较高。因而在面对旱灾时，为了获得经济作物的预期收益，农户往往更倾向于参与灌溉供给。

表1-4 农户农业生产基本情况

	作物名称	亩均产量（kg）	单价（元/kg）	亩均总收入（元）	亩均总支出（元）
粮食作物	水稻	600	3.6	2160	840
	玉米	500	2.2	1100	540
经济作物	茶叶	19.8	212	4199	2799
	烤烟	175	18	3050	1560
	油菜子	150	4.8	720	396
	西红柿	4500	1.8	8100	2780

下面讨论农户的耕地特征。首先观察农户拥有的耕地总面积，如表1-5所示。由于安顺市的地形决定了农户拥有的耕地相对比较细碎，农户的耕地总面积超过9亩的仅为7户，主要的耕地面积拥有量集中在3～6亩（含6亩），3亩以下和6～9（含9亩）亩的比例则不相上下（25%左右）。而对于可灌溉面积，主要的数量集中在2～8亩（其中2～4亩为36.6%，4～8亩为37.6%），2亩以下为21.8%，而超过8亩的农户仅有4户。经济作物面积在8亩的农户也仅为3户。经济作物种植面积也主要集中在2～8亩（其中2～4亩40.6%，4～8亩38.6%），2亩以下为17.8%。

表1-5 农户耕地基本情况

耕地总面积	样本个数	百分比	可灌溉耕地面积	样本个数	百分比	经济作物面积	样本个数	百分比
3亩以下	28	27.7%	2亩以下	22	21.8%	2亩以下	18	17.8%
3～6亩	40	39.6%	2～4亩	37	36.6%	2～4亩	41	40.6%
6～9亩	26	25.7%	4～8亩	38	37.6%	4～8亩	39	38.6%
9亩以上	7	7%	8亩以上	4	4%	8亩以上	3	3%

---

① 这里的出售单价以调查中了解的市场平均价格计算，支出包括购买作物种子，农药化肥，基本工具，支付水电费用等生产性支出。

下面比较对灌溉投入持不同意愿的农户的耕地特征（如表 1-6 所示）。对于旱灾背景下愿意投入抗旱灌溉的农户来说，其平均耕地面积是不愿意投入的农户的 1.52 倍，可灌溉耕地面积是 1.57 倍，经济作物的种植面积是 2.05 倍。可见，经济作物种植越多的农户更倾向于参与灌溉投入和服务，以获取更大的预期收益。并且，可灌溉耕地面积拥有量较多的农户也倾向于参与灌溉投入和服务，以使自己的可灌溉耕地在旱灾中受损降低，保证正常灌溉。

表 1-6　对灌溉投入持不同意愿的农户的耕地特征比较

灌溉投入意愿	变量	最小值	最大值	均值
愿意投入	耕地总面积	2	12	6.15
	可灌溉耕地面积	1	10	4.43
	经济作物面积	1.6	10	5.34
不愿意投入	耕地总面积	1	9.6	4.06
	可灌溉耕地面积	1	6	2.82
	经济作物面积	1	5	2.6

5. 农户的农业支出情况

比较愿意和不愿意参与抗旱灌溉投入的农户的灌溉农业支出情况和灌溉支出情况，见表 1-7。根据各项数据可知，正如理论分析部分所得结论，愿意参与抗旱灌溉投入的农户在农业支出份额比较大，灌溉农业平均年支出为 2372.64 元，灌溉用水平均年支出为 226.75 元。相对地，不愿参与抗旱灌溉供给的农户，灌溉农业平均年支出为 1290.91 元，针对灌溉用水的平均年支出为 107.67 元。另外，对于愿意支出的农户，年灌溉用水支出占农业支出的比重平均为 9.8%，不愿意的农户比重仅为 8.4%。

表 1-7　对灌溉投入持不同意愿的农户支出的特征比较

灌溉投入意愿	变量	最小值	最大值	均值
愿意投入	灌溉农业支出	651	4076	2372.64
	灌溉用水支出	60	398	226.75
	灌溉支出/灌溉农业支出	7.5%	15.1%	9.8%

续表

灌溉投入意愿	变量	最小值	最大值	均值
不愿意投入	农业支出	500	3456	1290.91
	灌溉用水支出	32	298	107.67
	灌溉支出/灌溉农业支出	4.7%	11.2%	8.4%

6. 村庄水利灌溉设施水平

根据本研究的调查数据显示，在受调查农户中，愿意和不愿意参与灌溉供给、服务的农户对于村庄水利灌溉设施水平有不同认识。如表 1-8 所示，愿意投入的农户中有较多的人（71.9%）认为社区水利灌溉设施需要修葺，而不愿意投入的农户对于水利灌溉设施是否需要修葺的认知则比较平均。这说明，愿意投入抗旱灌溉供给的农户，其对村庄公共的灌溉服务设施的要求更高。

表 1-8　农户对本村水利灌溉设施情况认知的比较

灌溉投入意愿	是否需要修葺	样本个数	百分比
愿意投入	是	41	71.9%
	否	16	28.1%
不愿意投入	是	19	43.2%
	否	25	56.8%

7. 农户对旱灾的认知

在受调查农户中，愿意和不愿意参与灌溉供给、服务的农户对于旱灾的预期显示出很大的差异。如表 1-9 所示，愿意投入的农户中有较多的人（70.2%）认为类似旱灾发生的可能性较大，26.3%认为发生的可能性一般，认为发生的可能性很小的农户仅有 3.5%。而不愿意投入的农户中仅有 45.5%认为类似旱灾发生的可能性较大，38.6%认为发生的可能性一般，认为发生的可能性很小的农户有 15.9%。这说明，农户对旱灾发生的预期越高，则其越倾向于投入抗旱灌溉，以避免预期旱灾对自己农业收成的影响。

表 1-9 农户对旱灾认知的比较

灌溉投入意愿	发生大旱的概率	样本个数	百分比
愿意投入	很大	40	70.2%
	一般	15	26.3%
	很小	3	3.5%
不愿意投入	很大	20	45.5%
	一般	17	38.6%
	很小	7	15.9%

8. 农户合作的情况

对于被调查村庄农户的合作情况，我们选择考察农户之间互相帮助的程度和村庄是否存在抢水现象（详见表 1-10）。很明显，愿意和不愿意投入抗旱的农户对本村的农户合作情况认知程度比较相似，对抢水矛盾的认知也比较接近。因此，目前还不能判断村庄内农户的合作情况对农户参与抗旱灌溉意愿的影响，这将在实证分析中进一步进行验证。

表 1-10 农户合作的情况的比较

灌溉投入意愿	村民愿意互相帮助	样本个数	百分比（%）	是否存在抢水	样本个数	百分比
愿意投入	非常愿意	5	8.8%	是	38	66.7%
	一般	35	61.4%	否	19	33.3%
	不愿意	17	29.8%			
不愿意投入	非常愿意	4	9.1%	是	28	63.6%
	一般	25	56.7%	否	16	36.4%
	不愿意	15	34.2%			

9. 政府对抗旱灌溉的投入情况

最后，分析被调查农户对旱灾中政府发挥作用的评价。由表 1-11 可知，农户整体对于政府在抗旱中的投入持比较肯定的态度，愿意和不愿意参与抗旱投入的农户认为政府发挥的作用比较大的比例分别为 54.4%和 59.1%。然而，不愿投入的农户认为政府抗旱力度很小的比重为 15.9%，约为愿意投入农户的 3 倍（愿意投入的农户认为政府抗旱力度很小的比重仅为 5.2%）。

表 1-11 农户政府抗旱投入认知的比较

灌溉投入意愿	政府抗旱力度	样本个数	百分比
愿意投入	很大	31	54.4%
	一般	23	40.4%
	很小	3	5.2%
不愿意投入	很大	26	59.1%
	一般	11	25%
	很小	7	15.9%

根据理论分析部分以及以上的统计分析可以看出,农户的受教育程度、农户可灌溉耕地拥有量、经济作物面积、农业灌溉农业支出对农户参与抗旱灌溉投入意愿可能有正向相关性,而其他指标的影响方向还需要通过计量模型的实证分析结论做出检验。

(二)变量说明

根据理论分析部分以及以上的统计特征分析,可以为计量经济模型设定变量,并对影响农户灌溉用水行为(这里主要指参与抗旱灌溉投入)意愿的因素在计量模型中的意义及变量性质做出说明(详见表 1-12)。

表 1-12 实证模型解释变量说明

变量	变量说明	变量性质
X_1	户主年龄	连续变量
X_2	户主受教育年限	连续变量
X_3	非农业从业人口数	连续变量
X_4	经济作物种植面积	连续变量
X_5	可灌溉耕地面积	连续变量
X_6	农业灌溉支出/农业总支出	连续变量
X_7	水利是否应该修葺	虚拟变量:是=1 否=0
X_8	对旱灾的预期	虚拟变量: 可能性大=2 一般=1 可能性小=0
X_9	村民之间的互助程度	虚拟变量:大=2 一般=1 小=0
X_{10}	是否存在抢水矛盾	虚拟变量:是=1 否=0
X_{11}	政府抗旱的作用	虚拟变量:大=2 一般=1 小=0

1.4.2.2 计量模型构建

在实证分析中，计量经济模型常假设因变量具有连续性，而在实际生活中却往往会遇到变量离散的取值形式。因此，运用普通线性回归模型（并进行最小二乘法或其变化形式）就不能检验这样的情形。根据本研究的具体情况，可以建立二元 logistic 或者二元 probit 模型分析农户参与抗旱灌溉供给及服务的意愿。值得注意的是，probit 回归更适于分析从有计划的试验、实验中获得的数据，而二元 logistic 模型则无这样的限制。因此，本研究设定因变量 Y 为 0 和 1 两种取值的离散因变量二元 logistic 模型型，由此可得式 1-22[①]。

$$Y = \beta + \sum_{i=1}^{n} \alpha_i x_i + \varepsilon \tag{1-22}$$

利用该模型可以评估多种因素对农户灌溉用水行为的影响，当农户不愿意参加灌溉投入时，$Y=0$；而当农户愿意参加灌溉投入时，$Y=1$，x_i 为自变量，代表前面所设的影响因素，β，α_i 为常量和各个自变量的对应系数，为残差项。根据常用二元选择模型设定，式 1-22 还可推写为式 1-23，其表示当农户愿意参与抗旱灌溉投入时的概率。

$$prob(y=1) = \frac{\exp(\beta + \sum_{i=1}^{n} \alpha_i x_i)}{1 + \exp(\beta + \sum_{i=1}^{n} \alpha_i x_i)} = \frac{e^z}{1 + e^z} = E(y) \tag{1-23}$$

1.4.3 实证分析结果及说明

（一）数据分析

本研究在对安顺市实地调研所得数据的基础上，运用 Eviews6.0 对数据进行二元 logistic 回归，根据前面的变量设定及对应的数值，将因变量及全部 11 个自变量带入模型进行回归分析，对各变量及模型整体的主要回归结果可见表 1-13。

---

① 本研究采用的模型参考樊欢欢，张凌云编著：《EVIEWS 统计分析与应用》，北京：机械工业出版社，2009 年，第 131～133 页。

　　由表 1-13 所列信息，可以对模型及各变量进行计量意义上的说明。首先，对 logistic 回归模型整体而言，模型整体显著性表现为：LR 统计检验量（LRstatistic 值）为 113.656 2，其作用类似于线性回归模型中的 F 统计量检验。相应地，LR 统计检验量的 p 值即其伴随概率 Probability（LR statistic）值为 0.000 000；麦克法登拟合优度（McFadden R-squared 值）作为似然比的一个评价指标，回归结果为 0.821 585。类似地，这一拟合优度值可用于替代线性回归中的 R^2 评价模型的整体拟合度，由该值可见本模型的拟合优度较好；另外，对于模型所设置的 11 个自变量，除 X_6 外均通过了概率为 5% 的 Z 统计量显著性检验。由以上分析可知，本模型的整体估计结果是非常不错的。值得注意的是，模型中 X_6 表示农业灌溉支出占灌溉农业总支出的比重，主要说明灌溉用水支出情况对农户灌溉用水行为的影响。但在第一次回归后，其相应的 Z 统计量伴随概率为 0.645，并不能通过 Z 统计量显著性检验。因此，我们考虑对模型进行相应的调整。

表 1-13　模型回归结果 1

变量	变量名	系数	Z 统计量	Z 统计量伴随概率
X_1	户主年龄	-0.913 080	1.455 709	0.001 4
X_2	户主受教育年限	1.522 730	2.649 506	0.008 1
X_3	从事非农业人口数	-1.180 462	-1.833 964	0.001 6
X_4	经济作物种植面积	3.390 763	2.171 843	0.002 9
X_5	可灌溉耕地面积	0.738 067	1.828 322	0.006 7
X_6	灌溉用水支出/灌溉农业支出	39.025 79	0.750 026	0.645 1
X_7	水利是否应该修葺	10.948 78	2.083 984	0.002 2
X_8	对旱灾的预期	1.525 856	1.759 990	0.003 2
X_9	村民之间的互助程度	4.725 415	2.654 765	0.001 6
X_{10}	是否存在抢水矛盾	7.795 120	1.554 124	0.004 9
X_{11}	政府抗旱的作用	-6.943 939	-1.641 749	0.000 6
LR statistic			113.656 2	
Probability（LR statistic）			0.000 000	
McFadden R-squared			0.821 585	

具体地，本回归方程整体上显著，但部分解释变量不能通过检验，可以考虑解释变量之间存在多重共线性。通过相关性检验，并未发现变量之间的多重共线性。因此，针对变量 X_6 不显著的情况，可以采用的解决方法是：第一，剔除该变量；第二，修改变量设定。从实地调研情况出发（根据入户访谈情况），对于安顺市农户来说，其灌溉农业支出对于其灌溉用水行为影响比较大。因此，不能简单剔除该变量而只能用类似变量值对其进行替换。因而，本文最终选择对 X_6 的设定从农业灌溉用水支出占灌溉农业总支出的比重改为农户的灌溉农业支出①。第二次回归的结果显示见表 1-14。很明显，本次回归结果也比较理想，其中：LR statistic 值为 103.794 7，p 值为 0.000 000；McFadden R-squared 值为 0.750 299；本次回归中，包括 X_6 在内的全部 11 个自变量都通过了概率为 5% 的 Z 统计量显著性检验（第二次回归的 X_6 的 Z 统计量值为 1.974 145，伴随概率为 0.048 4）。由此可见，相较第一次回归结果，修正自变量后第二次的模型回归结果整体更好。

表 1-14　模型回归结果 2

变量	变量名	系数	Z 统计量	Z 统计量伴随概率
X_1	户主年龄	−0.153 827	−2.116 051	0.004 3
X_2	户主受教育年限	0.595 442	2.752 314	0.005 9
X_3	从事非农业人口数	−0.631 433	−1.980 931	0.001 1
X_4	经济作物种植面积	0.994 875	3.050 986	0.002 3
X_5	可灌溉耕地面积	0.406 505	1.963 630	0.049 6
X_6	灌溉农业支出	0.074 812	1.974 145	0.048 4
X_7	水利是否应该修葺	2.647 424	2.359 195	0.018 3
X_8	对旱灾的预期	1.684 133	2.505 717	0.012 2
X_9	村民之间的互助程度	1.735 165	1.909 121	0.009 4
X_{10}	是否存在抢水矛盾	0.691 827	2.815 735	0.003 9
X_{11}	政府抗旱的作用	−0.327 386	−2.597 427	0.005 2
LR statistic		103.794 7		
Probability（LR statistic）		0.000 000		
McFadden R-squared		0.750 299		

---

①　对该变量设置的理由是：根据统计特征分析结果，农业生产支出较大代表农业生产活动比较重要，则农户对灌溉用水的依赖程度也自然会更强。

（二）实证结果分析

根据以上对贵州省安顺市的实证分析结果，各个自变量（X_1—X_{11}）回归结果与理论分析部分及统计特征分析的假设基本一致。从本文的实践角度出发，除了对以上模型回归数据的计量和统计意义说明外，还必须对其经济含义进行分析和说明。其中，每个自变量对应的系数可以说明对应变量的实际经济意义，即，当该系数符号为正时，其对农户抗旱灌溉用水参与投入的意愿呈正向的影响，若其为负，则为反向的影响。各个系数绝对值的大小也可以说明其对农户参与抗旱灌溉供给意愿影响的程度。另外，结合实地调研中入户访谈所了解的情况，可以对实证分析结果做出更具体的说明：

1. 农户的家庭特征对其提供抗旱灌溉供给意愿的影响

农户的不同家庭特征，包括户主年龄、受教育程度及非农业从业人口数对农户提供抗旱灌溉供给意愿的影响比较显著。由实证分析结果可知：户主年龄的系数为负，即户主年龄越小则其越倾向于参与抗旱灌溉供给。实地调研中发现，年轻的农民无论是对信息的获取还是对新事物的接受程度都远远高于其父辈，这对于引进灌溉新技术以及改善当地灌溉模式都是一种潜在的动力；户主的受教育年限则与农户参与意愿呈正向关系，即农户受教育程度越高，其越倾向于改进本村的灌溉水平。这也与实地调研的情况相吻合：大多数受教育程度高的农民乐于在农业生产中不断学习，面对旱灾，虽然其遭受了很大损失，但他们同时也愿意将其视作一种学习经验。在以后的农业生产中，则会投入更多精力、物力及人力改善原有的灌溉方式，提前应对可能发生的灾害；最后，农户家庭从事非农业行业的人口数对应系数为负，这表示农户家庭从事非农业的人数越多，则其投入抗旱灌溉的动力就越小。由于西南地区农户经济收入水平普遍较低，相当一部分农户家庭中青壮年外出务工人口比例较高。这是因为与农业生产相比，从事非农业活动所获得的收入比较高。但这在一定程度上造成了农户家庭缺乏劳动力或缺乏对农业投入的积极性等问题。旱灾背景下，外出务工的农户家庭由于考虑到高昂的返乡成本，大都选择不回家参与抗旱。这其实也是西南地区灌溉用水问题难以得到根本解决的重要原因之一。

比较以上变量各自对应系数的绝对值大小，就可以分析其对农户参与意愿的影响效力：对于农户户主的年龄来说，对应系数绝对值为0.15；受教育程度对应系数绝对值为 0.6；从事非农业人口数对应系数绝对值为 0.63。由此可见，在以上代表农户家庭不同特征的变量中，从事非农产业人口数的特征对农户参与抗旱灌溉供给的意愿影响最大，受教育程度的影响作用也不可小觑，而农户户主年龄大小的影响作用则相对较小。

2. 农户不同生产特征对其提供抗旱灌溉供给意愿的影响

由实证分析所得结果显示，经济作物播种面积、可灌溉耕地面积及灌溉农业支出对农户的农业灌溉用水行为影响显著，其中：农户经济作物的种植面积与农户灌溉投入的关系与理论分析及统计分析部分假设吻合，即经济作物种植面积越大，农户越倾向于参与抗旱灌溉投入。事实上，对于经济作物种植面积较大的农户，其灌溉农业收入则大多来自经济作物收入。因此，为了保证预期的经济作物的高收益，其必定倾向于投入更多到灌溉用水和灌溉设施的维护中；同样，可灌溉耕地面积对农户的参与意愿也存在正向的作用。农户为保证旱灾中及旱灾过后自己所拥有的可灌溉耕地得到正常的灌溉，会积极投入到抗旱及提高灌溉用水效率活动中；农户的农业生产支出变量回归所得系数为正，这也进一步验证了理论分析及统计特征分析的结论。当农户农业生产支出较大时，代表着农业生产活动对其影响比较重要，那么农户对灌溉用水的依赖程度也自然会更强，进而更有动力参与到抗旱灌溉投入中。

针对以上三个变量对农户灌溉用水行为的影响程度，可以分析其对应系数的绝对值大小，具体为：农户经济作物播种面积对应系数绝对值为0.99；可耕地面积对应系数绝对值为 0.41，农户灌溉农业支出对应系数绝对值为 0.075。可见，三个变量中，经济作物播种面积对于农户参与抗旱灌溉投入的影响作用最大，其次可耕地面积，最后是农户灌溉农业支出。这说明，针对农户的农业生产特征来说，灌溉农业的预期收益是对农户参与意愿影响作用最大的因素，这也进一步验证了理论分析部分对农户收入水平这一重要因素的理论假设，即，农户的收入水平对西南地区农户灌溉用水行为影响效应非常大。

3. 气候变化影响农户提供抗旱灌溉供给的意愿

实地调研中了解到，西南地区持续的旱灾对农户的农业生产、经济收入乃至心理都造成了巨大的影响。实证分析结果则进一步说明了气候的影响因素对农户的灌溉行为有显著的影响。具体表现为：农户对于旱灾的认知和预期对其参与抗旱灌溉投入有正向的促进作用，即，若农户认为近几年西南发生的严重旱灾在将来发生的概率还是很大，则会积极主动地投入到抗旱灌溉供给中，防微杜渐，以确保下次旱灾来临时能够减少自己的损失。值得注意的是，该变量对应的系数为 1.68，相对其他变量对应系数的绝对值（大都低于 1）来说，该项因素对于农户的灌溉影响必须引起更大的注意。这也说明，专家对于气候变迁的预警真实地影响了农业活动及其活动主体农户的生产行为。

4. 村庄合作程度影响农户提供抗旱灌溉供给的意愿

考察同一村庄农户之间的合作程度的指标是农户的互助意愿及用水矛盾问题。实证分析结果显示，农户之间互助程度越高，其参与抗旱灌溉投入的积极性越高；同时，抢水矛盾与农户参与意愿成正向关系，即农户在意识到用水竞争和矛盾的前提下，为减少自己在旱灾中的损失，愿意投入到抗旱灌溉供给中。与这两个变量相对应的系数的绝对值为 1.74 及 0.69。由此可见，虽然抗旱灌溉供给的公共物品属性决定了农户对公共灌溉设施的投入和管理的态度，但如果村庄农户之间的互助程度很高，则可以极大促进农户对公共物品的投入和合理的管理。同时，存在用水矛盾可能加深农户对于灌溉水资源重要性以及水资源稀缺性的认识，进而参与抗旱灌溉供给。

5. 政府投入影响农户提供抗旱灌溉供给的意愿

政府投入对农户意愿的影响主要考察两个因素：政府在抗旱中投入的力度及村庄现有灌溉水利设施状况。由实证分析结果可知，政府在抗旱中发挥的作用对农户的参与度成反向作用。这主要因为，当农户认为政府的投入力度很大，达到足以解决旱灾造成的损失时，他们更倾向于等待政府的公共投入发挥作用，而自己并不投入抗旱灌溉供给。实证中，该因素的对应系数绝对值为 0.33，说明该项对农户的灌溉用水行为影响不算太大。

值得注意的是，村庄现有灌溉水利设施状况这一因素的对应系数与本研究前面的理论假设和统计分析一致，其对应系数为正。在理论和统计分析中，我们假设农户会因为水利设施较差而具有参加公共投入的意愿。实证结果表明，当社区公共水利灌溉设施较差时，农户会积极投入到抗旱灌溉供给中。这说明，旱灾背景下，农户对于灌溉水利设施发挥的作用的认识越来越多，也有将村庄整体水利灌溉设施建设得更好的意愿。其对应系数绝对值 2.65 为所有变量中最大，这更进一步说明了水利设施建设情况对于西南旱灾中农户的重要性。

本章在实地调研取得一手数据的基础上，进一步验证了理论分析部分对于影响农户灌溉用水行为因素的分析结论，其结果为本文的结论及政策建议提供了更多的实践支撑。其中，大部分实证结果比较显著且与理论分析部分相符，少数变量有一定出入（但调整后的回归结果表示出显著）。针对贵州省安顺市的实证分析，结合并检验了理论部分分析。基于此，我们对安顺市农户灌溉用水行为的影响因素有了更深一步的认识，进而可以推及整个西南地区的情况。在理论结合实证的基础上，可以进入本章的结论部分，并结合以上分析结果对实践中的问题和困难提出有意义的政策建议。

1.5 结论及政策建议

1.5.1 结论

本文在对西南大旱进行深入调查和思考的基础上，运用博弈理论的分析思想和工具建立了本文的理论框架和分析方法，利用 logistic 计量经济模型，通过对实地调研数据进行回归分析，验证本文的假设分析。最终得出以下结论：

（1）多因素共同作用影响西南农户灌溉用水行为。本文研究体现，农户的灌溉用水行为受到多方面因素影响。本文在博弈理论分析的基础上，根据理论分析的结论和实地数据的收集，发现各影响因素都对农户的灌溉用水行为有或正向或负向的影响：其中农户受教育程度、耕地面积、可灌溉耕地面积、经济作物播种面积、用水矛盾、村庄水利灌溉情况及农户对旱灾的预期对农户参与抗旱灌溉供给为正向的关系；而农户户主年龄、非农业从业人员数量及政府在抗旱中发挥的作用与其参与抗旱灌溉的意愿呈反向关系。

（2）西南农户灌溉用水行为影响该地区灌溉模式发展方向。在以上这一系列因素的综合作用下，农户的灌溉用水行为受到相应的影响。理论分析部分的结论表明，由于灌溉用水及服务的公共物品性质影响，农户对灌溉及相关设施维护的投入并不能达到帕累托最优投入，这就影响了整体村庄灌溉水平的提高。根据理论部分的假设，农户对于抗旱灌溉的供给可以视为其对村庄灌溉和服务的贡献，因而对农户不同的特征和认知的综合考察则可以衡量出村庄的整体灌溉模式。那么，从西南农户角度出发的各影响因素研究对整体西南地区的灌溉模式有同样方向的影响作用。以受教育水平为例，若西南地区农户整体受教育水平都较高，则其对灌溉的供给和服务也相应较高，因而其对该地区的灌溉贡献就越多。相应地，西南地区的灌溉水平就会随农户受教育水平的提高而提高。这也与实际情况相符。西南地区农户整体受教育水平都不高，其直接造成了农户灌溉的投入积极性低，最终的灌溉模式只可能是落后的，甚至"望天吃饭"。同样的，对于其他影响因素的分析也能得到类似的结论。

（3）西南旱灾推动"灌溉改革"。在连年旱灾的影响下，西南地区的农户开始关注极端气候的影响及应对措施。过去，洪涝灾害是影响西南地区农业生产的主要阻力，即便发生旱灾，其影响范围及时间也有限。加之丰富的降水量和地下水储量，农户很少关注灌溉水利设施的管理和灌溉方式的改进，这就导致了该地区水利灌溉设施长时间得不到合理管理和改善。旱灾可以说是一把"双刃剑"，虽然其对西南农户的农业生产带来了灾难性的后果，但是其也为西南落后的灌溉水利设施及农户薄弱的节水灌溉意识敲响了警钟。事实上，在入户访谈中，多数农户已经表明为防患于未然，会在以后的农业生产中采取一定的抗旱措施，并在自己能力允许的前提下积极响应公共灌溉设施的投入。实际农业生产中，西南地区的很多农户已经开始以村为单位，自发地对灌溉设施进行维护，主要是修葺灌溉渠道和建造蓄水设施。部分经济能力较好的村庄已经开始自发地融资改土渠为水泥渠，以期更好地防止渠道渗水。

（4）西南地区水利设施现状影响灌溉效率的提高。除灌溉设施以外，水利设施问题在西南旱灾中也是社会各界密切关注的问题。在背景分析部分我们已经指出，打井灌溉及打井抗旱这种传统的抽取地下水方式是西南地区普遍采用的取水方式。但在实际运作中，尤其是在经历了严重的旱灾之后，西南地区农户开始重新审视打井取水方式。他们认识到，这种方式在旱灾中仅能发挥短暂的作用，操作不慎还会造成严重的后果，并不是该地区改善灌溉和防范旱灾的最佳方式。实地调研中发现，部分村庄已经开始因地制宜地建造雨水集蓄工程，这类工程耗费人力财力少，可以利用山区特殊的地形解决耕地的有效灌溉问题。这可以为整体经济水平发展较低的西南地区及其农民带来福音。

1.5.2 政策建议

根据本研究对影响西南地区农户灌溉用水行为因素的分析以及所得出的结论，可以对西南地区的灌溉模式、灌溉水平的提高及应对极端气候的措施提出相应的政策建议：

第一，政府在制定灌溉用水政策时必须以农户的利益为基本出发点，突出农户作为灌溉用水主体的重要作用。本章的结论在很大程度上说明了农户作为灌溉活动主体的重要性，也从多个角度说明了这些可能的影响因素及其影响后果。因此，无论是中央政府还是地方政府，都必须认识到，对待农业灌溉和水利建设等相关问题，一味地投入人力、财力及物力并不一定能够激发农户改善灌区水利灌溉设施的积极性。相比中国比较发达的地区，政府必须正视西南农村经济的落后水平，更要认识到灌溉用水及相关设施的"公共物品"性质。在财政补贴等宏观投入的同时借助市场手段，如引入涉农企业（如现在贵州安顺市茶果场），这样不但可以提高农户参与，更可以进一步增强政府扶持农村灌溉设施建设的力度。只有从农户的角度出发，分析他们根本的利益诉求，明晰水权状况，并借用市场的资源配置作用，如政府可以鼓励经济作物种植，才能真正激发农户改善灌溉条件和模式的主动性。

第二，利用旱灾的灾难性影响刺激农户自主抗旱及参与灌溉投入的积极性。正因为对于大多农户来说，农业灌溉用水及其相关设施的"公共物品性"使得他们对待提高灌溉技术、改善灌溉设施等活动缺乏积极性。即便是在旱灾期间，也存在很多农户等待政府救援而不主动抗旱的消极态度。但普遍来说，旱灾造成的损失对农户产生的震撼非常大。因此，西南地区的旱灾虽已过去，但政府应该趁热打铁，借这把"双刃剑"的力量普及对旱灾的防范认识，扩大节水灌溉的宣传力度。另外，还可以以村为单位，对积极参与抗旱或者遭受严重损失的农户进行培训，不断强调农户在抗旱和灌溉活动管理中的"主人翁"态度的重要性。从思想上让农户走出"靠天吃饭"、"靠政府办事"的惰性怪圈。

第三，关注新时代"农户"，与时俱进地为其提供学习培训机会。随着时代变迁，新一代"70后"、"80后"农民已逐渐成为农业生产的主体。与其祖辈父辈相比，其学习和接受信息的方式已发生了根本的改变。在实地调研中发现，网络已成为新一代农民认识世界了解世界的新途径。虽然西南农户家庭并不能很好的获得网络覆盖，但是年轻农民仍会利用一切可能的条件接触网络信息。因此，政府可以根据年轻农户的情况改进农业政策及农业信息传播渠道，更可以为他们提供先进的网络培训机会，宣传旱灾的影响力及节水技术的重要性，这必定能从很大程度上改善西南地区落后的灌溉方式，提高灌溉效率。

第四，立足于西南实际情况，集中兴建适宜当地农业生产的水利设施。水利及农业部门必须拒绝盲目的规模性建设，根据西南地区不同村庄的地理位置及气候状况，修建及改善水利灌溉设施。在相对平坦的坝区，合理利用周边河流取水功能或水井抽取地下水功能，并修葺加固灌溉渠道。在河流附近的山地村庄，改善已有的提水工程，避免打井抽水现象。而在远离河流的山地地区，可以加大雨水集蓄利用工程的力度，保障农户正常的耕地灌溉。

第五，建立科学的农业用水自主管理机构。与其他地区相比，西南地区无论是经济发展水平还是农业生产水平都比较落后。加之农业人口大量转移到其他地区从事非农产业活动，不但浪费了充沛的水资源条件也使农户的农业生产显得力不从心。针对灌溉用水活动，则更缺乏协调和管理，长此以往，该地区"望天吃饭"的现象将会越来越严重。因此，可以以村为单位，建立自主管理机构。与时下较多的农民用水协会相比，这样的自主管理组织不必拘泥于形式，因而政府的作用主要是对参与的农户提供支持和培训机会（使农民了解别的地区的成功例子和经验）。提高农民参与灌溉管理的参与度，功能是协调农户用水行为、管理农业灌溉活动及水利灌溉措施。

1.6 小结

西南地区遭受连年旱灾，引起了社会各界乃至学术界的广泛关注。早期的研究较多关注政府公共投资及相关政策的效应及影响，该研究以个体农户为研究对象，探讨农户用水行为及其影响因素的研究。本文认为影响农户的灌溉用水行为的因素主要有：户主的年龄，农户户主的受教育程度、农户经济作物的种植面积、可灌溉耕地面积、农业生产支出、村庄的用水矛盾、社区灌溉水利设施情况及农户对旱灾的预期。文章以博弈理论为主要的理论分析工具，首先对农户灌溉用水行为影响因素进行分析，然后引入计量经济模型进行经验分析。实地调研资料及模型结果显示，农户的灌溉用水行为受到多种因素的影响，并且这些因素所起的作用也各不相同：如户主的年龄、政府在抗旱中发挥的作用对农户参与抗旱灌溉投入有反向的影响；而户主的受教育程度、农户经济作物的种植面积、可灌溉耕地面积、农业生产支出、村庄的用水矛盾、社区灌溉水利设施情况及农户对旱灾的预期对其参与抗旱灌溉投入有正向的影响。最后在对影响西南地区农户灌溉用水行为因素的分析以及研究结论总结的基础上提出有针对性的政策建议：政府在制定灌溉用水政策时，突出农户作为灌溉用水主体的重要作用；利用旱灾的灾难性影响刺激农户自主抗旱及参与灌溉投入的积极性；关注新时代"农户"，为其提供适当的学习培训机会；结合西南实际情况，集中兴建适宜当地农业生产的水利设施；建立科学的农业用水自主管理机构。

参考文献

[1]（美）埃莉诺·奥斯特罗姆：《公共事物的治理之道：集体行动制度的演

进》，余逊达、陈旭东译，上海：生活·读书·新知三联出版社，2000年。

[2] 安顺市政府：《安顺简介》，http：//www.anshun.gov.cn/（2016-08-22）。

[3] 陈崇德，刘作银，田树高：《农户灌溉水资源配置行为的有效性分析》，《人民长江》2009年第17期，第20～22页。

[4] 陈可胜：《SPSS统计分析从入门到精通》，北京：清华大学出版社，2010年。

[5] 陈心炎，罗琼：《西南大旱水权属于谁？》，http：//www.infzm.com/content/43348（2010-03-31）。

[6] 陈志松，仇蕾：《小区域水资源配置中的多主体博弈关系及实证分析》，《中国水利水电》2009年第6期，第59～62页。

[7]（美）道格拉斯·C.诺思：《制度、制度变迁与经济绩效》，杭行译，上海：上海格致出版社、上海人民出版社，2008年。

[8] 杜兴旭：《安顺市再安排资金200万元重点解决人畜灌溉用水》，《贵州日报》2011年8月28日，第1版。

[9] 付全高：《从西南旱灾看农田水利建设存在的问题》，《安徽农学通报》2010第16期，第27～28页。

[10] 贵州省统计局，国家统计局贵州调查总队：《贵州省统计年鉴》，北京：中国统计出版社，2009年。

[11] 韩洪云，赵连阁：《农户灌溉技术选择行为的经济分析》，《中国农村经济》2000年第11期，第70～74页。

[12] 韩青，袁学国：《参与式灌溉管理对农户用水行为的影响》，《中国人口·资源与环境》2011年第4期，第126～131页。

[13] 胡继连，姜东晖，陈磊：《农业节水的微观困境与出路——山东的实证》，《农业经济问题》2006年第12期，第6～11页。

[14] 江煜，王学峰：《干旱区灌溉水价与农户采用节水灌溉技术之间的博弈分析》，《石河子大学学报（自然科学版）》2008年第3期。

[15] 李良序，罗慧：《中国水资源管理博弈特征分析》，《中国人口资源与环境》2006年第2期，第37～41页。

[16] 刘国勇,陈彤:《干旱区农户灌溉行为选择的影响因素分析——基于新疆焉 盆地的实证研究》,《农村经济》2010 年第 9 期,第 105～108 页。

[17] 刘红梅,王克强,黄智俊:《我国农户学习节水灌溉技术的实证研究——基 于农户节水灌溉技术行为的实证分析》,《农业经济问题》2008 年第 4 期,第 21～27 页。

[18] 刘一明,罗必良:《水价政策对农户灌溉用水行为的影响——农户行为模型 理论分析》,《数学的实践与认识》2011 年第 12 期,第 27～41 页。

[19] 罗兴佐:《农民合作灌溉的瓦解与近年我国的农业旱灾》,《水利发展研究》 2008 年第 5 期,第 25～26 页。

[20] 罗兴佐:《农民合作灌溉的瓦解与近年我国的农业旱灾》,《水利发展研究》 2008 年第 5 期,第 25～26 页。

[21] 牛坤玉,吴健:《农业灌溉水价对农户用水量影响的经济分析》,《中国人 口·资源与环境》2010 年第 9 期,第 59～64 页。

[22] 庞娟:《博弈视角下农村社区公共品自愿供给的激励机制研究》,《学术论 坛》2010 年第 5 期,第 105～108 页。

[23] 饶学军:《雨水集蓄利用技术在安顺山区的应用》,《中国农村水利水电》 2001 年第 S1 期,第 30～31 页。

[24] 水利部:《水权制度建设框架》,http://www.Jxsl.gov.cn/id_zedaf3bc8b0194b 0194b9749021aeee4caaoc/news.shtml(2005-01-18)。

[25] 陶文国:《安顺农业发展的制约因素及对策》,《农业经济与技术》1995 年第 1 期,第 22～23 页。

[26] 王守坤,常云昆:《我国水权交易制度变迁及交易市场中政府的角色定位》, 《经济问题探索》2006 年第 3 期。

[27] 王晓磊等:《石家庄井灌区农户灌溉行为调查及节水潜力分析》,《节水灌 溉》2008 年第 6 期,第 12～15 页。

[28] 王学渊,赵连阁:《农户灌溉用水的效率差异——基于甘肃、内蒙古两个典 灌区实地调查的比较分析》,《农业经济问题》2010 年第 3 期,第 46～52 页。

[29] 徐长春:《西南大旱的成因及其启示》,《中国农村水利水电》2010 年第 8

期，第 72～73 页。

[30] 徐理响：《"公共池塘资源理论"与我国农村公共事物治理——D 队公共池塘水资源使用情况的思考》，《农村经济》2006 年第 2 期，第 10～11 页。

[31] 杨健羞等：《基于土地变更调查的我国西南边疆山区农田有效灌溉程度分析——以云南省为例》，2010 年全国山区土地资源开发利用与人地协调发展学术研讨会论文，昆明，2010 年 7 月，第 118～130 页。

[32] 虞苏青等：《安顺市特大气象干旱影响评估》，《贵州气象》2010 年第 S1 期，第 86～88 页。

[33] 岳意定，徐向阳：《农业水资源配置的博弈分析》，《系统工程》2008 年 2 月第 1 期，第 124～126 页。

[34] 张兵等：《农户参与灌溉管理意愿的影响因素分析——基于苏北地区农户的实证研究》，《农业经济问题》2009 年第 2 期，第 66～73 页。

[35] 张维迎：《博弈论与信息经济学》，上海：上海人民出版社，2004 年。

[36] 赵珊，季楠，张宜梅：《博弈视角下的农户灌溉系统运行合作行为研究——山东省费县大田庄乡黄土村个案分析》，《农村经济》2008 年第 3 期，第 98～101 页。

[37] 周晓平，陈岩，赵敏：《以合作谋求发展：农业灌溉用水困境、原因和解决思路》，《生态经济》2006 年第 12 期，第 78～81 页。

[38] A. Arayaa, Leo Stroosnijder. Assessing Drought Risk and Irrigation Need in Northern Ethiopia, Agricultural and Forest Meteorology, Vol.151, 2011, pp.425～436.

[39] Dinar, A., Ratner, A., Yaron, D. Evaluating Cooperative Game Theory in Water Resources, Theory and Decision, Vol.32, No. 1, 1992, pp.1～20.

[40] Hardin Russell. Collective Action, Baltimore: Johns Hopkins University Press, 1982, pp.34～64.

[41] Hong Yanga, Xiaohe Zhang, Alexander J.B. Zehnder. Water Scarcity, Pricing Mechanism and Institutional Reform in Northern China Irrigated Agriculture, Agricultural Water Management, Vol.61, No. 2, 2003, pp.143～161.

[42] Hugh Turral, Mark Svendsen, Jean Marc Faures. Investing in Irrigation:

Reviewing the past and looking to the future. Agricultural Water Management，Vol.97，2010，pp.551～560.

［43］I.J. Lorite，et al. Assessing Deficit Irrigation Strategies at the level of Anirrigation District. Agricultural water management，Vol.91，2007，pp.51～60.

［44］Jody D. Sturdy，et al. Building an Unders-tanding of Water Use Innovation adoption Processes through Farmer-Driven Experimentation. Physics and Chemistry of the Earth，Vol.33，2008，pp.859～872.

［45］Kaveh Madani. Game Theory and Water Resources，Journal of Hydrology，Vol.381，No. 3-4，2010，pp.225～238.

［46］M.S. Magombeyi，D. Rollin，B. Lankford The River Basin Game as a Tool for Collective Water Management at Community level in South Africa Physics and Chemistry of the Earth，Vol.33，2008，pp.873～880.

［47］Margolis Howard. Choice Under Uncertainty：Problems Solved and Unsolved，Journal of Economic Perspectives，Vol.1，No.1，1982，pp.121～154.

［48］Mehran Homayoun-far，et al. Two Solution Methods for Dynamic Game in Reservoir Operation，Advances in Water Resources，Vol.33，No.7，2010，pp.752～761.

［49］Prakashan Chellattan Veettil，et al. Complementarity Between Water Pricing，Water Rights and Local Water Governance：A Bayesian Analysis of Choice Behaviour of Farmers in the Krishna River Basin，India，Ecological Economics，Vol.70，No.70，2011，pp.1756～1766.

第 2 章 灌溉活动中农户和政府行为研究——以山西大同市为例

2.1 引言

中国是一个水资源短缺的国家，且水资源消费结构不尽合理。统计数据显示，2014 年中国农业用水量约为 3868.98 亿 m^3，占全国用水总量的 63.48%（中国统计年鉴，2015），而农业用水中灌溉用水份额高达 88.4%。由于管理低效及节水技术投入欠缺等原因，目前全国灌溉水平均利用率仅为 50%，而国外发达国家可达 70%~80%。按我国现有水资源消费结构计算，如果农业部门提高用水效率 10%，每年全国年水资源节约总量就是 386.9 亿 m^3，相当于全年工业用水量的 28.5%，生活用水量的 50.5%，可见农业用水效率的提高对中国水资源的节约利用起着关键的作用。20 世纪以来，在中国经济高速发展的背景下，在日趋紧张的水资源供应压力下，中国政府颁布了多项惠农政策，并采取了诸多措施来提高农业用水效率，然而实际执行情况不容乐观，我国农业耗水量一直居高不下，现代节水灌溉技术推广缓慢。究其原因，一方面是节水技术资金投入不足，但更重要的深层次原因，我们认为是灌溉活动中行为主体执行情况不够理想。在中国特色的农业灌溉活动中，个体农户和政府主管部门是节约用水、高效用水最重要的两个活动主体。与西方的大农业不同，由于农业的低收益、高风险及中国小农业经济的特征，中国政府的公共投资一直是农村基础设施建设主要来源，目前农村水利方面的公共投资主要投向水源地及主要输水系统建设，着力于提高输水系统效率；而个体农户（即私人投资）则主要负责田间灌溉技术，着力于提高田间效率。高效的公共输水系统可以为农户提供价格公道的公共水源，而高效的田间节水技术则可以减少水资源无效渗漏及提高作物产量及质量，此二者相辅相成，互为促进，构成了灌溉活动中一个有机整体。基于此，我们认为，对这两个灌溉活动中最重要的活动主体，即农户和政府的行为研究非常重要，唯有使这二者真正实现互相促进，互相补充，才能促进农业灌溉用水效率的提高，实现社会福祉的改善。

学术界对农业灌溉活动的研究很多，且较多关注于某单一方面的因素对灌溉活动的影响，如节水灌溉技术的投入、农业用水的定价、政府对灌溉的补贴、农业水权的交易和用水者协会的建立对灌溉活动的影响等。具体为：在节水灌溉技术投入方面，韩立岩等（2009）建议国家继续加大节水灌溉工程技术的投入力度，在不同的地区发展适宜当地的节水灌溉技术；鹿新高等（2009）认为应该从农户的经济利益出发，研发和推广低成本的节水灌溉技术，完善水价体系，健全水权交易市场，实施农户参与式管理，同时与政府的补贴优惠政策相结合，变外在约束为内在激励，提高农户采用节水灌溉技术的积极性；方兰等（2006）认为农户是否采取先进的灌溉技术在很大程度上取决于农业产出的回报，农户会主动采用先进技术，当且仅当农户能够负担所需投入的成本。舒克（2005）利用美国科罗拉多州历史上严重干旱的数据，研究了干旱程度如何影响农户节水灌溉技术的选择。结果表明，干旱程度显著地提高了农户采用更有效的喷灌技术，在严重干旱时，那些拥有更多的自有田地、有更大的田地规模和有更可靠的水供给的农户更可能投资于更高效的灌溉系统。在水价制定与政府补贴机制方面，韦伯（2008）等认为对于中国北方灌区实行较高水价是不合适的，高水价将损害农民的福利，降低农户用水公平，中国农业水权的交易应该以集体进行，把交易所得收入直接返给农户，政府应该提高水渠的防渗能力以提高农业用水的效率；沃德等（2009）在比较了配额水价和边际成本定价后，认为"两步制"定价对水资源配置比较有效，可以增进社会的公平和福利；尹庆民等（2010）研究发现：政府通过适当提高水价，充分发挥市场机制的调节作用，同时增加对农民用水户的直接财政补贴，可以在减轻农民水费负担的同时，更大程度上调动农业水资源供需双方的节水积极性；在水权交易方面，伯约伦德（2003）以南澳大利亚为例介绍了设定水权、允许水市场交易后带来的灌溉用水效率提高的经验；段永红（2003）认为明晰的产权能够提供一种激励机制，在农业初始水权配置之后，引入市场机制，实行使用量权在市场上的有偿转让，一方面能够使用水主体获得节水收益，从而进一步激励节水；另一方面可以形成对低效率过量用水的利益约束机制；在农民用水者协会方面，卡兹别科夫（2009）等认为用水者协会可以很好的配置灌溉用水，提高农业灌溉用水的效率，促进农户和政府福利的最优化。 张陆彪等（2003）认为用水户协会在解决水事纠纷、节约劳动力、改善渠道质量、提高弱势群体灌溉水获得能力、节约用水、保证水费上缴和减轻村级干部工作压力等方面，均取得显著成效。

综观以上研究，主要是单方面或部分地考虑节水灌溉技术、农业水价、政府补贴、水权和用水者协会等对农业灌溉用水的影响，鲜有对灌溉活动主体的行为研究，尤其是尚未涉及综合考虑以上五项因素对灌溉活动中农户和政府行为影响的研究。我们认为：首先，在灌溉活动中对农户和政府行为进行研究对提高灌溉水效率有着非常重要的意义，他们行为的优化可以极大地提高用水效率及社会公平；其次，现实中各项影响灌溉的因素并不是单一作用的，而这些综合因素作用的优先顺序及力度都会极大地影响中国农业用水政策的科学制定，故本研究将选取灌溉活动中最具影响的"五因素"：节水灌溉技术投入（t），农业水价（wp），政府补贴（s），水权（wr）和用水者协会（wua）这五项指标来对灌溉活动中农户和政府

的行为进行研究。我们将以山西雁北地区灌溉活动中农户和政府的行为为
评价对象，利用多元排序选择模型（Ordered Choice Model）进行分析，
进而对灌溉活动中影响农户和政府行为的五个因素进行排序，寻求影响农
户和政府行为以及整个区域社会福利的显著因素，实现农户和政府的行为
优化，最终促进农业用水效率及社会福祉的提高。

2.2 相关概念与基本假设

2.2.1 相关概念

一般意义上，灌溉活动是一个市场行为，但又有其特殊性。灌溉用水
同时兼有公共物品和私人物品的属性，故纯粹的市场机制在灌溉活动中并
不完全适用，如灌溉基础设施的自然垄断特性引发的市场失灵，灌溉用水
的过度使用导致其他非农用水严重缺乏，当代人过度用水带给下代人的负
外部性，灌溉设施的公共物品属性导致的"公地悲剧"等。另外，当市场
失灵时，农户缺乏进行节水灌溉技术投入的激励，农业水权不能得到有效
交易，灌溉用水的定价不能使用水效率达到帕累托最优。当灌溉用水市场
失灵时，政府就会适时而出，成立灌溉用水公共部门，对水的配置、使用
等进行管理。值得注意的是，这些消除市场失灵影响的方法同样面临政府
失灵的危险。假设政府信息不充分导致决策失误，或者行政成本过高导致
的效率低下等负面效应可能会出现。当灌溉活动中市场和政府机制同时失
灵时，社会急需一种弥补市场和政府失灵的制度机制，那么用水者协会等
非正式组织制度恰好可以弥补这个空白，帮助促进用水效率和增进用水
公平。

本文所涉及的灌溉活动中的"五因素"：节水灌溉技术投入、水价、
政府补贴、水权交易和用水者协会这五个因素是灌溉活动在不同方面的具

体表现，这些因素如何对农户和政府行为产生影响，进而农户和政府行为又如何影响用水效率和社会福利，是本文的研究核心所在。依据本文的研究内容及模型方法，我们对效用、农户行为、政府行为及社会福利这几个概念给出以下具体界定：

（1）效用。本文的效用特指农户效用和政府效用，是对农户和政府行为的反应；文中的效用函数是农户和政府效用与节水灌溉技术投入、水价、政府补贴、水权交易和用水者协会五个方面的一种对应关系。

（2）农户行为。本文主要指农户的经济行为，在本研究中，特指农户对节水灌溉技术投入的意愿、对水价高低和政府补贴的反应、是否愿意进行水权交易和是否愿意加入用水者协会等行为，以及这些因素如何影响农户行为的优化。

（3）政府行为。本文指政府根据农民灌溉用水的实际情况，进行适当的政策设计。如考虑是否进行节水灌溉技术的投入，来提高农业用水效率；如何制定合理的水价而不使农业用水过度浪费；怎样对农户进行补贴才能既提高节水效率又不给政府造成过大的经济负担；水权制度应该如何运行才能使社会福利最优化；是否应该支持农户用水者协会的运行等。

（4）社会福利。本文中的社会福利是指灌溉活动中农户和政府行为共同的结果，模型中以农户和政府效用的总和来衡量。

2.2.2　基本假设

基于农户和政府所处的市场经济制度环境和灌溉用水交易特性的分析，我们提出以下基本假设来分析农户和政府的行为，并希望能通过对雁北地区微观数据的计量分析得到证实。

假设 1：从节水灌溉技术投入、农业水价、政府补贴、水权交易和用水者协会五个方面（"五因素"）对农户行为的影响分析得出结论：这些单因素或"五因素"共同作用可促进农户在灌溉活动中的行为优化。

假设 2：从节水灌溉技术投入、农业水价、政府补贴、水权交易和用水者协会五个方面（"五因素"）对政府行为的影响分析得出结论：这些单因素或"五因素"共同作用可促进政府在灌溉活动中的行为优化。

假设 3：农户和政府行为效用的提高可以促进社会福利的改善。

2.3　模型选择和数据来源

2.3.1　模型选择

由于本研究的三个重要变量，即农户行为、政府行为和社会福利是离散变量，传统的回归模型因变量的取值范围在正无穷大与负无穷大之间，所以传统的回归模型不能对农户和政府行为以及社会福利进行测度。除此之外，本文研究的农户行为、政府行为和社会福利有一定的顺序或级别，并且在灌溉活动中，农户和政府各自需要对相关政策进行评估，尤其是对其优先性、重要性进行排序，这样才能使社会有限的资源使用在最有效率的领域。在能满足上述要求的模型中，多元排序选择模型（Ordered Choice Model，2007）是个很好的工具，它可以测量因变量等级和程度的差异以及自变量对因变量的贡献程度，因此，采用多元排序选择模型可以达到本文的目的。

本文所考察的是灌溉活动中农户和政府行为优化的问题，而农户和政府行为的优化可以通过农户和政府各自的福利大小来表示，由于福利包括的范围比较广泛，而效用在某种程度上和福利的含义是一致的，所以本文选取农户和政府的效用来代替农户和政府的福利，并衡量农户和政府行为是否得到优化，即：农户和政府各自的效用越大，他们的行为也就越优化。本文中农户和政府各自的效用大小采用四个层次来表达，分别是很好、好、不好、很不好。本研究用 u_f 和 u_g 分别表示农户和政府对影响灌溉"五因素"(节水灌溉技术投入,农业水价,政府补贴和惩罚,水权和用水者协会)的效用评价程度。即 u_f=0、1、2、3 分别表示农户认为很好、好、不好、很不好;u_g=0、1、2、3 分别表示政府认为很好、好、不好、很不好。具体模型如下:

2.3.1.1 农户效用多元排序选择模型

$$P(u_f = u_{fi} | X_i, \alpha) = P(u_f = u_{fi} | t, wp, s, wr, wua) \qquad (2\text{-}1)$$

在式(2-1)中,P 为概率函数;$u_f = u_{fi}$ 为离散因变量,有 0,1,2,3 四种选择,分别表示农户认为很好、好、不好、很不好;X_i 表示全部解释变量在样本观察点 i 上的数据所构成的向量,α 是系数构成的向量,t 为农户或政府对节水灌溉技术的投入,本文设为虚拟变量,当 t=0 表示农户或政府愿意对节水灌溉技术进行投入,当 t=1 表示不愿意对节水灌溉技术进行投入;wp 为政府对农户每亩地每小时灌溉征收的费用;s 为政府对农户节水灌溉技术投入的补贴,当 s 为正值时表示补贴,负值表示惩罚,为零值表示政府不对农户进行补贴也不惩罚;wr 是农户或政府对多余水进行的交易,将其转移到非农部门,比如城镇用水、工业用水等,此变量本文也设为虚拟变量,令 wr=0 表示农户或政府愿意进行水权交易,wr=1 表示不愿意进行水权交易;最后 wua 代表农户用水者协会,wua=0 表示农户或政府支持用水者协会运行,wua=1 表示不支持用水者协会运行。

为了对农户多元排序选择模型进行分析,引入不可观察的潜在变量 u_{fi}^*,

$$u_{fi}^* = \alpha_1 * t + \alpha_2 * wp + \alpha_3 * s + \alpha_4 * wr + \alpha_5 * wua + \varepsilon^* \qquad (2\text{-}2)$$

其中 ε^* 是相互独立且同分布的随机扰动项,并假定 ε^* 的分布函数是正态分布,$\alpha * \beta^*$ 是未知参数。u_{fi} 的取值和潜在变量 u_{fi}^* 有下面的对应关系:

$$u_{fi} = \begin{cases} 0, u_{fi}* \leq c_1 \\ 1, c_1 < u_{fi}* \leq c_2 \\ 2, c_2 < u_{fi}* \leq c_3 \\ 3, c_3 < u_{fi}* \end{cases} \tag{2-3}$$

其中 c_1、c_2、c_3 为临界值（*Limit*），且是不确定的，作为待估计的参数与模型系数一起进行估计。

2.3.1.2 政府效用多元排序选择模型

$$P(u_g = u_{g\eta} \,|\, Y_\eta, \beta) = P(u_g = u_{g\eta} \,|\, t, wp, s, wr, wua) \tag{2-4}$$

在式（2-4）中，P 为概率函数，$\mu_g = \mu_{g\eta}$ 为离散因变量，有 0，1，2，3 四种选择，分别表示政府认为很好、好、不好、很不好，Y_η 表示全部解释变量在样本观察点 η 上的数据所构成的向量，β 是系数构成的向量，t，wp，s，wr，wua 的意义同式（2-1）的定义，此处不再重复。

为了对政府多元排序选择模型进行分析，引入不可观察的潜在变量 $\mu_{g\eta}*$，

$$u_{g\eta}* = \beta_1 * t + \beta_2 * wp + \beta_3 * s + \beta_4 * wr + \beta_5 * wua + \mu* \tag{2-5}$$

其中 $\mu*$ 是相互独立且同分布的随机扰动项，并假定 $\mu*$ 的分布函数是正态分布，$\beta*$ 是未知参数。$\mu_{g\eta}$ 的取值和潜在变量 $\mu_{g\eta}*$ 有下面的对应关系：

$$u_{g\eta} = \begin{cases} 0, u_{g\eta}* \leq d_1 \\ 1, d_1 < u_{g\eta}* \leq d_2 \\ 2, d_2 < u_{g\eta}* \leq d_3 \\ 3, d_3 < u_{g\eta}* \end{cases} \tag{2-6}$$

其中 d_1、d_2、d_3 为临界值（*Limit*），且是不确定的，作为待估计的参数与模型系数一起进行估计。

2.3.1.3 社会福利最优化模型

根据农户和政府效用（行为）最优化模型可以构建社会福利模型，同样，社会福利也可以用社会福利多元排序选择模型来测度，具体表述如下：

设社会福利多元排序选择模型：

$$P(w=w_\lambda|Z_\lambda,\gamma)=P(w=w_\lambda|u_f,u_g) \qquad (2-7)$$

在式（2-7）中，P 为概率函数，$w=f(u_f,u_g)$ 表示整个社会福利，$w=w_\lambda$ 为离散因变量，有 0，1，2，3 四种选择，分别表示社会福利很大、大、小、很小，Z_λ 表示全部解释变量在样本观察点 λ 上的数据所构成的向量，γ 是系数构成的向量，u_f 和 u_g 分别表示农户和政府的效用评价程度。

为了对社会福利多元排序选择模型进行分析，引入不可观察的潜在变量 $w_\lambda{}^*$，

$$w_\lambda{}^* = \gamma_1{}^* u_f + \gamma_2{}^* u_g + \kappa^* \qquad (2-8)$$

其中 κ^* 是相互独立且同分布的随机扰动项，并假定 κ^* 的分布函数是正态分布，γ^* 是未知参数。w_λ 的取值和潜在变量 $w_\lambda{}^*$ 有下面的对应关系：

$$w_\lambda = \begin{cases} 0, w_\lambda{}^* \leq e_1 \\ 1, e_1 < w_\lambda{}^* \leq e_2 \\ 2, e_2 < w_\lambda{}^* \leq e_3 \\ 3, e_3 < w_\lambda{}^* \end{cases} \qquad (2-9)$$

其中 e_1、e_2、e_3 为临界值（$Limit$），且是不确定的，作为模型待估计的参数与模型系数一起进行估计。

2.3.2 数据来源

本研究的数据是以调查问卷的形式发放，通过实地访谈、电话访谈和网络调查而取得。本文所称的雁北地区即为现今山西省大同市所辖区

县，该地区位于山西省最北端，是华北地区典型的半湿润向半干旱过渡地区之一，该地区灌溉水源以地下水为主，可以代表华北地区灌溉农业现状，在调研区域的选择上我们同时兼顾了有地表水灌溉条件的地区，以求数据具有更大的代表性。水费收取主要按小时和亩数计算，这代表了中国大部分灌区的计费模式。在调查样本的选择上，对不同灌区节水灌溉技术的投入、是否参与用水者协会以及有无农业水权的交易等差异，本调研都给予了充分的考虑。雁北地区的微观数据在很大程度上可以反映我国水资源较为匮乏的华北和西北地区灌溉农业现状，有较强的代表性。

我们以雁北地区的浑源县、广灵县、灵丘县和大同县的十多个灌溉地为考察对象，共发放问卷 450 份，回收问卷 426 份，有效问卷 391 份，回收率为 95%，有效回收率 92%。问卷具体分布情况如表 2-1。

表 2-1 雁北地区农业灌溉用水调查分布表

地区	问卷数	所占百分比
浑源县	123	31.50%
广灵县	93	23.80%
灵丘县	72	18.40%
大同县	103	26.30%
总计	391	100.00%

资料来源：2010 年作者调研数据。

2.4 数据分析与结果解释

由于灌溉用水定价和政府补贴存在着相关关系，而水价也可直接或间接影响水权的交易和节水灌溉技术的投入，所以我们对各个变量先进行相关分析以避免多重共线性的问题。分析结果见以下表 2-2 和表 2-3：

表 2-2　影响农户行为因素与农户效用的相关分析

	uf	*t*	*wp*	*s*	*wr*	*wua*
uf	1.00	0.30	−0.27	−0.34	0.25	0.36
t	0.30	1.00	−0.78	−0.86	0.82	0.87
wp	−0.27	−0.78	1.00	0.91	−0.79	−0.75
s	−0.34	−0.86	0.91	1.00	−0.86	−0.85
wr	0.25	0.82	−0.79	−0.86	1.00	0.78
wua	0.36	0.87	−0.75	−0.85	0.78	1.00

表 2-3　影响政府行为因素与政府效用的相关分析

	ug	*t*	*wp*	*s*	*wr*	*wua*
ug	1.00	0.15	−0.35	−0.13	0.37	0.21
t	0.15	1.00	−0.78	−0.86	0.82	0.87
wp	−0.35	−0.78	1.00	0.91	−0.79	−0.75
s	−0.13	−0.86	0.91	1.00	−0.86	−0.85
wr	0.37	0.82	−0.79	−0.86	1.00	0.78
wua	0.21	0.87	−0.75	−0.85	0.78	1.00

注：表 2-2 和表 2-3 中 *t* 表示节水灌溉技术投入，*wp* 表示水价，*s* 表示政府补贴，*wr* 表示水权，*wua* 表示用水者协会，*uf* 和 *ug* 分别表示农户和政府对节水灌溉技术投入、水价、政府补贴、水权和用水者协会五个因素的效用评价程度。

　　如表 2-2 和表 2-3 所示，农户行为和政府行为与节水灌溉技术购入、水价、政府补贴、水权交易、农户用水者协会这"五因素"均存在相关关系，但是"五因素"之间即节水灌溉技术的投入、水价、政府补贴、水权交易和农户用水者协会之间也存在着严重的相关关系，所以等式（2-2）、（2-5）式存在着严重的多重共线性，故不能直接用（2-2）、（2-5）式进行回归。本文用相关自变量的合并来克服上述问题。

　　由于水价、政府补贴、水权交易和农户用水者协会等因素都对节水灌溉技术投入有影响，本文选择节水灌溉技术投入为公共变量，先分别对水价、政府补贴、水权交易和农户用水者协会进行回归分析，然后把节水灌溉技术投入作为自变量对农户行为和政府行为进行回归，最后把农户行为和政府行为作为解释变量对社会总福利进行回归。

2.4.1 节水灌溉技术对水价、政府补贴、水权和用水者协会的影响

由于节水灌溉技术投入是一个二元选择模型，本文采用 *Logit* 模型分别对水价、政府补贴、水权交易和农户用水者协会进行二元选择回归。

2.4.1.1 模型定义

设响应变量 y 为二值定性变量，用 0，1 分别表示两个不同的状态，P 是 $y=1$ 时的概率。自变量 $X_1 \cdots \cdots X_m$ 可以是定性变量，也可以是定量变量。*Logistic* 回归拟合的回归方程为：$\ln \dfrac{P}{1-P} = \beta_0 + \sum_{i=1}^{m} \beta_i X_i$。令 $y*$ 是 y 的不可观察的潜变量，即：$\ln \dfrac{P}{1-P} = y*$，$y* = \log it(P)$，$y* = \beta_0 * + \sum_{i=1}^{m} \beta_i * X_i$，其中 $\dfrac{P}{1-P} = e^{y*}$ 为机会比率，即 $y=1$ 时 P 的概率与 $y=0$ 时 P 的概率之比，在本研究中体现为农户不采用和采用灌溉技术的比率。

2.4.1.2 模型构建

$$t_1 * = \alpha_1 + \beta_1 * wp + \varepsilon_1 \qquad (2\text{-}10)$$

$$t_2 * = \alpha_2 + \beta_2 * s + \varepsilon_2 \qquad (2\text{-}11)$$

$$t_3 * = \alpha_3 + \beta_3 * wr + \varepsilon_3 \qquad (2\text{-}12)$$

$$t_4 * = \alpha_4 + \beta_4 * wua + \varepsilon_4 \qquad (2\text{-}13)$$

上面模型（2-10）到（2-13）式是节水灌溉技术投入分别对水价、政府补贴、水权交易和农户用水者协会进行回归的二元选择模型。

2.4.1.3 结果输出及解释

采用 *Logit* 模型应用 Eviewss 6.0 计量分析软件分别对水价、政府补

贴、水权交易和农户用水者协会进行二元选择回归。结果如下：

由表 2-4 可知：模型的输出结果中，*LR* 检验统计量（*LR statistic*）用来检验模型的整体显著性，其作用类似于线型回归中的 *F* 统计量。麦克法登拟合优度（*McFadden R-squared*）为似然比的一个指标，类似于线性回归中的 R^2。从上述回归结果看，每个式子的 *LR statistic* 和 *McFadden R-squared* 都比较理想，这说明模型的估计结果还是很不错的，其中 *z-Statistic* 下面括号里面表示 *z-Statistic* 的伴随概率，相关系数参见表 2-4。

表 2-4　节水灌溉技术投入对水价、政府补贴、水权交易和农户用水者协会的回归结果

解释变量	被解释变量			
	模型（*d*）	模型（*e*）	模型（*f*）	模型（*g*）
常数 α	14.142 060	1.947 217	−2.646 963	−1.906 170
wp	−0.457 963	—	—	—
s	—	−0.431 254	—	—
wr	—	—	4.866 166	—
wua	—	—	—	5.899 773
z-Statistic	11.985 560 −11.650 380	6.868 026 −11.179 990	−7.673 641 12.040 650	−8.342 176 10.651 080
Prob（*z-Statistic*）	（0.000 000） （0.000 000）	（0.000 000） （0.000 000）	（0.000 000） （0.000 000）	（0.000 000） （0.000 000）
LR statistic	310.173 800	364.714 800	292.667 4	351.507 200
Prob（*LR statistic*）	0.000 000	0.000 000	0.000 000	0.000 000
McFadden R-squared	0.593 611	0.697 992	0.560 107	0.672 715

注：z 统计量和 z 统计量的伴随概率对应上面一行是常数项的，下面一行是解释变量的。

模型结果描述如下：本文对农户采用灌溉技术的机会比率以 $\dfrac{1-P}{P}=e^{-t_1{}^*}$ 来表示，*P* 表示当 *t*=1 时，即农户不愿意对节水灌溉技术进行投入的概率，则 *1−P* 表示当 *t*=0（农户愿意对节水灌溉技术进行投入）时的概率，那么当水价越高即 *wp* 越大，$t_1{}^*$ 越小，$\dfrac{1-P}{P}=e^{-t_1{}^*}$ 越大，则农户愿意进行节水灌溉技术投入的几率越大。模型（*d*）结果显

示，当水价 wp 增加一单位，农户愿意进行灌溉技术投入的概率与不愿意进行灌溉技术投入的概率之比，即 $\frac{1-P}{P}$ 增加 $e^{0.457\,963}$（约为 1.58）个单位，也就是水价 wp 提高一单位，农户进行灌溉技术投入的几率比不提高水价时高出约 158%；同理在模型（e）中，我们看到，当政府补贴增加一单位，农户愿意进行灌溉技术投入的概率与不愿意进行灌溉技术投入的概率之比 $\frac{1-P}{P}$ 增加 $e^{0.431\,254}$（约为 1.54）个单位，也就是政府补贴 s 提高一单位，农户进行灌溉技术投入的几率比不进行补贴时高出约 154%；模型（f）结果显示，水权 wr 的系数为 4.87 为正值，即水权和 t_3* 同方向变化。这意味着，在水权交易存在的情况下，农户愿意进行灌溉技术投入和不愿意进行灌溉技术投入的概率之比 $\frac{1-P}{P}$ 会增加 $e^{-4.866\,166\,4}$（约 0.008）单位，也就是说参与水权交易的农户进行灌溉技术投入的可能性比不参与水权交易的农户高出约 0.8%；同理在模型（g）中，当农户加入用水者协会，农户愿意进行灌溉技术投入与不愿意进行灌溉技术投入的概率比 $\frac{1-P}{P}$ 增加 $e^{-5.899\,773}$（约 0.003）单位，也就是说参与用水者协会的农户进行灌溉技术投入的可能性比不参与用水者协会的农户高出约 0.3%。

2.4.2 农户行为、政府行为和社会福利最优化分析

在完成节水灌溉技术投入对水价、政府补贴、水权和用水者协会的回归分析的基础上，我们运用多元排序选择模型把节水灌溉技术投入作为自变量对农户行为和政府行为进行回归，然后再把农户行为和政府行为作为解释变量对社会福利进行回归，以得出影响农户行为和政府行为最优化的因素对二者的贡献程度的大小，最后分析农户和政府行为对社会福利的影响。

2.4.2.1　模型构建

（1）农户行为模型构建。农户效用对节水灌溉技术的多元排序选择模型为：

$$u_{fi}{}^* = \phi^* t + \varepsilon^* \qquad (2\text{-}14)$$

其中 $u_{fi}{}^*$ 是因变量，u_{fi} 不可观察的潜在变量，ε^* 是相互独立且同分布的随机扰动项，并假定 ε^* 的分布函数是正态分布，ϕ^* 是未知参数。

（2）政府行为模型构建。同上，政府效用对节水灌溉技术的多元排序选择模型为：

$$u_{g\eta}{}^* = \varphi^* t + \mu^* \qquad (2\text{-}15)$$

其中 $\mu_{g\eta}{}^*$ 是因变量，$\mu_{g\eta}$ 不可观察的潜在变量，μ^* 是相互独立且同分布的随机扰动项，并假定 μ^* 的分布函数是正态分布，φ^* 是未知参数。

（3）社会福利模型构建。由社会福利最优化模型可知，农户和政府效用对社会福利影响模型为

$$w_\lambda{}^* = \gamma_1{}^* u_f + \gamma_2{}^* u_g + \kappa^* \qquad (2\text{-}16)$$

其中 κ^* 是相互独立且同分布的随机扰动项，并假定 κ^* 的分布函数是正态分布，γ^* 是未知参数。

2.4.2.2　结果输出及解释

采用多元排序选择模型应用 Eviewss 6.0 作为计量分析软件进行回归分析，结果如下表 2-5 所示，由表 2-5 可知：

模型（h）有四个估计值，即解释变量 t 系数估计值和三个临界值，输出结果显示这四个参数估计值的 z 统计量相应的概率值都比较小，因此在统计意义上都是显著的，又 *LR statistic*=38.114 56，*Prob（LR statistic）*=0.000 0，因此模型（h）的估计系数整体上是显著的，同时，三个临界点的估计值 $\hat{c}_1$=-0.324 77、$\hat{c}_2$=0.517 2、$\hat{c}_3$=1.336 621，临界点的估计值是递增的，而且其他统计量也表明所建立的排序选择模型整体拟合效果比较好。

表2-5 农户行为、政府行为和社会福利最优化回归分析

解释变量	被解释变量								
	模型（h）			模型（i）			模型（j）		
	回归系数	z-Statistic	伴随概率	回归系数	z-Statistic	伴随概率	回归系数	z-Statistic	伴随概率
t	0.697 872	6.147 706	0.000 000	0.321 269	2.816 476	0.004 900	—	—	—
uf	—	—	—	—	—	—	1.235 859	16.621 300	0.000 000
ug	—	—	—	—	—	—	0.131 042	2.502 937	0.012 000
LIMIT_1: C（2）	-0.324 770	-3.420 942	0.000 600	-0.449 765	-4.645 858	0.000 000	-0.790 043	-5.680 037	0.000 000
LIMIT_2: C（3）	0.517 200	5.466 122	0.000 000	0.226 586	2.304 883	0.021 200	1.904 211	12.387 370	0.000 000
LIMIT_3: C（4）	1.336 621	12.357 760	0.000 000	0.906 096	8.924 335	0.000 000	3.080 353	16.574 900	0.000 000
LIMIT_3: C（5）	—	—	—	—	—	—	—	—	—
LR statistic	38.114 560			7.944 234			335.421 100		
Prob (LRstatistic)	0.000 000			0.004 824			0.000 000		
Pseudo R-squared	0.035 471			0.007 330			0.309 408		

模型（2-14）的输出结果显示：变量 t 的系数估计值为正，即节水灌溉技术的投入对潜在变量 u_{fi}* 的影响为正，说明 t 与 u_{fi}* 正相关，即当农户进行节水灌溉技术的投入后，对农户自身的效用增进的概率变大，而且 t 对 u_{fi}* 的影响程度约为 69.8%，说明政府提高水价、对农户提高补贴、农户进行水权交易和农户加入用水者协会都会使农户自身效用增进的概率变大。另外，政府每提高一单位水价、增加一单位补贴、农户进行水权交易、加入用水者协会、进行节水灌溉技术投入分别会引致潜在变量 u_{fi}* 增加约 110.3%、107.5%、0.56%、0.21% 和 69.8%，"五因素"共同作用会引致 u_{fi}* 增加约 288.4%[①]，从而提高相应单位农户效用的概率，使农户效用变大，农户行为得到优化。

模型（2-15）有四个估计值，即解释变量 t 系数估计值和三个临界值，输出结果显示这四个参数估计值的 z 统计量相应的概率值都比较小，因此统计上都是显著的，又 *LR statistic*=7.944 234，*Prob*（*LR statistic*）= 0.004 824，因此模型（i）的估计系数整体上是显著的，同时，三个临界点的估计值 $\hat{d}_1$=-0.449 765、$\hat{d}_2$=0.226 586、$\hat{d}_3$=0.906 096，临界点的估计值是递增的，而且其他统计量也表明所建立的排序选择模型整体拟合效果比较好。

模型（2-15）的输出结果显示：变量 t 的系数估计值为正，即节水灌溉技术的投入对潜在变量 $u_{g\eta}$* 的影响为正，说明 t 与 $u_{g\eta}$* 正相关，即当政府进行节水灌溉技术的投入后，对政府自身的效用增进的概率变大，而且 t 对 $u_{g\eta}$* 的影响程度约为 32.1%，说明政府提高水价、对农户进行补贴、政府进行水权交易和政府支持用水者协会运行都会使政府自身效用增进概率变大，另外，政府每提高一单位水价、增加一单位补贴、进行水权交易、支持用水者协会、进行节水灌溉技术投入分别会引致潜在变量 $u_{g\eta}$* 增加约

---

① 说明：$e^{0.457\ 963}$ ×0.697 872=1.58×0.697 872≈1.103=110.3%；$e^{0.431\ 254}$ ×0.697 872=1.54×0.697 872≈1.075=107.5%；$e^{-4.866\ 166\ 4}$ ×0.697 872=0.008×0.697 872≈0.005 6=0.56%；$e^{-5.899\ 773}$ ×0.697 872=0.003×0.697 872 ≈0.002 1=0.21%；（$e^{0.457\ 963}+e^{0.431\ 254}+e^{-4.866\ 166\ 4}+e^{-5.899\ 773}$ +1）×0.697 872=（1.58+1.54+0.008+0.003+1）×0.697 872≈1.103+1.075+0.005 6+0.002 1+0.698≈2.884=288.4%。

50.8%、49.5%、0.26%、0.10%和32.1%，"五因素"共同作用会引致$u_{gη}$*增加约132.8%[①]，从而提高相应单位政府效用的概率，使政府效用变大。

模型（2-16）有五个估计值，即解释变量u_f、u_g系数估计值和三个临界值，输出结果显示这五个参数估计值的z统计量相应的概率值都比较小，因此统计上都是显著的，又$LR\ statistic$=335.421 1，$Prob（LR\ statistic）$=0.000 0，因此模型（j）的估计系数整体上是显著的，同时，三个临界点的估计值$\hat{e}_1$=-0.790 043、$\hat{e}_2$=1.904 211、$\hat{e}_3$=3.080 353，临界点的估计值是递增的，而且其他统计量也表明所建立的排序选择模型整体拟合效果比较好。

模型（2-16）的输出结果显示：变量u_f、u_g系数估计值为正，u_f、u_g与$w_λ$*正相关，即农户效用和政府效用增大后，整个社会的福利的概率也将增大。而且农户效用u_f对社会福利$w_λ$*的影响程度约为124%，政府效用u_g对社会福利$w_λ$*的影响程度约为13%，说明农户和政府对节水灌溉技术投入、提高水价、对农户进行补贴、水权交易和支持用水者协会都会使农户和政府自身效用的增进概率变大，从而增大他们各自的效用，进而增加整个社会的福利。我们还发现一个非常重要的现象，那就是当农户效用提高后对整个社会福利的增进贡献是非常巨大的，是政府效用的10倍左右。这在很大程度上颠覆了传统意义上政府主导作用的概念，我们认为，这个结论是合理的，也是党和政府倡导和谐社会追求的结果，只有民众的共同富裕才能带来整个社会的安宁和富足。

2.5　结论和建议

通过多元排序选择模型对影响灌溉活动中农户和政府行为的因素的回

---

① 说明：$e^{0.457\ 963}$ × 0.321 269=1.58 × 0.321 269≈0.508=50.8%；$e^{0.431\ 254}$ × 0.321 269=1.54 × 0.321 269≈ 0.495=49.5%；$e^{-4.866\ 166\ 4}$ × 0.321 269=0.008 × 0.321 269≈0.002 6=0.26%；$e^{-5.899\ 773}$ × 0.321 269=0.003 × 0.321 269≈0.001 0=0.10%；（$e^{0.457\ 963}$ + $e^{0.431\ 254}$ + $e^{-4.866\ 166\ 4}$ + $e^{-5.899\ 773}$ +1）× 0.321 269=（1.58+1.54+0.008+ 0.003+1）× 0.321 269≈0.508+0.495+0.002 6+0.001+0.321≈1.328=132.8%。

归分析可知：节水灌溉技术投入、确立较高水价、政府补贴、进行水权交易和支持用水者协会可促进农户和政府在灌溉活动中的行为优化，证明我们的假设 1 和 2 是成立的，但这些因素对农户和政府行为的影响程度有所不同，研究表明水价和政府补贴贡献最大，其次是节水灌溉技术，水权交易和用水者协会对农户和政府行为优化贡献最小；最后，农户和政府行为的优化可以增进社会福利，说明假设 3 也是成立的，值得注意的是，在提高社会福利方面农户行为的贡献比政府行为的贡献大得多。综合本文的研究成果，特提出以下结论和建议：

第一，水价和政府补贴是影响农户和政府提高灌溉用水效率、促进用水公平、优化行为、增进区域福利的最主要的因素。研究结果显示，水价的高低和政府补贴的多少对农户效用的潜在变量 u_{fi}^* 的影响分别在 110.3% 和 107.5% 左右，对政府效用的潜在变量 $u_{gη}^*$ 的影响分别在 50.8% 和 49.5% 左右，远大于节水灌溉技术投入、水权交易和促进用水者协会的参与。表明现阶段雁北地区农户对水价反应非常敏感，政府可通过适当提高水价，充分发挥市场机制的调节作用，同时增加对困难用水户的直接财政补贴，可以在减轻农民水费负担的同时，更大程度上调动农业水资源供需双方的节水积极性，促进节约用水，促进农户和政府行为的优化。

第二，节水灌溉技术的投入依然是影响雁北地区灌溉活动的重要因素。研究结果表明，节水灌溉技术对农户和政府效用的潜在变量 u_{fi}^* 和 $u_{gη}^*$ 的影响在 69.8% 和 32.1% 左右，仅次于政府水价和补贴，说明政府应该继续加大节水灌溉工程技术的投入力度，因地制宜，在河（库）灌区大力发展渠道防渗技术；在井灌区积极推广低压管道输水灌溉技术；就农户而言，应该在山丘地区、干旱缺水地区和经济作物灌区发展喷灌技术、滴灌技术、膜下滴灌技术；在保护地蔬菜田推广渗灌技术；在干旱、半干旱的山丘地区发展雨水汇集利用技术；快速、大幅度地扩大节水灌溉技术的应用面积与范围，从而提高社会整体农业用水效率。

第三，水权交易对优化农户和政府行为影响比较微弱。模型结果显

示，水权交易对农户和政府效用的潜在变量 $u_{fi}*$和 $u_{gn}*$的影响只有 0.56%
和 0.26%。导致此种结果的可能原因是，雁北地区对于农业水权交易目前
还没有形成明晰的产权，无法对节水行为提供一种激励机制，水权交易没
能很好地实施，农户和政府的福利增加自然也不大。所以，当地政府应该
在农业初始水权配置之后，引入市场机制，使水权在市场上有偿转让，一
方面能够使用水主体获得节水收益，从而进一步激励节水。另一方面可以
形成对低效率过量用水的利益约束机制。

第四，用水者协会的运行对优化农户和政府行为方面影响甚微。模型
结果显示，用水者协会的运行对农户和政府效用的潜在变量 $u_{fi}*$和 $u_{gn}*$的
影响最小，只有 0.21%和 0.10%，对促进节水灌溉技术的投入，降低政府
水费收取的交易成本效果不显著。造成此种结果的原因可能是：雁北地区
的农民用水者协会成立时间不长，且产生主要是靠行政力量撮合，而非自
发成立，会员普遍存在"搭便车"心理，很少有会员真正关心协会的实际
运作与未来发展。另外，政府对用水者协会的财政支持力度不大，导致用
水者协会难以为继。建议政府加大对用水者协会的财政支持力度，大力宣
传农民用水者协会的相关知识，让用水户了解农民用水者协会的运作方式
及功能，了解这种新型的组织形式和传统管理体制的区别及优点，从而促
进用水者协会在农户中的认可度。

第五，优化农户和政府行为可以增进社会福利。本文的研究结果表
明，农户效用 u_f对社会福利的潜在变量 $w_\lambda*$的影响程度约为 124%，政府
效用 u_g对社会福利的潜在变量 $w_\lambda*$的影响程度约为 13%，如果农户行为得
到优化，那么其对提高社会福利将做出比政府大得多的贡献。这意味着若
政府以一定的财政投入去支持民生，那么整个社会福利的提高将大于该财
政直接投向以政府为主导的公共投资的效应。据此，我们认为，在农业灌
溉活动中，政府应该采取各项可能的直接惠农政策，促进农民增收，从而
推动整个社会福利得到更大的提高。

参考文献

［1］段永红，杨名远：《农田灌溉节水激励机制与效应分析》，《农业技术经济》2003 年第 4 期。

［2］方兰，NuppenauE-A：《空间水资源模型中对高效灌溉技术应用的效应分析》，《数量经济技术经济研究》2006 年第 3 期。

［3］国家统计局：《中国统计年鉴》，北京：中国统计出版社，2010 年。

［4］韩立岩等：《节水灌溉技术研究》，《现代农业科技》2009 年第 4 期。

［5］鹿新高等：《节水灌溉发展中存在的问题及应对策略探索》，《南水北调与水利科技》2009 年第 5 期。

［6］沈满洪：《水资源经济学》，北京：中国环境科学出版社，2008 年。

［7］尹庆民，马超，许长新：《中国流域内农业水费的分担模式》，《中国人口、资源与环境》2010 年第 9 期。

［8］张陆彪，刘静，胡定寰：《农民用水户协会的绩效与问题分析》，《农业经济问题》2003 年第 2 期。

［9］中华人民共和国水利部：《中国水资源公报》，北京：中国水利水电出版社，2009 年。

［10］Bjornlundh. Farmer Participation in Markets for Temporary and Permanent Water in South Eastern Australia，Agricultural Water Management，Vol.63，No.1，2003.

［11］Fanglan，nuppenaue-A. Programming a Spatial Water Model for Improving Water Efficiency in China，Water Policy，Vol.11，No.4，2009.

［12］Greenewilliam H. Econometric Analysis（Sixth（6th）Edition），New York：Prentice Hall，2007，pp.831～838.

［13］Kazbekov Jusipbekabdullaev，et al. Evaluating Planning and Delivery Performance of Water User Associations（WUAs）in Osh Province Kyrgyzstan，Agricultural Water Management，Vol.96，No.8，2009.

［14］Schuck Eric C.，et al. Adoption of more Technically Efficient Irrigation System as a Drought Response，Water Resource Development，Vol.21，No.4，2005.

〔5〕Ward Frank A，Pulido-Velazquezmanuel，Incentive Pricing and Cost Recovery at the Basin Scale，Journal of Environmental Management，Vol.90，No.1，2009.

〔16〕Webbermichael Barnettetc，Pricing China's Irrigation Water，Global Environmental Change，Vol.18，No.4，2008.

第3章　黄土高原东部地区农业水政策效应研究——以陕西省和山西省为例

3.1　引言

黄土高原（Loess Plateau）是世界最大的黄土沉积区，位于中国偏西北部，北纬 34°～40°，东经 103°～114°，从南到北跨暖温带和中温带，在气候上具有从东南半湿润向西北半干旱、干旱过渡的高原性气候特征。黄土高原东起太行山，西至日月山、贺兰山，北至阴山、大青山，南到秦岭，总面积约为 $6.268×10^5km^2$，其中耕地面积为 $1.691×10^7hm^2$，占全区总面积的 27.11%，占黄河流域 $7.5×10^7hm^2$ 的 84%。

在气候上黄土高原具有典型的大陆季风气候特征，冬季寒冷，夏季温暖湿润，雨热同期。年平均降水量约在 200～600mm，年降水总量达 $2.752×10^{11}m^3$，降水时空分布不均匀，气候干旱，地表蒸发量大，干旱、洪水和沙尘暴等自然灾害频繁发生。黄土高原稀缺的水资源及降水导致黄土高原农业用水面临严峻的形势。

黄土高原的水资源主要来自大气降水、河川径流与地下水三部分。河川径流与地下水都是由大气降水进行补给的，因此大气降水是水资源的主要来源。黄土高原水资源的主要特点有：降水量少而蒸发量大、降水量在时空、地区和年际内分布不均，黄土高原地区降雨大部分集中在 7～9 月，其降水总量占全年降水量的 60%～80%，与主要农作物生长期的需要严重错位。该地区多年平均河川径流量为 $6.038×10^{10}m^3$，主要用于河谷盆地的农田灌溉，地下水资源的储量达 $3.360×10^{10}m^3$，但由于河谷下切，无良好的储水条件，地下水埋藏很深，平均在 400～500m，最深达到 850m 以上，开发利用代价很高。土壤水主要以悬着水形式存在，加之该地区光能充足，蒸发力强，降水量少，构成了干旱环境，强化了土壤干燥化。尤其春季干旱缺水十分严重，致使灾害频繁发生，生态系统非常脆弱，农作物难以正常生长，甚至造成人畜饮水困难。

尽管黄土高原地区农业生产存在许多限制因素，如耕地不断减少和人口持续膨胀等，但是由于该地区土地广阔，而且黄土作为最优良的土壤之一，土质疏松，孔隙发育，具有很强的持水性能，有利于作物的生长，开发潜力大。由此可见，黄土高原地区具有很大的农业发展空间，但必须要在对该区水资源的高效利用的基础上实现。

为研究黄土高原东部地区农业用水状况以及用水政策对当地水资源配置、经济和社会发展方面的影响，我们于 2012 年暑期就相关问题进行了实地调研。此次调研区域覆盖陕西北部延川县和清涧县、山西运城地区平陆县、永济市和芮城县的部分村庄（路线图见图 3-1）。就当地的自然和社会经济概况、农业用水制度、水利设施、耕作制度、惠农政策效应及农村生态环境等方面的情况进行了调研。调研形式以政府职能部门座谈与入村访谈为主要方式，共调研 4 县 1 市（延川县、清涧县、平陆县、芮城县和永济市），覆盖 10 个村庄（梁家塔、梁家河、小程村、下七里湾、前滩村、张庄村、东太村、西祁村、马铺头村和匼河村），大约 400 个农户，取得了大量宝贵的一手资料。

本案例章节安排如下：在二、三、四部分主要介绍陕北（洛川、延川）、平陆、永济和芮城三个区域的自然和社会经济概况、农田水利、耕作制度、惠农政策效应及农村生态环境等方面的详细情况，第五部分将对二、三、四部分进行比较分析，得出黄土高原东部地区农业用水状况以及水资源配置对当地经济、环境和社会发展的影响等方面的结论，最后在第六部分给出政策建议。

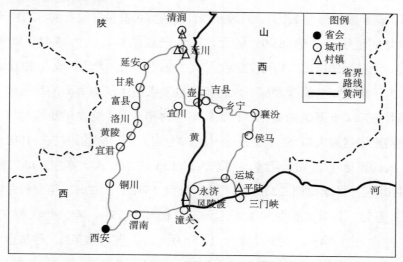

图 3-1　黄土高原东部农业用水状况调查路线图

3.2　陕北调研情况（陕西省延川县、清涧县）

3.2.1　地区概况

延川县位于延安市东北部，属陕北黄土高原丘陵沟壑区的白于山脉东端，地势西北高，东南低。清涧河及其支流（永坪川、青坪川、文安驿川、拓家川）依地势呈西北至东南向纵贯全境，黄河呈南北走向流经县东界。县内残塬、梁、峁、沟壑地貌相间分布，形成沟壑纵横、梁峁起伏、山川相间的地貌形态。该县处于半干旱区，属温带大陆性气候，年降水量为 450～

550mm，年际变化大，且分布不均，受季风影响，夏季多雷雨，持续时间短，强度大，不仅易造成山洪灾害，而且使水资源大量流失，不能充分利用。县人均水资源占有量只占全国人均占有量的 24%。延川县石油、煤炭等矿产资源丰富，石油分布范围 400km² 左右，已探明石油储量 2128 万 t，可开采量 212.8 万 t，主要集中在西部地区及东南部的土岗小程村和滩则村一带。探明煤炭储量 1 亿 t，且埋藏浅，煤质好，开采开发有利。2010 年，延川县实现生产总值 65.05 亿元，三大产业结构比例为 5.44：80.03：14.53，全县城镇居民人均可支配收入 15 183 元，农民人均纯收入 4002 元。

为了解延川县农业发展、农村经济以及农民生活等方面的相关状况，我们对中部文安驿镇的梁家塔村、梁家河村和东部土岗乡的小程村作了调查。梁家塔村总人口 63 户，常住人口 45 户，人口大约维持在 100～150 人。人均耕地 1.28 亩。梁家河村总人口 126 户 360 人，常住人口只有 42 户 110 人。耕地面积 2212 亩，退耕面积 1532 亩。2011 年全村总收入 225.5 万元，其中劳务收入 124 万元，占收入的 55%，养殖业收入 77 万元，占收入的 34%，政策性收入 13.5 万元，占收入的 6%，种植业收入 11 万元，占收入的 5%。现任中国国家主席习近平曾于 1969～1975 年在梁家河村插队，并于 1974～1975 年担任梁家河村支书。在此期间，习近平曾特地到四川绵阳地区实地考察沼气池建造技术，回到村里建成了陕西省的第一口沼气池，此设施在 2007 年时经过改造维修，至今仍为百姓的做饭、照明提供便利。

土岗乡位于延川县城南 45 千米处，属于石质丘陵区，黄土覆盖较薄。气候温暖，雨量偏少，光照条件优越。东临黄河，与山西省隔河相望，南接延长油田。全乡总土地面积 132km²，林业面积 62300 亩，其中红枣近 5 万亩。经济以红枣生产、种草养畜和黄河旅游三大产业为主。小程村位于土岗乡的西部边缘地带，与山西永和县隔河相望。因程姓最早在此黄河畔上建居而得名，后分为大、小两村。著名的黄河乾坤湾蛇曲地貌即位于距小程村几百米处的地方，并建有延川黄河蛇曲国家地质公园；另外，在靳之林和冯山云的倡导下，延川县黄河原生态文化保护发展协会经美国福特基金会资助，在延川县人民政府的鼎力支持下，于 2001 年创建了小程民间艺术村，这为当地村民发展旅游业提供了便利。

此外，我们还走访了清涧县的下七里湾村，此村庄地处清涧县城南 2 公里，距延川县仅 10km 左右。全村总面积 2km²，耕地 700 多亩，全村 60 户，180 人。2010 年清涧县实现生产总值 20.34 亿元，人均收入 9355 元；2011 年，人均纯收入已达 13 000 元。调查地区的大体状况见表 3-1。

表 3-1 陕北（延川、清涧）调研情况

调查项目 村庄	农作物		水价	主要收入来源	备注
	粮食作物	经济作物			
梁家塔	玉米、小麦	苹果、马铃薯、豆类	免费	外出务工、养殖（猪）、苹果、退耕还林补贴	—
梁家河	玉米、小麦	苹果、马铃薯	免费	外出务工、养殖（鸡）、马铃薯、退耕还林补贴	—
小程村	玉米	红枣、马铃薯	5~7 元/m³	外出务工、红枣、退耕还林补贴、农家乐	此村用水需从山下机井调运，运费在40 元/m³左右
下七里湾	玉米	马铃薯、红枣	1 元/m³	外出务工、养殖（猪）、蔬菜大棚	马铃薯主要供自己食用；水价仅限于生活用水

3.2.2 农田水利

延川气候干旱，年降水量小且季节性明显，本地区地下水位深，也不利于开采。因此，人们还没有摆脱"靠天吃饭"的局面，农业灌溉完全靠雨水补给，田间并无农田灌溉等水利设施。清涧县下七里湾村的山上农田也是靠雨水浇灌，但在山下发展蔬菜大棚的农户则采用自家自费打机井抽取地下水的方式浇灌，滴灌、喷灌等节水技术仍不普及，农民多使用 2.5 寸（65mm）塑料软管漫灌。由于棚边机井是归个体所有，所以农户只承担电费。地下水资源不在管理范围之内，这意味着农民用水不受限制，从长远来看，这种灌溉模式会导致当地地下水位下降，甚至出现水资源短缺问题，进而制约当地社会经济发展。

陕北地区的人们为减少水土流失，最大限度地利用降水资源，他们修建了许多淤地坝，以此拦截泥沙、蓄洪滞洪、减蚀固沟，最终达到增地增收的目的。淤地坝的蓄水保土效益最为明显，特别是在工程运行前期，可作为水源工程，拦蓄十分有限的雨洪资源，解决当地工农业生产用水和发展水产养殖业。同时，淤地坝通过有效的滞洪，将高含沙洪水一部分转化为地下水，有利于该地区地下水位的提高；一部分转化为清水，排放到下游沟道，增加了沟道水量，补给了河流水，这对水资源缺乏的黄土高原干旱、半干旱地区的群众生产、生活条件改善发挥了重要作用。"沟里筑道墙，拦泥又收粮"、"打坝如修仓，拦泥如积粮，村有百亩坝，再旱也不怕"，这是黄土高原地区群众对淤地坝作用的高度概括。淤地坝建设解决了农民的基本粮食需求，为优化土地利用结构和调整农村产业结构，发展多种经营创造了条件。

3.2.3 耕作制度

陕北地区处于黄土高原区，平均海拔在 800m 以上，水热资源不充足，农作物多是两年三熟。粮食作物采用小麦—玉米或小麦—豆类的复种耕作方式，经济作物采用果树、马铃薯间作套种方式。延川县中部残塬梁峁区由于塬面较平，雨水灌溉的效果较好，农民多种植小麦、玉米、苹果、马铃薯；东部梁峁区的坡地较多，不利于雨水集中，导致粮食种植面积小，主要以枣树种植为主；清涧县下七里湾村的山坡地带以种植红枣、马铃薯为主，山下发展温室蔬菜大棚。

调查显示，目前红枣已成为陕北地区特别是东部沿黄河滩地地区的主要收入来源。此次调研的延川、清涧二县有着悠久的红枣种植历史。清道光《延川县志》记载："红枣各地多有，不如东乡。沿黄河一带，百里成林，肉厚核小，与灵宝枣符。成装贩运，资以为食"。延川的脆枣、狗头枣不仅行销国内各地，也用于出口，并在国际市场上占有一席之地，延川地区的农民人均纯收入中红枣收入高达 23.9%。清涧被誉为"中国枣乡"，该县所产的牛奶脆枣驰名全省，甘甜清脆，颇受人们喜爱，有着广阔的市场。为发展红枣产业，清涧县还成立了"陕西省红枣工程研究中心"，加大了对红枣品种的研究与人工培育力度。随着红枣生产的发展，红枣加工业也迅速发展起来，红枣加工不仅仅局限在装袋外运等初级生产阶段，当地人们还对红枣进行了深度开发，生产红枣系列产品，主要有枣酱、枣汁、枣糕及枣罐头加工等。红枣产业开发带动了延川、清涧经济的发展，一方面吸引了部分劳动力；另一方面也为人们提供了致富途径，如长途贩运红枣、个体枣果加工等。

3.2.4 惠农政策

为促进农业转型、农村发展、农民增收，中央和地方政府都推出了一系列的惠农、扶农政策措施。通过实地调研，我们发现陕北地区的惠农政策主要包括国家退耕还林补贴、粮食补贴、地方企业带动等方面。

自 1999 年开始，在国家政策的号召下，陕北地区开始实行退耕还林工程，延川县是国家实施退耕还林的发起县，从 1999 年至 2010 年累计完成退耕还林 76.53 万亩。国家规定，每退耕还生态林一亩，国家补贴农民160 元，补贴期限为 8 年（1999~2006 年），自 2006 年以后，国家补贴降至 90 元/亩，仍执行 8 年。

除了退耕还林补贴外，国家还推出了粮食补贴政策。为追求利润最大化，很多农户都会选择种植经济作物，使得粮食作物种植面积急剧减少。民以食为天，粮食安全问题是关系国计民生的大事，国家为鼓励农民种植粮食，对小麦、玉米等给予补贴。补贴金额因地区而稍有不同，大致为小麦每亩补贴 60 元，玉米每亩补贴 40 元。退耕还林补贴和粮食补贴也成为农民收入来源的一部分，如我们走访的梁家河村，2011 年全村总收入225.5 万元，政策性收入 13.5 万元，占收入的 6%。

地方政府也通过加大基础设施投资和招商引资等手段，推行多种惠农政策，带动农村经济。延川县地方政府在农业基础设施（如机井、管道等农业灌溉设施）建设上的投资高达 70%～80%，农户只投入劳动力；政府向种植玉米的农户免费提供地膜，并为农民免费提供农业耕作、养殖方面的技术指导。此外，地方政府不断加大招商引资力度，以此带动地区经济发展。如梁家塔村与西安本香集团以"公司+农户"模式合作建设生猪养殖基地，目前项目已经完成"三通一平"，即将投入建设。养殖场面积为$100 \times 60 m^2$，建成后承包给农户，农户只出劳动力，不承担任何生产资料投入。规划每棚养 250 头猪，每头猪赚得劳力报酬 100 元，即农户每年收入 2.5 万元。实现之后定会大大增加农民收入，甚至会吸引劳动力回流，减轻城镇就业压力，促进农村经济发展，加快城乡一体化进程。

3.2.5 农村生态环境

建设社会主义新农村是我国现代化进程中的重大历史任务，按照"生产发展、生活宽裕、乡风文明、村容整洁、管理民主"的要求，农村环境质量好坏也是衡量新农村建设成就的主要指标。由于在过去十多年间一直坚定不移地推行退耕还林政策，整个陕北地区的生态环境状况得到了相当大程度的改善。在调查中，村民们普遍反映，退耕还林后，原来满目的荒山已成为绿色阶梯，山洪灾害减少，环境明显改善，雨水增多，沙尘天气得到有效控制。

由于农村整体公共基础设施建设薄弱，甚至绝大部分地区处于缺失状态，广大农村地区仍然存在严重的污染问题，主要体现为生活废弃物的随意排放以及养殖场废弃物排放引起的地下水和土壤污染等问题。

实地调研表明，村民的生活污水和生活垃圾的排放问题不容忽视。陕北地区的住房许多仍为窑洞，这种房屋形式对村民乱排污水有一定的限制作用。为避免污水排放到别家窑洞的窑崖之上，农户大都会挖一条露天渠道，通往某处沟坑。对于生活固体垃圾，居民会自发地集中堆放到某个固定的沟里。然而食物腐败散发的气味则会弥漫整个村庄，如遇大风天气，塑料袋、纸屑、落叶则四处飘零，影响村容。有些村庄已经将环境整治列入规划之内，但或由于资金短缺，或由于村民保护环境意识淡薄，实现村容整洁仍显艰难。

养殖业的较高利润吸引了农民的投资热情。在某些地区，发展养鸡场和养猪场成为农民增收的主要来源，以清涧县下七里湾村为例，养殖业和种植业占全村收入的 70%，其中仅养殖业所占比例即高达 35%，但另一方面，养殖场排放的污水和粪便等废弃物可能成为农村新的大污染源。上文中提到的梁家塔村规划建设的生猪养殖基地在前期规划中，养殖公司计划将猪场废料用于三个领域：山下农作物施肥、山上果园施肥以及沼气新能源。但是由于梁家塔和梁家河村的耕地面积很少，预计农田需肥量不大，且农户自家多养牛、驴等牲畜，也建有积粪池，农民仍倾向于使用自家积累的肥料。又村中常住人口不多，且居住较分散，即使修建沼气池，可以覆盖的范围也有限，估计难以达到废弃物处理计划目标。加之出于经济利益的考虑，用于废弃物科学处理设施建设方面的投资有限，企业仍会将多余的废料随意排放出去。从长远来看，这必然会对当地水质和空气质量产生负面影响。

3.3 山西省平陆县调研情况

3.3.1 地区概况

平陆县位于山西省南端，运城市东南部，地处秦晋豫黄河金三角地带，北靠中条山，与河东盆地相依，南临黄河与河南省三门峡市隔河相望，东接黄河小浪底枢纽与九朝古都洛阳、河南省会郑州为邻，西越芮城、华山与西安为邦。2010 年平陆县全县 GDP 为 20.23 亿元，2010 年城镇和农村人均纯收入分别为 11026 和 3349 元，全县土地面积 1173.5km^2，下辖 6 镇 4 乡 1 区，229 个行政村，人口 24.6 万。平陆县境内北高南低，沟壑纵横，呈东西长 120km，南北宽 30km 阶梯状向阳坡，适宜各类作物生长。平陆是一个典型的农业县，全县耕地总面积 44.5 万亩，宜林面积 76 万亩，牧坡 35 万亩。耕地以平地为主，主要粮食作物为玉米、小麦、棉花、大豆、薯类和杂粮等，详见表 3-2。主要经济作物为苹果、桃、杏、红枣、核桃等，苹果种植在当地具有传统优势，平陆是国家确定的 16 个苹果出口县之一。平陆的鲜桃种植目前也已经发展成为基地化生产，优质鲜桃面积达到 3 万亩，年总产量近 2 万 t。同时在一些地区也发展了蔬菜大棚，但是规模不大。平陆县主要矿产资源有煤、铝、铁、硫、石膏、硅铜、大理石等，其中含煤地层面积 124km^2，预获储量 84 108 万 t。平陆县属于暖温带半干旱大陆性季风气候，水资源较缺乏，全县水资源总量为 10 797 万 m^3，人均资源占有量为 435m^3，为全国人均占有量的 16%，地下水可开采量为 2908 万 m^3，地表水可利用量为 1880 万 m^3，年平均降雨量为 600~700mm，但是大多集中于 8、9 两月。平陆县南临黄河，东接小浪底枢纽，径流全长 130km，多年平均流量 331.3 亿 m^3，是重要的地表水客水资源，引黄河水灌溉的潜力巨大。本次调研在平陆县共走访调查了四个村，分别位于张村镇和部官乡。经过调研发现，该县为典型的以农业为主的农业县，农民经济收入同当地水资源情况、劳动力情况以及外出打工人数成正比。表 3-3 为平陆县调研的各村庄基本情况。

表 3-2　2011 年平陆县种植作物面积、产量及价格状况

作物种类		种植面积（公顷）	全年产量（t）	市价（元/kg）
粮食作物	小麦	18 037	44 953	2

续表

作物种类		种植面积（公顷）	全年产量（t）	市价（元/kg）
粮食作物	玉米	10 364	45 506	2
	谷物（其他）	28 533	90 652	—
	高粱	30	147	—
	薯类	986	3938	—
	大豆	1658	1749	—
经济作物	苹果	—	179 596	2
	桃		5853	2.8
	大田蔬菜（Ⅱ）	—	15 640	1.6

表 3-3　平陆县调研各村庄基本情况

	前滩村	张庄村	东太村	西祁村
村中人口	620	3319	1173	1254
劳动力	260	1851	—	700
耕地数	2015 亩	7800 亩	2400 亩	2970 亩
灌溉方式	机井灌溉	机井灌溉	引黄灌溉	机井灌溉
主要粮食作物	玉米、小麦	玉米、小麦	玉米、小麦	玉米、小麦
主要经济作物	苹果、桃	苹果、桃	苹果、桃	苹果、桃
灌溉水价	30～35 元/小时	30～35 元/小时	60 元/小时	30～35 元/小时
生活用水水价	2 元/m³	2 元/m³	2 元/m³	2 元/m³

3.3.2 农田水利

平陆县水资源并不丰富，但是由于政府对灌溉设施的投入力度较大，在所调研区域的农田基本都具备灌溉条件，平陆县农业灌溉主要依靠打机井抽引地下水和引黄河水来灌溉，灌溉水量依据灌溉方式不同和地区不同也有所不同，但基本上机井灌溉一亩地需要 2～3 小时，引黄灌溉则只需不到 1 小时，灌溉水量相对丰富。在节水灌溉方面，平陆县针对水资源缺乏的情况，推进节水灌溉的实施建设。目前首先引进节水灌溉的地区是经济作物比较多的地区和蔬菜大棚内，如张家店村，灌溉基本使用的是喷灌技术，灌溉效率较高。另外，地下水资源比较缺乏，即机井较深的地区，也有节水灌溉的引用。但是很少有农户自己出资建设节水灌溉设施。平陆县农业灌溉水利设施的建设基本上是由政府投资建设的，同时也有相当大的一部分机井是由村集体与村民共同出资建设的，村民集体出资入股打井的方式比较普遍。

由于地表水资源较为缺乏，因此当地灌溉主要依靠地下水灌溉。也有部分村庄依靠引黄灌溉工程灌溉。大多数灌溉工程是由政府在 20 世纪 90 年代以来投资建设，也有政府与村民共同投资建设、村民集体入股建设的灌溉设施。我们对引黄灌区和机井灌区进行了简单比较，发现在灌溉效率方面，抽引地下水的机井的水量要远远小于引黄灌溉水量，平均灌溉一亩地需要 2 小时左右的时间，而引黄灌溉却只需不到 1 小时的时间。另外，在节水灌溉技术使用方面，我们在使用引黄灌溉工程的东太村调研时发现，在引黄灌区，农户采用的技术，大多是传统的大水漫灌方式，而在机井灌溉区，由于抽引地下水相对成本较高，农户则会采用一些节水灌溉方式，如滴灌、喷灌等。而当地政府也对节水灌溉进行了投资，扶持农户在机井灌区采用节水灌溉技术，如对农户的节水灌溉设施进行价格补贴和技术扶持。在水价方面，由于引黄灌溉需要经六级站引黄河水灌溉，所需电费要大于机井灌溉，因此引黄灌溉的水价要远远大于机井灌溉，为 60 元/小时，而机井灌溉只需 30～40 元/小时。但是从灌溉一亩地所需时间来看，引黄灌溉的实际水价可能要低于机井灌溉。从作物产量方面看，在实行机井灌溉的地区，农户种植桃的产量要高于引黄灌溉的地区，粮食作物的产量也高于引黄灌区。这在一方面是由于地下水水质优于黄河水质，黄河水资源污染严重之外，还同机井灌区引用节水灌溉有关。但是这并非意味着抽引地下水进行机井灌溉要优于引黄灌溉，地下水的过量抽取会使得地下水位急速下降，必将在不远的将来造成更严重的问题。据山西省政府官方资料，山西已在全省引黄灌区实行水价补贴制度，水价降至 25 元/亩，这意味着地下水水位下降的趋势已经引起当地政府警觉并开始在农田灌溉用水方面限制地下水的使用而更加倾向于使用引黄河水灌溉。

3.3.3 耕作制度

在我们所调研的四个村中，几乎所有农户都会在种植玉米、小麦等大田粮食作物的同时种植一些经济作物，而主要种植的经济作物多为苹果与桃，如前滩村农户以大棚蔬菜和西红柿为主。通过对具体农户的调研，我们发现农户对于耕作制度的选择同家庭农业劳动力人数和当地水资源状况、灌溉制度有较强的相关关系。

经过实地调查，我们发现，若农户家庭劳动力不够，往往会选择种植一些对劳动力要求较小的作物，如不太需要人照料和灌溉的小麦、玉米等。若家庭劳动力情况较好，农户往往会选择种植经济收益较高的经济作物。另一方面，农田水利和灌溉水价也会影响耕作制度，在灌溉设施较完善，灌溉效率高，实际水价较低的地区，农户会较多的种植经济作物，而在农田水利设施不完善，灌溉效率低或者水价较高的地区，农户往往被迫种植灌溉需求较低的粮食作物。如我们在前滩村调研采访的农户 1，由于户主年龄已高，两个儿子都在城里打工，因此他家的 4 亩耕地全部种植了小麦、玉米，原因是小麦、玉米不太需要照料，节约劳动力和灌溉成本，且政府粮食直补的政策也使得没有劳动力优势的农户选择种植粮食作物。相同的情况也在年轻的农民身上发生，如在东太村调研采访的农户 2，只有 38 岁，有 6 亩地，但是他只用一半的地去种植收益更高的经济作物苹果和桃，剩余的全部种粮食作物。经了解，他这样做的原因是种地收入太低，无法满足他的需要，因此他在农闲的时候会去城里打工，据他所讲，如果以后会有更好的打工机会，他会选择弃荒耕地而直接外出打工。目前在平陆县种植经济作物的主要人群是 45～60 岁的人群,且随着外出打工人数的增多和打工收益与种地收益之间差距的扩大,留在村中种地的农民越来越少,作物种植面积也越来越少。另外,在一些经济收入情况较好的村中,如前滩村,往往会由村集体引导农民发展蔬菜大棚、养殖等产业。而这些产业由于收益较高,会吸引在外打工的年轻人回乡种地。同时,在引黄灌区的东太村,由于实际灌溉水价相对较低,农户也都比较倾向于种植更多的经济作物,如苹果、桃等,而在机井灌区,那些劳动力缺乏、年龄较大的农户往往多耕种一些对灌溉需求较少的粮食作物。政府政策和村集体的扶持也会对耕作制度产生影响,比如在张家店村,由于村集体扶持农户建造蔬菜大棚,因此当地会在大棚内种植一些经济蔬菜,而在部官乡西祁村,当地镇政府对农户种桃进行技术支持,并会每年都在当地举行桃花年会,因此当地农户大多种植桃树。

在农业投入方面,当地农业投入多少与种植制度、劳动力状况以及灌溉设施情况以及水价有着相关关系。根据实地调研,我们发现,经济作物的农业投入往往高于粮食作物。劳动力状况较优以及年轻农户对农业的投入往往高于劳动力状况差、年龄大的农户。农田水利设施比较完善、引入节水灌溉、实际水价较高的地区的农业投入,尤其是灌溉投入要高于农田水利设施不完善、没有节水灌溉、实际水价较低的地区。从种植类型的角度来看,农户对于粮食作物的投入要小于对经济作物的投入,如西祁村的农户 1,该农户种植了 8 亩玉米、小麦,4 亩桃,对小麦和玉米的灌溉投入为每年每亩 30～45 元,而桃的灌溉投入为每年每亩 60～90 元。经济作物的化肥和农药投入也高于粮食作物,该农户在粮食作物中的化肥和农药投入分别为每年每亩 100 元、10 元,而经济作物在化肥和农药方面的投入则达到了每年每亩 200 元,远远高于粮食作物。从灌溉方式的角度来看,使用机井灌溉但引入了节水灌溉技术的农户灌溉投入要大于引黄灌区和使用传统大水漫灌的机井灌区,而使用传统灌溉技术的机井灌区的农户灌溉投入也大于引黄灌区,如张家店村的农户 1,由于使用的是喷灌技术，该农户对玉米的灌溉投入为每年每亩 160 元，大于使用传统灌溉技术的机井灌区前滩村的农户 1 的每年每亩 100 元，也大于引黄灌区的东太村农户 2 的每年每亩 60 元。从水价方面来比较，实际水价较高的机井灌区灌溉投入也要大于引黄灌区，如前滩村的农户 2 每年每亩桃树的灌溉投入为 200～300 元，高于引黄灌区的农户 2 每年每亩的 120 元。以东太村的农户 2 和西祁村的农户 1 为比较，虽然两户都只有 1 名劳动力，但是东太村农户 2 只有 38 岁，劳动能力较强，而西祁村农户 1 已经 60 岁，劳动能力较弱，因此东太村农户 2 的农业投入要大于后者。东太村农户 2 对于桃的灌溉、化肥、农药每年每亩的投入分别为 120 元、400 元、250～300元，而西祁村农户 1 的投入则为 60～90 元、200 元、200 元。

3.3.4 惠农政策效应

从政府补贴政策方面来看，同农户利益相关较强的政府补贴有退耕还林政策、灌溉设备补贴、农机补贴和粮食直补政策。退耕还林政策实施之后，平陆县生态环境相比较以前有了明显的改善，水土流失情况得到了有效的缓解。灌溉设备补贴主要表现为政府对农田水利设施的投资建设和补贴，以及对节水农业的补贴，农户使用灌溉设施和节水灌溉方式灌溉时只需负担电费即可，平陆县对农村灌溉机井和引黄灌溉的投资建设大大降低了农户灌溉投入，降低了农业成本，而节水农业的扶持对于节约当地水资源和提高农田产出、保护土壤也起到了积极作用。农机补贴主要表现为大棚建设的政府出资补贴和塑料薄膜的免费发放以及部分平地的机械化耕作，但是由于平陆县以山地为主，大棚规模较小，使用地膜的耕地也不是很多，因此农机补贴政策对农民的影响并不是很大。粮食直补政策的实施使得许多农户选择外出打工，而将自家耕地大量种植上玉米、小麦但是并不去过多照料，使得土地使用效率降低。

3.3.5　农村生态环境

我们另外一个调研重点问题就是农村生态环境问题，随着退耕还林政策的实施，农村生态环境相比较以前有了较大的改善，水土流失问题也有了很大的缓解。从前一遇刮风天气，村中就会满是灰尘、黄土，现在随着退耕还林对山坡地的整治和经济林的种植，这种情况已经非常少见了。同时我们在调研中发现，平陆县各农村民居多为平房，虽然村集体纷纷在村中设立了垃圾集中倾倒点，但是农户们仍然习惯将自家的生活垃圾随意倾倒于村中，导致村中固体废弃物污染严重，村容不整。而农户家中的生活污水也大多随意排放，村中生活污水横流，也会对地下水情况造成危害。由于平陆县养殖业相对较少，因此由于养殖牲畜而造成的地下水污染的情况并不多。

3.4　山西省永济市和芮城县调研情况

3.4.1　地区概况

山西永济市位于山西省西南部，运城盆地西南角。西临黄河与陕西省大荔县、合阳县隔河相望；南依中条山与芮城接壤；东邻运城市；北接临猗县。东西宽 49km，南北长 43.5km，总面积 1221.06km^2。全市辖 7 镇 3 个街道：虞乡镇、卿头镇、开张镇、栲栳镇、蒲州镇、韩阳镇、张营镇、城西街道、城北街道、城东街道。2010 年常住人口 44.5 万人，其中农业人口 26 598 人，占全县总人口的 5.97%。永济市工业以轻工业为主，有国家大型企业铁道部北车集团电机厂，为全国铁路电机城，还有两座大型发电厂。农业主产小麦、棉花等。2010 年，永济市 GDP 为 79.86 万元，其中第一产业、第二产业、第三产业所占比重分别为 18.67%、52.97%、28.35%，人均 GDP 为 17 917 元，城镇居民人均可支配收入为 14 411 元，农村居民人均可支配收入为 5884 元（山西省统计年鉴，2011 年）。

山西芮城县位于晋陕豫三省交界的黄河中游"金三角"地带，北依条山，南临黄河，东接中原，西连秦川，是山西省的南大门，素有"鸡鸣一声听三省"之美誉。全县国土面积 1178.76km^2。全县分 7 镇 3 乡：陌南镇、阳城镇、永乐镇、西陌镇、古魏镇、大王镇、风陵渡镇、东垆乡、南卫乡、学张乡。2010 年常住人口 39.52 万人，其中农业人口 243 498 人，占全县总人口的 61.61%。芮城县是一个典型的农业县，全县现有耕地 77.42 万亩，农作物以小麦、棉花为主，玉米、谷物、豆类等也有种植。2010 年芮城县 GDP 为 491 720 万元，其中第一、二、三产业所占比重分别为 33.11%、30.71%、36.18%，人均 GDP 为 12 459 元，城镇居民人均可支配收入为 13 952 元，农村居民人均可支配收入为 5222 元（山西省统计年鉴，2011 年）。

本次调研中，我们走访了永济市的马铺头村和芮城县的匼河村。因旧时匼河村隶属永济市，且马铺头村和匼河村水资源状况、灌溉设施建设等方面较为类似，所以我们将这两个村子放在一起描述。

马铺头村位于山西省永济市城东街道运蒲公路和南同蒲铁路沿线，永济市区以东 2.5km 处，交通便利，地理位置优越。国土总面积 3000 余亩，其中耕地 2180 亩，是一个以粮棉生产为主的典型农业村。全村 589 户，8 个居民小组，2398 人。近年来，在强力推进新农村建设中，马铺头村不断加大产业结构调整力度，积极打造以"贡蒜"品牌为基础的大蒜种植业，以"思雨养殖合作社"为依托大力发展牛、羊、鸡养殖业。目前已形成了千亩大蒜种植基地和肉牛肉鸡养殖基地。

匼河村现今位于芮城县风陵渡镇中心的西部，紧邻铁路和沿黄干线，交通便利。村子有 9 个居民小组，706 户 2749 人，2011 年末劳动力 1689 人。土地共有 2977 亩，人均 1.1 亩，其中水浇地 2850 亩，滩地 5735 亩，16 眼机井。经济作物以大棚蔬菜、芦笋、棉花为主；农作物以小麦、玉米为主。村里第三产业主要是劳务输出、运输业和养殖，并大力发展经济合作社，保证了人们的就近就业，促进增收；养殖主要以养牛、羊为主，2008 年成立了大棚蔬菜经济合作社，效益显著。

3.4.2 农田水利

永济市马铺头村和芮城县匼河村因较为富裕且水资源相对丰富，政府在农田水利方面的建设较为类似。两个村子的机井全部是政府投资修建，浇地费用都比较低廉，且生活用水都基本处于免费状态。

马铺头村南临中条山，村北 1km 处有伍姓湖，地下水面高，地面向下 4～5m 即可见水，村中的水资源比较丰富。村中农田以平地为主，农田灌溉用水主要是机井抽取地下水（井灌）。马铺头村灌溉分为八个小组，每组打有 2 口井，由一个人专门看管。这些机井全部是上世纪 70 年代村里集体修建，但是用水管道是组内自己付钱，村民自己浇自己的耕地。机井浇地一部分每亩 10～11 元/小时，另一部分每亩 20 元/小时，平均来看，浇一亩地每次大概需要 20 元钱。一部分靠近电厂的农田，用电厂排放的冷却废水来灌溉，这部分灌溉用水是免费的。由于离黄河比较远，而且引黄用水没有打机井灌溉费用低廉，所以村中并没有引黄灌溉。村中的大部分农田靠露天水渠引水来灌溉，在田地里基本是采用大水漫灌方式。灌溉一亩农田（小麦和玉米）需 2 个小时，一亩农田（大蒜）需 1 个小时。灌溉田地时需排队等待。生活用水方面村中通自来水已经 3～4 年，规定前 3 年用水不交水费，因浪费严重，现规定人均用水超出 1m³ 的部分要收费，但水价仍未定，也就是说村中的自来水仍旧处于免费状态。

匼河村三面靠近黄河，属于因黄河水患的问题和 20 世纪 "三门峡" 大坝建设的移民村，村中耕地距离黄河较远，所以没有引黄灌溉，村中大部分耕地依靠地下水灌溉，但是靠近黄河的滩地属于引黄灌溉。农田以平地为主，村中的大部分农田靠露天水渠引水来灌溉，在田地里基本是采用大水漫灌方式。灌溉一亩农田需 2～3 个小时，依据地形不同，灌溉所需用的机井也不同，不同的机井深浅不同，所需用电价也不同，所以水费也不同，从 10～40 元不等，但是水量都大体相等。打井所需的投资由政府和承包人共同承担。灌溉田地时也需要排队等待。

表 3-4　永济市和芮城县调研情况

村庄	农作物		水价		主要收入来源	备注
	粮食作物	经济作物	灌溉用水	生活用水		
永济市马铺头村	玉米、小麦	大蒜、果树	20 元/亩、次	免费	打工、大蒜、果树	灌溉水来源：主要是地下水（井灌）（水资源不是很缺乏）靠近电厂的农田用电厂水来灌溉。大部分农田靠露天水渠引水来灌溉在田地里基本是采用大水漫灌方式
芮城县匼河村	玉米、小麦	芦笋、果树	40 元/亩、次	10 元/年、人	打工、芦笋、果树、承包滩地	灌溉用水：依据地形不同，灌溉所需用的机井也不同，不同的机井深浅不同，所需用电价也不同，所以水费也不同，从 10元～40 元不等，但是水量都大体相等。生活用水免费，但是生活用水的水井承包给了个人，水免费但是每家需要按照人口数量给水井承包人一分地，相当于每人每年自来水费是 10 元

资料来源：根据走访记录整理

3.4.3　耕作制度

永济市和芮城县位于山西省南部，是山西南部丘陵盆地区，水热资源充足，农作物多是一年两熟。粮食作物采用冬小麦—玉米的复种耕作方式，经济作物采用果树、大蒜等间作套种方式。在我们所调研的马铺头村和匼河村两个村子中，几乎所有农户都会在种植玉米、小麦的同时种植一些经济作物，而主要种植的经济作物多为苹果、桃、杏和大蒜等，马铺头村经济作物有大蒜，匼河村的经济作物是杏树、芦笋、棉花、葵花等。

　　通过对具体农户的调研，我们发现农户对于耕作制度的选择同家庭农业劳动力人数和当地水资源状况、灌溉状况存在很大的相关关系。一般来说，家庭可用劳动力较多的话，农户会更加倾向于选择种植经济作物，并会在灌溉方面投入较多劳力。例如我们在马铺头村调研采访的农户 1，由于自己只有 25 岁、家里 7 口人，不仅自己有 4 亩耕地、还承包了 5 亩耕地，因此她家种植了 4 亩大蒜和 5 亩的小麦、玉米。村子水资源较丰富，所以大蒜一年大概浇 7 次左右，小麦、玉米一年浇 3～4 次左右，而且因为家里劳动力较多，所以投入劳动力较多，大蒜一亩可以年收入达一万元左右，收入也较高。而采访的农户 2，与农户 1 情况差别较大。该农户 60 岁，家里 5 口人，只有 2 亩地，儿子和女儿均在外打工，因此他家的 2 亩耕地种植了小麦、玉米 1 亩、大蒜 1 亩，原因是小麦、玉米不太需要照料，节约劳动力和灌溉成本，且政府粮食直补的政策也使得没有劳动力优势的农户选择种植粮食作物，1 亩大蒜自己足够照料。而在匼河村我们发现，由于打工收入较高，而且当地属于移民村，耕地稀少，当地大部分青壮年出去打工。如在匼河村调研采访的农户 2，76 岁，家里有 11 口人，有 10 亩地，但是出租了 8 亩，另外 2 亩耕地只有冬天种植小麦、夏天撂荒。经过了解，他家这样做的原因是种地收入太低，无法满足他的需要，因此孩子们都在城里打工。目前在这两个村子种植经济作物的主要人群是 45～60 岁的人群，且随着外出打工人数的增多和打工收益与种地收益之间差距的扩大，留在村中种地的农民越来越少，作物种植面积也越来越少。另外，这两个村子，往往会由村集体引导农民发展经济作物、养殖等产业。而这些产业由于收益较高，会吸引在外打工的年轻人回乡种地。

　　在农业投入方面，当地农业投入多少与耕作制度也存在着相关关系。从种植类型的角度来考虑的话，农户对于粮食作物的投入要小于对经济作物的投入。如马铺头村的农户 1，该农户种植了 4 亩大蒜和 5 亩小麦、玉米，对小麦和玉米的灌溉投入为每年每亩 40 元左右，而大蒜的灌溉投入为每年每亩 200 元。经济作物的化肥和农药投入也高于粮食作物，该农户在粮食作物中的化肥和农药投入分别为每年每亩 200 元、10 元，而经济作物在化肥和农药方面的投入则达到了每年每亩 500 元，远远高于粮食作物。

一般来说，如果当地政府财政富裕，会更加倾向于对当地的灌溉设施进行维护和投资，相对来说，当地的水价也会较为便宜，而且农户生活富裕，也会更加倾向于对耕地进行灌溉投资。我们走访的马铺头和匼河村，这两个村子较为富裕，所以村集体大力投资灌溉设施，两个村子均有村集体打的机井等灌溉设施，且灌溉费用低廉，如马铺头村灌溉每亩 20 元，匼河村耕地依据地形不同，灌溉所需用的机井也不同，不同的机井深浅不同（机井 70~270m 不等），所需用电价也不同，所以水费也不同，从10~40 元不等，但是水量都大体相等。并且村子中农户较为富裕，都愿意投资灌溉耕地，马铺头村和匼河村的耕地不管是种植粮食作物还是经济作物，均不存在干旱缺水状况，长势良好且产量很高，玉米小麦亩产量均为 450 多 kg/亩，远高于陕北 150 多 kg/亩。

3.4.4　惠农政策

当地主要惠农政策包括粮食直补、农资综合补贴、良种补贴、沼气建设、退耕还林、造林补贴、农机具购置补贴、新农合补偿、养老保险、医疗救助、五保、低保、救灾物资、独生子女奖扶、退二孩奖扶、能繁母猪补贴、危房改造等方面补贴资金（物资），详见表 3-5。

表 3-5　永济市和芮城县惠农政策

补贴　　　村庄	永济市马铺头村	芮城县匼河村
粮食直补	小麦 10 元/亩 玉米、杂粮 5 元/亩	小麦 10 元/亩 玉米、杂粮 5 元/亩
农资综合补贴	小麦 55 元/亩；玉米、杂粮、其他 38 元/亩	小麦 55 元/亩；玉米、杂粮、其他 38 元/亩
良种补贴	小麦、玉米、杂粮 10 元/亩；其他 15 元/亩	小麦、玉米、杂粮 10 元/亩；其他 15 元/亩

续表

村庄 补贴	永济市马铺头村	芮城县匼河村
农机具购置补贴	有此项补贴 2011 年补贴金额 38 000 元	有此项补贴 2011 年补贴金额 60 100 元
新农合补偿	村中每户缴纳 150 元缴纳标准为 30%	村中每户缴纳 150 元缴纳标准为 30%。
养老保险	无此项目	村中一些老人领取 55 元/月的养老保险
医疗救助	2011 年医疗救助总金额为 19 550 元	2011 年医疗救助总金额为 5000 元
五保	五保对象 133 元/月	老年人、残疾人 167 元/月
低保	病、残每月 90～220 元不等	特困人口 88 元/月
救灾物资	2011 年因灾救助面粉、衣物支出 4800 元	2011 年老年人、残疾人棉被 5 床无支出金额
独生子女奖扶	农业户口 100 元/月 非农业户口 50 元/月	发放标准未知
退二孩奖扶	独生女、符合政策不生二胎奖励 3000 元/户	本村无此项目
能繁母猪奖扶	能繁母猪 100 元/只	能繁母猪 100 元/只
危房改造	危房改造、修缮 11 000 元/户	无此项目
退耕还林	无此项目	无此项目
造林补贴	无此项目	无此项目

数据来源：山西省农廉网

另外，芮城县匼河村因 1958 年修建"三门峡"大坝，政府强制搬迁，决定给予 2006 年 7 月 1 日以前出生的本村村民每人的 600 元/年的搬迁补贴，此补贴发放 20 年（2006～2026 年）。

在走访调研中我们发现，惠农政策中的粮食直补、农资综合补贴和良种补贴对这一地区农户选择种植作物有很大影响，农户倾向于选择种植小麦、玉米等粮食作物，不仅收入有保障，而且还会得到国家的粮食补贴。采访的两个村子的一些农户都对这些政策表示欢迎。而且这些补贴以直补，即政府直接将所有直补项目资金统一归集到"农资综合补贴账户（个人结算账户）"，由当地财政局统一发给各街道、镇乡财政所，最大限度地避免补贴发放过程中的截留问题，使农户得到实惠，这也反映出了中央政府稳定、完善和强化扶持农业发展，进一步调动农民积极性的决心。

3.4.5 农村生活环境

马铺头和匼河村因为处于"黄河金三角"地区，自然环境优越、水资源丰富，村民生活富足。但是在村民生活富裕的同时，这两个村子不可避免地存在一些污染问题。例如点源和面源污染，其中点源污染主要表现为生活废弃物的排放，面源污染表现为养殖场废弃物排放引起的地下水污染和土壤污染。

在走访中我们发现，这两个村村民的生活污水和生活垃圾的随意排放存在很大问题。生活污水方面，村民仅仅是在自家门前挖一个沟渠，未经处理即将自己的生活污水随意排放。对于生活固体垃圾，居民会自发地集中堆放到地点，但是村子却很少对这些垃圾有后续处理措施，尤其是到夏季，食物腐败散发的气味弥漫整个村庄，如遇大风天气，塑料袋、纸屑、落叶四处飘零，影响村容。匼河村也仅仅是将堆积的垃圾掩埋在了远离村子的深沟等地方，但是垃圾中的有害物质将会污染到土壤和地下水。调研中据匼河村的老人反映，村子中垃圾的随意堆放问题已经引起了当地村民的注意，当地政府也在 2012 年 6 月份为此事开了一次村民大会，规定村中的垃圾每月清理一次，进行定点掩埋。但是掩埋地点仍在村中，故将来掩埋地垃圾的后续处理问题不得而知。村民大会以及垃圾定期清理反映出新时期农民对居住环境要求的提升以及村里经济实力的增强。但是从另一方面也反映出了农村的生活环境问题十分严重。

为改善生活和提高收入，农民在当地政府的支持下大力发展养殖业。在某些地区，发展养鸡场和养猪场成为农民增收的主要来源，在马铺头村和匼河村我们发现，村子中普遍存在农户开办养殖场大量养殖猪、牛、鸡等动物；但是另一方面，养殖场排放的废弃物又是一大污染源，污水和粪便的排放对地下水质、土壤都有不良影响。尤其是，我们在马铺头村走访时发现，村子中的"马铺头思雨养牛场"养殖了 150 头牛，但是牛的粪便随处堆放，气味难闻。而且因为马铺头村临近永济市，耕地稀少，当地有限的耕地根本无法完全消化这么多的粪便，从长远来看，养殖业必将对当地农村的生活环境带来不良的影响。

3.5 区域间水政策与农业政策对比分析

通过对陕西省延川县、清涧县，山西省平陆县、永济市和芮城县 5 个县域的调查研究，我们发现影响各地经济和农业发展、农民生活水平及当地生态环境，尤其是水资源生态环境的差异主要有自然和社会经济基本情况、雨养农业和灌溉农业、农业灌溉方式中的井灌和引黄灌溉、田间技术采用、水价、耕作制度、惠农政策效应和农村生态环境等方面。具体体现在以下几个方面：

3.5.1 地区差异

首先，自然情况有较大差异。自然地理方面，虽然陕北（延川县、清涧县）和运城（平陆县、永济市和芮城县）均位于黄土高原东部，具有典型的黄土高原地理特征，但两地分属温带大陆性季风气候和暖温带半干旱大陆性季风气候，年平均气温分别为 10℃ 和 13℃，无霜期平均为 170 天和 212 天。在降水方面，陕北（延川县、清涧县）地区年平均降水不足500mm，而运城（平陆县、永济市和芮城县）地区年平均降水要比陕北（延川县、清涧县）地区高出 100～200mm 以上，两地降水大多都集中于7～9 月份。水资源方面，延川县水资源总量为 20 461 万 m³，虽然降水低于其他调研地，但由于人口稀少，因此人均水资源占有量是调研地最高的，达到了 518.28m³，为全国人均占有量的 23.6%，地下水可开采量为1064 万 m³，地表水可利用量为 8540 万 m³；平陆县水资源较缺乏，水资源总量为 10 797 万 m³，人均资源占有量为 435m³，为全国人均占有量的

16%，地下水可开采量为 2920 万 m³，地表水可利用量为 5601 万 m³，平陆县南临黄河，东接小浪底枢纽，径流全长 130km，多年平均流量 331.3 亿 m³，是重要的地表水和水资源，引黄河水灌溉的潜力巨大。

　　社会经济方面，三个区域社会经济状况各不相同。总体而言，平陆县经济发展水平和人民生活水平最低，而平陆县的农业产值占 GDP 比重是三地最高的。而延川县由于政府发展战略以工业为主且农业发展资源禀赋较差，因此工业产值占 GDP 比重较高，是三地中最高的，但这种发展模式也导致当地城镇和农村收入差距不断扩大，当前延川县城乡收入差距已达 3 倍以上。2010 年，陕北（延川县、清涧县）地区和运城（平陆县、永济市和芮城县）地区 GDP 从高到低依次为永济市、延川县、芮城县、清涧县、平陆县，分别为 79.86、65.05、49.17、20.34、20.23 亿元。其中延川县第一、二、三产业结构比为 5.44∶80.03∶14.53，与全国 10.1∶46.8∶43.1 相比，第一、三产业发展不足，第二产业占当地 GDP 比重比全国平均水平高出 33.23 个百分点；城镇居民人均可支配收入 15 183 元，比全国平均水平 19 109 元低 3926 元，农民人均纯收入 4002 元，比全国平均水平 5919 元低 917 元。平陆县是一个典型的农业县，其第一、二、三产业结构比为 31.00∶29.10∶39.90，第一产业占当地 GDP 比重相比全国平均水平超出 21 个百分点，这与当地优势农业（苹果、桃、西红柿等产业）有着密切关系，但第二、三产业却比全国平均水平要低，尤其第二产业占当地 GDP 比重相比全国平均水平低 17.7 个百分点；由于当地以山地为主，农业发展受制于地形条件，因此当地经济发展水平十分滞后，城镇居民人均可支配收入为 11 026 元，农村居民人均可支配收入仅为 3349 元，比全国平均水平分别低 8083 元、2570 元，人均 GDP 仅为 7899 元，为调研地最低；永济市由于旅游资源丰富，对当地第三产业有很大带动作用，其第一、二、三产业结构比为 18.67∶28.35∶52.97，城镇居民人均可支配收入为 14 411 元，农村居民人均可支配收入为 5884 元，城镇和农村收入与全国平均水平差距较小，尤其农村居民人均可支配收入为基本接近全国平均水平；芮城县第一、二、三产业结构比为 33.11:30.71:36.18，产业结构与平陆县比较相似，都是第一产业优于全国平均水平，第二、三产业低于全国平均水平，但是芮城县处于山西、陕西、河南三省交汇处，交通便利，当地居民依托这种便捷的交通条件积极发展交通运输等产业，对当地居民生活水平和 GDP 有很大的拉动作用。城镇居民人均可支配收入为 13 952 元，农村居民人均可支配收入为 5222 元。

3.5.2　农田水利和耕作制度

（一）雨养农业和灌溉农业

在耕作制度方面，我们将调研地分为陕北的雨养农业和山西的灌溉农业两种方式。在灌溉水源方面，陕西北部（延川县、清涧县）地区农田主要分布在山坡和山沟地上，由于地下水位较深，取水比较困难，加之地表水资源缺乏，当地农业主要靠雨水灌溉，灌溉基础设施很少，在所调研村庄中仅见的几条水渠也是用来排洪而非灌溉；在山脚下的沟底，只有少量的井灌设施，用于大棚蔬菜等附加值较高农作物的灌溉；山西运城（平陆县、永济市和芮城县）地区耕地以平地为主（包括垣/塬面耕地）、辅以部分坡地，地下水获取相比陕北黄土高原地区相对容易，加上政府对灌溉设施的投入力度较大，在所调研区域的农田基本都具备灌溉条件，故农作物需水除降雨外，大部分依靠地下水（井水）来补充。另外，平陆县的东太村等地距黄河比较近，已经开始引黄河水来灌溉。气候及土地的差异形成了黄土高原地区不同的农业耕作方式，北部的陕西延川沟壑纵横的地貌以及降水的稀少，形成了大面积雨养农业，政府近年来也大量投资于集雨窖灌等地方特色的灌溉设施，取得了较好的效果；而山西南部，尤其是黄河沿岸地区运城等县市则在灌溉农业方面有较大的发展，农业尤其是种植业发展总体而言优于陕北黄土高原地区。

需要引起特别注意的是黄土高原地区在灌溉设施建设、作物选择、农业产业布局等方面形成不同的发展思路。

在灌溉设施选择方面，陕北（延川县、清涧县等）地区由于受自然条件限制，灌溉设施缺乏，为了满足农作物灌溉需求，当地在农业灌溉中开始越来越多地采用集雨灌溉。尽管黄土高原干旱地区的农民早有修建水窖收集雨水从而供人畜饮用的经验和传统，但长久以来民间集雨设施主要用于生活用水，很少将其用于农业灌溉。随着水资源状况的恶化和农业灌溉用水需求的激增，为了弥补当地农业灌溉用水缺口，这种古老的集水方式开始由生活用水转向农田灌溉用水，目前已有的集雨灌溉工程有陕西的"甘露工程"、甘肃的"121 工程"和"集雨补灌工程"、宁夏的"窑窖工程"等，这些工程的成功实施使集雨农业在黄土高原缺水地区迅速发展起来，被称为"黄土高原农业上的一项革命性措施"，集雨补灌农业工程的开展弥补了陕北地区农业灌溉用水缺乏的状况。而山西的灌溉农业区域的灌溉设施建设则以机井建设为主，近年来引黄灌溉工程和节水灌溉工程的建设也开始兴起。

在作物选择方面，气候因素对作物选择的影响较大。陕西北部（延川县、清涧县）由于降水稀少，农业灌溉用水供应紧张，因此当地粮食作物主要以需水量不大的玉米、马铃薯为主，而经济作物则以苹果和红枣为主；而降水量略高的山西运城（平陆县、永济市和芮城县）地区粮食作物主要以玉米、小麦和马铃薯为主，经济作物主要为西红柿、桃、苹果、杏和大蒜；根据实地调研，我们发现虽然调研地的农户都更加偏好经济作物，因其相比于粮食作物收益更高。但是陕北地区粮食作物种植占种植业的比重小于运城地区，主要原因有以下几方面：

首先，陕西北部（延川县、清涧县）地区可利用平地面积较小，大部分是山地，粮食作物（玉米、马铃薯）主要种植在平原面积分布较少的沟地上，大部分山地主要种植苹果和红枣等经济作物。另外由于陕北地区地下水获取比较困难，加上粮食作物一年一季且亩产较低（玉米低于 500kg/亩，约 2 元/kg），马铃薯 500～600kg/亩（约 1 元/kg），玉米和马铃薯的年收入明显低于种植苹果（2000～2500kg/亩，1～2 元/kg）和红枣等经济作物的年收入，所以农户更偏好于种植经济作物，如延川县的梁家塔和梁家河村主要在山地上种植苹果，在沟地上种植玉米和马铃薯，且经济作物种植面积大于粮食作物种植面积，而延川县的小程村和清涧县的下七里湾村主要在山坡地上种植红枣，种植面积同样大于粮食作物种植面积，粮食种植主要供农户自己消费。

其次，山西运城（平陆县、永济市和芮城县）地区相比陕西北部（延川县、清涧县）地区可利用平地面积较多，且大部分粮食作物可以得到灌溉，加上当地粮食作物种植一年两季（夏天种玉米，冬天种小麦），亩产较高，玉米平均 550～700kg/亩（约 2 元/kg），小麦平均可以达到 400～500kg/亩（约 2 元/kg），马铃薯 1000～1500kg/亩（约 1 元/kg），农户种植玉米和小麦每年可以获得毛收入 1800～2200 元/亩，马铃薯 1000～1500元/亩，减去水费投入剩余年收入相对陕北（延川县、清涧县）地区种植相同作物已经有较大提高，但由于运城地区较适宜种植苹果、桃、杏和大蒜等经济作物，加上当地拥有较发达的灌溉水利设施，种植苹果、桃、杏和大蒜等经济作物可以获得较高的年收入（苹果产量 2500～5 000kg/亩，1～2 元/kg，桃产量 2500～5 000kg/亩，1.6～2 元/kg，杏产量 1500～2000kg/亩，1.4～2 元/kg，大蒜产量 2000～2500kg/亩，7 元/kg），所以农户在运城（平陆县、永济市和芮城县）地区依然偏好种植经济作物，但在种植经济作物的同时他们也保留种植比较大比例的粮食作物，此比例高于陕北地区的粮食种植比例。

在农业产业布局方面，陕西北部（延川县、清涧县）地区主要发展红枣、苹果、大棚经济作物和养殖产业，山西运城（平陆县、永济市和芮城县）地区主要发展苹果、桃、西红柿等产业。值得一提的是陕北（延川县、清涧县等）地区红枣产业发展态势良好，当地通过红枣产业开发，红枣产区社会经济面貌发生了巨大变化，沿黄地区基础设施建设步伐加快，2000 多个行政村已基本通电通路，群众生活水平较高，70%的贫困人口靠红枣产业拉动解决了温饱问题。并且红枣产业的发展也促进了当地生态环境的改善，沿黄地区林木覆盖率由20世纪80年代的10%左右提高到现在的30%以上。与此同时，以红枣为原料的营销加工企业也蓬勃兴起，涌现出了巨鹰集团公司、北方饮料公司等重点企业，带动了红枣产业快速发展，红枣产区建立了30个批发市场，在全国大中城市设有干枣及其加工品销售网点，枣产业体系正在逐步形成。

另外，我们在马铺头村调研时发现靠近电厂的部分农田靠电厂废水来灌溉，废水灌溉虽然在一定程度上有利于弥补农村尤其是黄土高原地区农村灌溉用水缺口，保证农作物得到有效灌溉，但是废水灌溉由于水中含有较多污染物，往往会导致农田遭受污染，并且会进一步污染地下水资源。同时，由于废水污染的水质无法得到保证，废水灌溉的农作物产量也相对较低。

（二）井灌和引黄灌溉

对于灌溉设施的分析比较我们是通过对山西省机井灌溉和引黄灌溉的比较进行的。由于陕北（延川县、清涧县）大部分农村地区缺乏灌溉基础设施，灌溉投入以兴修淤地坝等工程为主，淤地坝可以有效拦截泥沙、蓄洪滞洪、减蚀固沟、蓄水保土，最终达到增地增收的目的。但是淤地坝工程与运城地区的灌溉设施建设可比性不强。运城的平陆县、永济市和芮城县部分村庄大多依靠地下水灌溉，也有部分村庄依靠引黄灌溉工程灌溉。通过对具体农户的调研，结果显示，农户选择井灌还是引黄灌溉，其灌溉效率、节水技术选择、水价和农作物产量有较大差异，这些差异具体表现为以下几个方面：

首先，机井灌区和引黄灌区灌溉效率有较大差异，引黄灌区灌溉效率要高于机井灌区。根据实地调研我们发现，抽引地下水的机井灌溉水量要远远小于引黄灌溉水量，平均机井灌溉一亩地需要2小时左右的时间，而一些地下水水量较少的机井灌区灌溉一亩地甚至需要3个小时，而引黄灌区却只需不到1小时的时间。

其次，机井灌区和引黄灌区在现代节水技术引进上也存在差异，机井灌区的现代节水技术采用率要高于引黄灌区。在对使用引黄灌溉的东太村调研时发现，农户采用的灌溉技术，大多是传统的大水漫灌方式，而在机井灌溉区，由于地下水位日渐降低，同时加上抽引地下水相对成本较高，一些经济条件好，教育程度较高的农户会采用一些现代节水灌溉技术，如滴灌、喷灌等。

再次，机井灌区和引黄灌区的水价不同。机井灌区水价随机井深度不同而有所差异，机井越深，耗电也越高，导致水价也较高。根据对平陆县的调研，我们发现当地大部分村庄机井深度在 200～400 米，水价多为 35 元/小时，而在永济市和芮城县的大部分农村机井深度为 100 米左右，水价同时也降为 21 元/小时，而在靠近黄河的匼河村黄河滩，机井最浅，只有 8～10 米，相应其水价也是本次各调研地中最低的，只需 12～13 元/小时，各个调研村庄具体水价见表 3-6。导致这种差异出现的主要因素是抽取地下水用电量不同，机井越深，不仅机井的前期投入高，而且抽水灌溉时耗电也越大。在引黄灌区，虽然引黄灌溉工程总体投入要大于机井建设，需要经六级站引黄河水灌溉，用电量较大，成本也要高于机井灌溉，其水价约为 60 元/小时，而机井灌区为平均 30～40 元/小时。但是引黄灌溉水量要远远大于机井灌溉，灌溉一亩地所需时间仅为机井灌区的一半不到，因此其实际水价要等于或小于机井灌区。

表 3-6　陕北和运城地区水价分布

地区	县	村	机井灌溉水价（元/小时）	黄河水灌溉水价（元/小时）
陕北	延川	梁家塔	N	—
		梁家河	N	—
		小程村	N	—
	清涧	下七里湾	5～7	—
运城市	平陆	前滩村	30～35	—
		张庄村	30～35	—
		东太村	30～40	60（补贴前）15（补贴后）
		西祁村	30～35	—
	永济市	马铺头村	12～13（靠近黄河）21（未靠近黄河）	—
	芮城县	匼河村	21	—

最后，机井灌区和引黄灌区的农作物产量呈现较大差异，机井灌区作物产量要高于引黄灌区，且这种作物产量的差异在粮食作物和经济作物上都有体现。出现这种差异的原因主要在于水质和现代节水技术的引进方面。首先，由于黄河水近年来污染严重，地下水水质优于黄河水质，这就使得使用地下水灌溉的农作物产量要高于使用黄河水灌溉的农作物。另外，在机井灌区，由于现代节水灌溉技术使用率较高，而引黄灌区多采用传统灌溉技术，这也导致了机井灌区农作物产量高于引黄灌区。出现这种农作物产量的差异并非意味着抽引地下水灌溉就要优于引黄河水灌溉，这只是一种单目标的比较，我们要意识到使用地下水会带来地下水位急速下降、形成地面漏斗、污染地下水源等一系列负面影响。

据山西省政府官方资料，山西地下水位下降严重，为确保全省工农业可持续发展，控制地下水位成为当务之急。今年山西省地下水开采量达到了 40 亿 m³，占山西全省用水量的 61.5%，其中 7 亿 m³ 属于超采水量。山西省为解决地下水位下降问题，开始在全省范围内推进引黄灌溉工程和渠井双灌技术。为了使引黄灌溉在更大范围地使用和调动农户的参与积极性，目前山西省已在全省引黄灌区实行水价补贴制度，水价降至 25 元/亩。引黄灌溉工程的推行可以从政府和农户的角度来减少对地下水的使用，减少机井数目从而对地下水水位进行调控。根据典型灌区试验研究结果，当井灌水量占灌水总量（井灌与渠灌之和）的 42% 时，地下水位不升不降；引黄灌溉（渠灌）一次可使地下水位上升 0.55m，井灌一次可使地下水位下降 0.76m。可见，实行引黄灌溉对合理调控当地地下水位具有重要作用。但同时我们也要认识到，首先，引黄灌溉会导致黄河引用水量急剧增加。黄灌区现代节水灌溉技术引用率较低，引黄灌溉的大规模推行会导致上游地区黄河用水量激增，影响下游可用黄河水量供应紧张，增加下游工农业用水紧迫性，引起上下游、行政区之间的用水争端。其次，引黄灌溉不利于节水技术的引进。引黄灌区实行水价补贴对农户采用现代节水灌溉技术缺乏激励性，导致农户倾向于继续采用传统的大水漫灌方式来灌溉，降低农户灌溉用水效率，更加增加黄河水使用量。最后，引黄灌溉会导致农田次生盐碱化。

由于引黄灌溉存在上述问题和某些地区无法实施引黄灌溉工程，因此山西省在推行引黄灌溉工程的同时也在井灌区实施渠井双灌技术。一方面，渠井双灌技术能够有效调控地下水位。井渠和渠灌相互补充、相互调节，有效调控地下水位，提高农作物产量。另一方面，渠井双灌技术还能有效缓解引黄灌溉带来的农田次生盐碱化问题。

3.5.3　惠农政策效应

通过实地调研，我们发现调研地主要的惠农政策有：粮食直补、农资综合补贴、良种补贴、沼气建设、退耕还林、造林补贴、农机具购置补贴、新农合补偿、养老保险、医疗救助、五保、低保、救灾物资、独生子女奖扶、退二孩奖扶、能繁母猪补贴、危房改造等方面补贴资金（物资）等，以上政策基本覆盖调研的所有村庄，个别政策由于自然条件差异显示出覆盖面的不同，如（1）退耕还林政策，退耕还林政策效应出现的差异主要体现于当地地形和耕地状况。如陕西北部地区（延川县、清涧县），坡地较多，因此当地退耕还林政策效应明显。在山西运城地区（平陆县和芮城县）中坡地较多的村庄，退耕还林政策效应也较明显。而在运城地区（平陆县、永济市和芮城县）部分农村平地较多，因此退耕还林政策覆盖面较小，政策效应也很难体现。（2）移民补贴，在此次调研的各地区中，移民补贴效应较明显的为芮城县匼河村，该村在 1958 年因修建"三门峡"大坝而搬迁移民，政府决定给予在 2006 年 7 月 7 日以前出生的本村村民每人 600 元/年的搬迁补贴，此补贴发放 20 年（2006~2026 年）。（3）农业种植塑料薄膜补贴，这一补贴的效应主要取决于当地农业耕作制度，如陕北延川县的梁家塔和梁家河村有，而且是完全免费领取，在陕西北部和山西运城地区没有这一项补贴。

3.5.4　农村生态环境

（1）退耕还林政策的实施使森林覆盖率大幅提高，生态环境得到显著改善。陕北（延川县、清涧县）大部分地区自 1999 年实行退耕还林政策以来，农村生态环境普遍得到改善，农民生存环境也有较大好转，山洪灾害较以前减少，沙尘沙暴天气明显减少，植被增多，水土保持能力增强。

（2）农业生产投入（化肥、农药、农膜等）的过量使用对农村生态环境造成负面影响。随着农户在农业生产中化肥、农药等投入的增加，农村生态环境，尤其是地下水和土壤受到了严重的污染。在调研中我们发现，运城地区部分农村由于大量使用化肥造成重金属、硝态氮在土壤中累积，土壤肥力下降，同时地表水出现富营养化，地下水也受到硝酸盐、亚硝酸盐的污染。而农药的大量使用会破坏农田生态平衡，出现抗药性害虫。同时也会造成危害人畜健康的农药残留污染。而农膜不易分解，其大量使用不仅造成地下水难以下渗、影响作物的生长发育，而且农膜析出的铅、锡、酸酯类化合物等有毒物质，也是土壤的主要污染源之一。

（3）规模化禽畜养殖业废弃物的增加造成农村生态环境恶化。近些年来，规模化禽畜养殖业在陕北地区发展比较快，但部分养殖业未经过环境影响评价，也缺乏必要的污染防治措施。且由于耕地减少，农业活动对禽畜养殖产生的粪便难以消化，导致大量禽畜粪便堆积，有的将未经处理的禽畜养殖废弃物和污水（含有大量有机质、消毒剂、病原菌、寄生虫卵等等）直接排放到山沟、水渠中，污染水质、影响农户生活用水质量，有的将其长期露天堆放致使空气恶臭、蚊蝇滋生，严重影响农村生态和居住环境。

（4）生活垃圾的日益增加造成农村生态环境恶化。在调研中我们发现，在陕北和运城地区不少农村，如芮城县的匼河村，日常生活产生大量固体垃圾，但却缺乏及时、统一的收集和处理，使得这些垃圾大多都露天堆放，或占据耕地、或堆在路边、池塘边、河边，造成脏、乱、差的局面

（调研走访到该村时，村大队已开始进行集中清理，相信清理完毕，村环境会有所改善），严重影响村容整洁和生活环境。这些农村中随处可见的垃圾堆在常年堆积及微生物作用下，其臭味远近可闻，不仅容易在空气中传播病菌，而且为蚊蝇、鼠类提供了繁殖场所；其有害成分还进入地表水或地下水、污染水源，甚至通过植物、动物等食物链危及村民健康。农村的固体垃圾污染已直接影响村民们健康和正常生活。[9] 同时在调研中我们发现，除陕北地区由于多居住窑洞，为避免生活污水随意排放而产生邻里纠纷，会自发修建原始水渠排水外，其他地区农户生活污水大多都随意排放，不仅造成农村生活环境恶化，还会对地下水造成污染。

此外，农业生产过程中大量地焚烧秸秆、过量施用除草剂等也是造成陕西北部和山西运城地区农村生态环境污染的原因之一。

经过本次调研和走访，我们发现：一方面，陕北（延川县、清涧县）、平陆县、永济市和芮城县三个区域在农田水利、耕作制度、惠农政策效应和农村生态环境各方面都存在较大的差异性，而这些差异性又与各地自然和社会经济情况、水资源情况密切相关，同时各种差异性之间也存在相关性。另一方面，我们发现黄土高原东部地区农业活动参与者的普遍年龄、作物种植选择、农业投入、土地转让和对未来农业活动预期方面存在共同的趋势。

通过调研我们发现，黄土高原东部地区农业活动参与者多为 50 岁以上农户，年轻的农民大多不会从事农业活动。出现这种情况的主要原因有以下几点：首先，农业活动收益较低，而随着商品经济和市场的完善，城市打工收入往往要高于农业活动收入，因此年轻的农户多会选择外出打工。其次，我国农业发展水平较低，农业活动多以人力劳动为主，而年轻农户往往无法忍受这种大量的劳动负荷。最后，长期以来商贵农贱的思想使得年轻农户认为只有到城市打工和经商才是提高生活和所属阶层的根本途径，认为从事农业活动发展前景渺茫。劳动力供应紧缺引起了现在农村空巢现象严重，在走访的几个村中几乎都存在村中只有老人和儿童的问题，这可能引起一系列社会问题。另外，劳动力紧缺还会降低农业产出，由于缺乏劳动力而且年龄较大的农户由于劳动能力有限，因此他们一般不愿意采用先进的农业生产和节水灌溉技术，这就使得许多农田产出较低，降低了农业活动收益，并且还会影响节水农业灌溉技术的推广。

这种劳动力紧缺的现象还引起了调研地农村的一些教育问题，由于农村空巢现象严重且各村落分布较分散，学校往往离学生家很远，影响儿童入学率和安全。同时儿童多由爷爷或奶奶照看，由于精力不够，孩子缺乏关爱，往往会导致许多社会问题和儿童心理问题。

在实地调研过程中我们发现黄土高原东部地区的土地转让制度和市场并不完善，多数土地并没有转向收益高的部门。一方面，我们发现部分调研地农户认为种地收入比较少，在其有其他收入来源（比如打工、养殖等）情况下，他们会把自己的土地转让出去。在调研地我们发现，出租一亩平地租金大约为每年 400 元/亩。另一方面，还有部分土地转让是由于农户在外打工或经商，从而无力照顾耕地，为逃避国家的罚款而将土地出租给他人耕种，这种情况下的土地转让往往没有租金，反而土地拥有者会付给种植者一定的现金。

在调研地农村，节水问题十分严峻但是并没有得到重视。虽然水资源紧缺非常严重，但在调研地农村，节水意识和制度在农村生产、生活的各个方面都没有体现。在农业灌溉方面，井灌农户普遍认为地下水灌溉十分方便且没有意识到地下水水位下降的问题，同时，灌溉设施老化，管道渗漏情况非常普遍，浪费现象严重，节水灌溉技术推广也十分缓慢。在生活用水上节水意识也很难体现，许多农村的生活用水都是固定价格，不管用多少都是固定的价格，很难有节水激励作用。

调研地农村环境问题也十分严重且没有得到有效治理。在调研过程中我们发现调研地农村由于不合理的农业活动以及养殖业的兴起，再加上农村生活垃圾和废水的污染，农村生态环境已经遭受到了严重的污染，但是目前针对农村生态环境治理和解决的政策及方案还是空白，农村生态环境的维护多是由当地村委会或农村居民自发负责，维护力度明显不够，使得农村环境问题随着时间的累积而更加恶化。

在整个调研过程中，我们发现大多数农户都对未来农村和农业趋势表现出消极的态度，年老的农户都不愿意后代继续从事农业活动，在对未来农业活动的发展上，大多数农户认为未来农村即将面临无人种地的尴尬局面，部分年轻农户认为土地集中化和国外大农场的农业模式将是我国农村未来的发展方向。

3.6　政策建议

针对前面提出的问题，为了更加合理的利用农村水资源，杜绝污染、浪费和低效率的水资源使用，实现黄土高原东部农村地区水资源的可持续发展，提高农民生活水平，我们提出以下几方面的政策建议：

3.6.1　农业水资源利用方面

（1）统一管理，建立优化配置的水资源管理体系。在农村中，由于对水资源缺乏相应的管理，水资源没有被有效地利用起来。不仅在农业水资源供给环节上管理混乱，在农村水资源利用的各个环节之中，也存在着条块分割，管理不力的现象。因此，要想合理的利用农村的水资源，必须打破现在的格局，建立有效的管理机制，把现有的农村水资源利用各个部门有效统筹起来，建立合理、有效、统一的水资源管理机构。把农村水资源开发、利用、治理、配置、节约、保护有效结合起来，实现水资源管理在空间与时间的统一、质与量的统一、开发与治理的统一、节约与保护的统一，并实行从供水、用水、排水到节约用水、污水处理再利用、水资源保护的全过程管理体制。唯有如此，才能实现农村水资源的可持续利用。

（2）科学并合理地规划、开发水资源，实现水资源的优化配置。以平陆县为例，由于平陆县地下水资源开采严重，因此目前必须要减少对地下水的开采，可以在合理并不影响下游地区用水权益的基础上加大对地表水的使用，即引黄灌溉。平陆县现有两处引黄工程：常乐垣扬水工程和部官引黄。常乐垣设计提水流量 1.0m³/s，设计灌溉面积 1400hm²；部官引黄设计提水流量 1.1 m³/s。由于工程年久失修、设施老化及工程设施不配套，直接影响效益发挥。因此需要加大对引黄灌溉工程的资金、技术投入，对引黄工程设施进行及时的维修、更新。

另一方面，应根据农村实际情况、地形特点，发展适合当地农业的灌溉模式。比如，针对平陆县灌溉使用地下水资源过量、地下水灌溉效率低下的问题，可以在当地推进渠井双灌制度，不仅可以把引地表水灌溉渠道和田间渗漏水量重复利用，提高灌溉水的利用率，还可以防止灌区渍涝和盐碱化，控制地下水位。同时加强对现有水利工程设施的改造，增强水库大坝的蓄水能力，对输水渠道进行修复、改造、配套，提高设施利用率。另外，针对延川县灌溉用水困难，水资源缺乏的问题，可以推广集雨窖灌溉技术，利用收集来的雨水进行灌溉。

（3）农业水资源管理中应该着眼长远利益，加强节水。①推进农业节水灌溉，促进节水。针对调研地井灌区普遍采用传统大水漫灌，灌溉水利用率低、浪费严重的情况，相关部门应积极推广普及农业节水灌溉新技术，继续推进先进的渠道防渗、管道输水、喷灌、滴灌、渗灌等节水型技术措施，提高灌溉利用率。政府应该加强对节水灌溉农业的扶持补贴力度，促使农户采用节水灌溉技术。同时可以仿照其他地区，政府组建农业节水灌溉服务组织，扶持并监督农户采用节水灌溉。另外，政府应加大节水宣传力度，培养农民的节水意识。②调整水价，充分发挥水价的节水杠杆作用。经过实地调研，我们发现在调研地农业灌溉水价制定不合理，无法体现节水激励作用。价格杠杆是市场经济条件下最重要的供需调控手段，无论是开源还是节流都与水价密切相关。因此政府应通过合理调整水价来强化农户的节水意识，达到节水目的。在水价调整过程中，要鼓励节约用水，实行"分类定价、定量供水、超额加价、阶梯水价"的管理办法，对生活用水执行成本水价，微利运行，对生产用水和其他用水完全按照市场经济规律进行。

3.6.2　惠农政策

应加强惠农政策的实际惠农效果。调研地惠农政策虽然多种多样，但是实际能够支持农户农业生产的并不多，且惠农政策实施方式单一，多为货币补贴，实际扶持效果不强。而且由于农村基层组织不完善，且很多农户对政府惠农政策并不了解，导致惠农政策最后很难落实到农户手中。另外，一些惠农政策同当地实际情况并不适应，反而产生负面效果。如粮食直补政策，由于农户外出打工收益往往高于农业收益，而粮食直补政策的实施又使得许多农户可以在耕地上种植一些粮食作物而不去照料，只需凭此领取粮食直补即可，而农户则会选择外出打工。针对这些问题，首先，应该在惠农政策制定的时候考虑当地实际情况，制定对农户农业活动有实际扶持作用的补贴政策，如在经济作物种植较多的地区实行农业化肥、农药投入的补贴，并在农产品销售市场上给予农户价格补贴。其次，提倡多元化惠农政策扶持方式，改变过去单一的现金补贴方式，增加技术方面的扶持，使得惠农政策真正用到农业活动中。最后，应健全农村基层政治体制，设立专门工作小组监督惠农政策的运行。

3.6.3　耕作制度

通过实地调研，我们发现各地由于经济情况和自然资源禀赋的不同，往往有着完全不同的耕作制度，但是这种耕作制度的选择完全是由农户自发选择的，往往具有片面性，不仅对当地生态环境造成负面影响，而且经济利益也不高，同时在调研地还存在着劳动力缺乏、土地资源没有被充分利用等方面的问题。

1. 耕作制度的选择应该综合考虑当地经济和生态情况

首先，耕作制度（一村一品）选择要求农业技术推广部门的参与。耕作制度的选择是一个综合的过程，需要进行科学、严谨的论证才能实施，而农户由于知识水平普遍较低，往往无法选择合适的耕作制度，因此农业技术推广部门必须积极参与到耕作制度选择的过程中。

其次，应该综合考虑当地实际情况，选择合适的耕作制度。耕作制度的选择不仅要考虑经济利益和农户收入，还要根据当地自然资源状况选择适应当地生态环境的耕作制度。如在延川地区，由于水资源缺乏，当地农户只能选择雨养农业，大多种植玉米、小麦。虽然这些作物对水资源需求较少，同当地水资源禀赋相适应，但是这些作物在没有灌溉的情况下产量很低，农民收益较低。因此当地农业主管部门应根据当地实际情况，尤其是生态环境情况，选择合理的土地用途，而非目前这种产量低、收益差且不利于环境的耕作制度。而在较多使用机井灌溉的山西运城地区，应该大力发展节水农业，加大经济作物和大棚蔬菜的种植面积。

最后，中国传统的小农耕作制度需要转型。随着中国经济社会的发展、经济的转型，当前的耕作制度在现代经济的冲击下出现了许多问题，因此传统的小农耕作制度需要转型为能够更加适应市场经济的大农业耕作制度。大农业耕作制度可以使作物选择更加符合市场要求，提高土地利用率，并且大农业制度有利于农业机械化的推进，能够有效提高农业效率，最重要的是大农业制度对于节约水资源有着极大的推动作用，可以很有效地开展节水灌溉，提高灌溉效率。但是我们必须清醒地认识到土地高度集中并非没有缺点，（1）土地高度集中往往意味着作物的单一种植，这虽然增加了农业收益，但是也会对当地生态多样性造成负面影响。（2）土地集中化带来的大规模同类型作物种植和一村一品的发展模式虽然往往会带来较高的风险，如陕北的红枣产业，在年景较好时收益很高，但是一旦遭受自然灾害和其他不可抗力因素，就会对农户造成巨大的损失。因此我们必须要引入政府为主导的农业保险制度，建立并完善农产品再保险体系和巨额风险转移分担机制，从而对农业活动提供保障。

2. 政府应加大农业扶持和补贴，吸引劳动力从事农业

针对农村劳动力缺乏、土地资源被浪费的现象，政府相关部门应在供应端和市场上加大农业扶持力度，确保农户从事农业活动收益。对于一些前期投入较大的农业活动，政府应采取灵活、多变的政策来对农户进行扶持，如提供免息、低息的农业贷款或者建立农业新技术专项资金等。同时，在有条件开展大棚农业、经济作物种植的地区，政府加大引导和扶持力度，并在大棚、灌溉设施等方面加大投资，引导农户更多地进行大棚蔬菜和经济作物种植。

3.6.4 农村生态环境方面

首先，应从环境保护的角度对农业发展模式进行改变，更多地使用农家肥，并对农户给予技术上的指导，从而减少农药、化肥的施放量。其次，提高农民公民意识和保护生活环境的意识。再次，政府应开展农村生态环境专项整治活动，加强基础设施和环境保护政策方面的建设。

参考文献

［1］百度百科黄土高原：http：//baike.baidu.com/view/6776.htm.（2016-08-22）。

［2］陈利利，孙莹，杨英鸽：《河南省引黄灌区井渠结合灌溉效益分析》，《人民黄河》2011 年第 4 期。

［3］董锁成，吴玉萍，王海英：《黄土高原生态脆弱贫困区生态经济发展模式研究》，《地理研究》2003 年第 5 期。

［4］范俐：《陕北红枣产业发展现状存在问题及建议》，《林业产业》2010 年第 3 期。

［5］刘万铨：《黄土高原水土保持在黄河流域水资源开发利用中的地位和作用》，

《中国水土保持》1999 年第 10 期。

　　[6] 吕秉世：《黄土高原的水资源与植被建设》，《甘肃林业科技》2002 年第 2 期。

　　[7] 余泽娜，孙燕青，麦锰锰：《农村生态环境问题探析》，《前沿》2010 年第 1 期。

　　[8] 张琼华，赵景波：《黄土高原地区农业可持续发展的用水模式探讨》，《中国沙漠》2006 年第 3 期。

　　[9] 赵景波，杜娟，黄春长：《黄土高原侵蚀期研究》，《中国沙漠》2002 年第 3 期。

　　[10] 赵景波，侯甬坚，黄春长：《陕北黄土高原人工林下土壤干化原因与防治》，《中国沙漠》2003 年第 6 期。

下篇
理论与政策

我国农业用水占全国水资源总量的 70%左右，是用水的第一大户，我国又是一个水资源时空分布极为不均的国家，特别是西北、华北各省市的水资源更是匮乏，然而农业灌溉水利用率并不容乐观。究其原因主要是长期以来注重供给管理，而对于灌溉活动中的参与主体的作用未能给予足够的重视，尤其忽视了来自需求方的农户的诉求。本书上篇的案例分析深刻地揭示了利益相关方的重要作用。第一个贵州安顺市的案例揭示了农户在面对旱灾背景下在灌溉活动中的作用和影响，第二个山西大同的案例揭示出在灌溉活动优化过程中政府与农户共同的影响作用，第三个黄土高原东部地区县市的案例体现了农户、政府与供水机构在农业生产和农业灌溉实践中的不同作用。这三个递进的案例研究成果表明，农业灌溉活动的管理涉及三个主要的利益相关者，即政府、供水单位与个体农户。不同的利益主体有不同的利益诉求，需要有相关的融通机制将这些利益相关者统筹起来，形成合力。因此重视利益相关者作用，从需求管理出发，引入市场机制是提高我国灌溉水资源管理水平、提升农业用水效率的关键。

　　我们至此进入全书的下篇——理论与政策，从政策梳理、理论探索及绩效评价等方面来研究我国农业灌溉活动中利益相关者行为及其优化。本部分内容涵盖我国农业水资源管理现状与存在问题，我国灌溉农业政策的发展变化，灌溉活动中利益相关者主体的内涵与外延的界定，博弈理论模型中的利益相关者关系研究以及灌溉效益的评价等内容，最后提出我国在灌溉水资源治理方面的对策建议。

第4章 灌溉活动中利益相关者行为综论

4.1 研究背景

中国经济社会正在发生着深刻变化，社会主义市场经济体制日趋完善，经济结构进行战略性调整，经济增长方式加快转变，综合经济实力及人均收入有显著提高。然而在经济快速增长的同时也消耗了大量资源，人与自然的矛盾日益突出。过度开发水资源，以粗放方式发展经济的后果不断显现。而全球变暖的态势更加剧了上述问题的严重程度，增加了未来水资源利用的不确定性和风险。目前，中国水资源的发展已由供给约束逐渐过渡到需求约束的阶段，人多水少、水资源时空分布不均的水情，水资源短缺已经成为制约我国经济社会可持续发展的瓶颈。

农业作为国民经济最大的用水部门，也面临着巨大的挑战：第一，随着经济增长、人口增加、人民生活水平提高以及城市化进程加快，工业用水和生活用水增加的趋势是很明显的，而且必将是长远的，势必会挤占部分农业用水量，灌溉用水的供给量大为减少，特别是在水资源相对短缺的西北地区，最终会加剧农业用水的供需矛盾和农业供水量的地区差异。再加上我国农业生产用水对灌溉的依赖性极强，随着粮食需求的不断攀升，未来农业用水需求将面临更大压力。第二，在农业生产过程中的化肥、农药不加控制地流入自然水体，造成了我国农业水资源环境的不断恶化。并且在灌溉过程中，缺乏专业技术人才的管理和维护，水利工程运行效率低下且难以发挥效益，导致了农业水资源利用效率低下。究其原因，一方面是节水技术资金投入不足，但是更重要的深层次的原因是灌溉活动中的主体行为界定不明，并且行为主体执行情况不够理想。第三，现行农业水价过低，不能有效反映水资源稀缺程度和生态环境成本，价格杠杆促进节水的作用未得到有效发挥，不仅造成农业用水方式粗放、农民的水商品意识十分淡薄，水资源浪费严重，而且也很难保障农田水利工程良性运行。这主要是因为灌溉中政府没有充分利用水价这一节水经济杠杆，没有最大限度地发挥主体行为的作用。

在中国特色的农业灌溉活动中，政府主管部门、供水机构、个体农户等是节约用水、高效用水的三个最主要的活动主体，也是最重要的利益相关者。这三者分属宏观、中观、微观三个层面，相辅相成、互为促进，构成了灌溉活动中的一个有机整体。基于此，笔者认为面对目前农业水资源的严峻形势，为了满足我国社会、经济的持续发展，满足农业生产的需求，实现农业水资源的持续、高效利用，必须对灌溉活动中最重要的三个利益相关者进行明确的界定，并让其最大限度地发挥各自作用，实现政府、灌区和农户行为的优化，最终促进农业用水效率及社会福祉提高。

4.2 研究意义

4.2.1 清晰界定灌溉活动中主要的利益相关者是提高农业灌溉效率的关键

早在 1934 年，毛泽东同志就审时度势，高瞻远瞩，提出了"水利是

农业的命脉，我们也应予以极大的注意"的号召。在我们当今的农业发展
乃至现代农业发展中，水利灌溉更是发挥着极其重要的作用。明确界定灌
溉活动中的各个行为主体，是提高农业水资源利用效率的关键因素。农户
是农业灌溉用水的利用主体，是具有活力和能动性作用的要素，其潜力的
发挥是十分巨大的，在灌区灌溉管理体制既定的条件下，农户灌溉行为的
选择对农业水资源的有效利用起关键性作用，而其作用发挥的大小，又取
决于农户用水组织的组织化程度。而政府是农户组织化程度提高的重要力
量，一些学者运用博弈论的方法对农户和政府行为进行分析，认为政府提
高组织化程度，政府与农户之间的博弈就能达到非合作均衡。农民参与灌
溉管理的积极就越高，用水组织管辖范围内的各类灌溉设施的运行维护状
况较好，运行效率较高，并且水资源利用效率将会不断提高。农民的科技
文化素质越高，思想意识转变越快，对新事物的接受能力越强，新的灌溉
理念和各种灌溉节水技术易于接受和掌握，愿意主动采取节水灌溉技术措
施，这样就更加有利于提高农业灌溉用水效率。在灌溉活动中，清晰界定
利益相关者主体将大大提高农业灌溉用水效率。

4.2.2　明晰灌溉活动中利益相关者行为关系是农业水资源优化配置的核心

目前农业水资源管理面临严峻挑战，低下的供给能力与不断增长的用
水需求，短缺与浪费并存的矛盾现实，向我们昭示了一系列问题。究其原
因，主要是由于水资源配置错位或扭曲造成的，水资源合理优化配置的目
标是为了实现水资源各项服务功能协调，以达到人与自然和谐共处。首
先，政府代表国家行使农业水所有权，是农业水资源优化配置的主体，因
此在农业水资源配置中具有统筹全局的目标。他们制定政府规制，确定组
织结构，并提供资金和其他方面的援助。政府控制着水资源的初始水权的
配置；其次，基层供水机构——灌区，作为水资源配置的实施机构，在农

业水资源配置中起着重要的桥梁作用。灌区管理机构根据国家相关政策、法规的要求，进行初始水量的配置，并且在总、分干渠分配中开展用水情况调查，合理安排用水量，在监管合理的前提下，将不断减少高消耗、低效益用水，将节省出来的水按照轻重缓急，进行二次分配或有偿转让，以保障农业水资源的合理配置；最后，农户在农业水资源优化配置中也扮演着至关重要的角色。农民既是水使用者又是水生产者，更是田间系统范围内水资源的最终分配者。因此，研究农业水资源优化配置的主体：政府—供水单位—农户的关系，是农业水资源优化配置的重要一环。

4.2.3 优化灌溉活动中利益相关者行为是建设水生态文明的有力抓手

生态文明建设是我国在资源和环境双重约束下的必然发展之路，水生态文明建设是推进生态文明建设的关键环节，只有水生态文明得到足够的重视和充分的保障，生态文明建设才能可持续地推进。党的十七大报告指出了建设生态文明的实质：建设以资源环境承载力为基础，以自然规律为准则，以可持续发展为目标的资源节约型、环境友好型社会。党的十八大则把生态文明建设提到了全局建设的高度，提出了"五位一体"的社会建设总布局，生态文明的理念越来越成为全社会的共同价值目标。水生态文明是生态文明的重要组成部分，指的是在社会发展中实现水资源的可持续利用，水生态环境的自我更新，水生态系统和其他生态系统的良性循环，先进水科技的应用与和谐的水文化、制度的逐步建立。由以上水生态文明的基本要求可以看出，水资源利用效率的不断提高，才能有力地推进水生态文明建设，也才能实现水资源节约，形成各区域水资源高效利用、水生态稳定的和谐局面。因此，优化灌溉活动中行为主体的关系，理顺其中的制度、管理、资金、实施等关键问题，将极大地推进农业水生态文明建设，从而实现农业水资源的优化管理、农业水环境的保护、水生态的补偿和建设以及水文化的培育。

综上，研究政府、供水机构和农户的行为进而优化他们的行为，梳理现状进而寻求不同利益主体的博弈和合作的路径和方法，从而把握不同利益相关主体在用水管理体制变迁的作用和地位，是十分有意义的工作。

4.3　灌溉活动中利益相关者界定

4.3.1　灌溉活动中的利益相关者概念

利益相关者这一概念最早出现于 1963 年，由斯坦福研究所提出。通常意义上用于企业管理者在进行决策时必须考虑的利益相关群体。典型的决定性利益相关者包括了公司的股东、雇员和顾客。灌溉活动中的利益相关者，是指能够影响农业水政策、水资源配置以及用水效率的个人或群体。我们认为在灌溉活动中最具有重要决定意义的利益相关者是政府决策部门、供水机构（供水方）和农户（受水方）这三个群体，他们在灌溉活动中都起着重要的决定性作用，并且是相互联系，相互影响的。

4.3.2　灌溉活动中利益相关者行为界定

灌溉用水同时兼有公共物品和私人物品的属性，故纯粹的市场机制在灌溉活动中并不完全适用，如灌溉基础设施的自然垄断特性引发的市场失灵，灌溉用水的过度使用导致其他非农用水严重缺乏，当代人过度用水带给下代人的负外部性，灌溉设施的公共物品属性导致的"公地悲剧"等等。另外，当市场失灵时，农户缺乏进行节水灌溉技术投入的激励，农业水权不能得到有效交易，灌溉用水的定价不能使用水效率达到帕累托最优。当灌溉用水市场失灵时，政府就会适时干预，成立灌溉用水公共部门，对水的配置、使用等进行管理。值得注意的是，这些消除市场失灵影响的方法同样面临政府失灵的危险。假设政府信息不充分导致政策失误，或者行政成本过高导致的效率低下等负面效应可能会出现。当灌溉活动中政府和市场机制同时失灵时，社会急需一种弥补市场和政府失灵的制度机制，而供水机构等组织制度恰好可以弥补这个空白，帮助促进农业用水效率和增进用水公平。

依据本书的研究内容，我们对灌溉中的三个主要利益相关者的行为（政府行为、供水机构行为、农户行为）给出以下具体的界定：

（1）政府行为。本研究指政府根据我国水资源禀赋及各地实际情况，进行合理的政策设计。如怎样实行全国以及区域的水资源配置，如何制定合理的水价而不使农业用水过度浪费；是否进行节水灌溉技术的投入来提高农业用水效率；怎样对农户进行补贴才能既提高节水效率又不给政府造成太大的经济负担；水权制度应该如何设计才能使社会福利最优，是否应该支持农户用水者协会的运行等等。

（2）供水机构行为。供水机构一般包括灌溉排水系统控制面积范围内的灌排和相关水利工程及其管理单位。本书中特指供水机构对外用水监察、对内供水督查、供水设施巡查、给水调度、设备维护、给水处理、核定水价、水质检测等行为。

（3）农户行为。本研究主要指农户的经济行为，农户是受水的主体，本研究特指农户对节水灌溉技术投入的意愿、对水价高低和政府补贴的反应，是否愿意进行水权交易和是否愿意加入用水者协会等行为，以及这些因素如何影响农户行为的优化。

4.4　灌溉活动中利益相关者行为研究的必要性

4.4.1　水资源短缺倒逼农业部门提高用水效率

我国是一个水资源短缺的国家，水资源时空分布不均。近年来我国连续遭受严重干旱，旱灾发生的频率和影响范围扩大，持续时间和遭受的损失增加。目前全国 600 多个城市中，400 多个缺水，其中 100 多个严重缺水，而北京、天津等大城市目前的供水已经到了最严峻时刻。我国水资源总量居世界第六位，但是我国人口众多，若按人均水资源量计算，到 2030 年我国人均水资源占有量将从现在的 2200 m^3 降至 1700～1800 m^3，需水量接近水资源可开发利用量，缺水问题将更加突出；我国水资源还存在着十分严重的分布不均匀性。水资源分布的趋势是东南多西北少，相差悬殊。南方长江流域、珠江流域、浙闽台诸河片和西南诸河四个流域片的耕地面积只占全国耕地面积的 36.59%，然而水资源占有量却占全国总量的 81%；而北方的辽河、海滦河、黄河、淮河四个流域片耕地很多，人口密度也不低，但水资源占有量仅占全国总量的 19%。因此，我国北方不少地区和城市缺水现象将十分严重；由于中国大部分地区的降雨主要受季风气候影响，降水量的年际、季际变化也很大，造成水旱灾害频繁。全国大部分地区在汛期 4 个月左右的流量占据了全年降雨量的 60%～80%，集中程度超过欧美大陆，与印度相似。这就导致了年内水资源的分布不均，甚至出现了连续丰水年或连续枯水年的情形，使水资源供需矛盾十分突出，水的短缺问题更加严重。在这样严重缺水的背景下，水资源的短缺形势短期内是不可逆转的，必须提高用水效率。

根据水资源用途，其利用类型主要分为农业、工业、生活和生态这四大类。2014 年我国总用水量在 6094.86 亿 m³，而农业用水为 3868 亿 m³，占总用水量的 63.47%，是我国的主要用水大户，其中农业灌溉用水量又占农业总用水量的 90%。而农业水资源本身粗放的利用方式导致农业水资源短缺与浪费问题并存，目前全国灌溉水平均利用率仅为 50%左右，而国外发达国家可达到 70%～80%。灌溉农业是中国农业的主要形式，对中国粮食生产的重要性不言而喻，但长期以来，我国灌溉水利用率始终偏低，农用水利用效益不高。通过调查和查阅相关文献资料，我们发现农田灌溉用水方面存在着以下问题，导致了农业用水在这种严重缺水的大环境下居高不下：（1）农田灌溉设施老化严重。相当一部分已达到使用年限，老化失修，效益衰减，配套率也较低，影响了工程效益的发挥；并且随着自然条件变迁，降低了水利工程使用效率。多年来地下水位下降，同时由于地表径流明显减小及工业和城市用水占用农业水源，中小型自流引水灌区供水严重不足，水利设施作用难以发挥。（2）农田灌溉设施占用严重，占补不平衡。城市规模扩大，农村土地的经营开发，多数被征占的农田都是农田水利设施条件较好的丰产田，导致灌溉设施配套齐全的基本农田特别是节水灌溉农田减少过快。（3）资金投入不足。一是各级财政用于节水灌溉工程方面的投资偏低，特别是区县财政负担过重，项目配套资金难以全部落实；加之农业灌溉成本与收益不成比例，农民抗旱保丰收积极性不高。随着工业化、城镇化的快速推进和人口的持续增长，社会用水需求差异化，用水主体多元化导致了用水竞争性的加剧，水资源稀缺性急剧增强。按我国现有水资源消费结构计算，如果农业部门提高用水效率 10%，每年全国年水资源节约总量就是 386.90 亿 m³，相当于全年工业用水量的 28.5%，生活用水量的 50.5%，可见农业用水效率的提高对中国水资源的节约利用起着关键的作用。

农田灌溉是农业水资源的最大用户，灌溉用水量大，节水潜力也最大。21 世纪以来，在中国经济高速发展的背景下，在日趋紧张的水资源供应压力和缺水的背景下，中国政府颁布了多项惠农政策，并采取了诸多措施来提高农业用水效率，然而实际执行情况不容乐观，我国农业耗水量一直居高不下，现代节水灌溉技术推广缓慢。究其原因，一方面是节水技术资金投入不足，但更重要的深层次原因，我们认为是灌溉活动中行为主体，即利益相关者执行情况不够理想。在中国特色的农业灌溉活动中，个体农户和政府主管部门是节约用水、高效用水最重要的两个活动主体。与西方的大农业不同，由于农业的低收益、高风险及中国小农业经济的特征，中国政府的公共投资一直是农村基础设施建设主要来源，目前农村水利方面的公共投资主要投向水源地及主要输水系统建设，着力于提高输水系统效率；而个体农户（即私人投资）则主要负责田间灌溉技术，着力于提高田间效率。高效的公共输水系统可以为农户提供价格公道的公共水源，而高效的田间节水技术则可以减少水资源无效渗漏及提高作物产量及质量，此二者相辅相成，互为促进，构成了灌溉活动中一个有机整体（方兰，2012）。学术界对农业灌溉活动的研究很多，且较多关注于某单一方面的因素对灌溉活动的影响，如节水灌溉技术的投入、农业用水的定价、政府对灌溉的补贴、农业水权的交易等对灌溉活动的影响等等。然而，纵观这些研究成果，鲜有对灌溉活动主体的行为研究。而本书认为，在灌溉活动中对灌溉主体行为进行研究对提高灌溉农业用水效率有着非常重要的意义，他们行为的优化可以极大地提高农业用水效率及社会公平。基于此，我们认为，对灌溉活动中最重要的活动主体，即农户、供水机构和政府的行为研究非常重要，唯有使这三者真正实现权责分明，才能互相促进，互相补充，才能促进农业灌溉用水效率的提高，实现社会福祉的改善。

4.4.2　"绿色化"背景下农业水资源优化配置目标的变化

近年来，绿色化发展已经成为世界经济发展的一个重要趋势，同时也成为我国经济加快发展方式转变的重要选择。2015 年 3 月 24 日,"绿色化"概念首次在中央政治局会议上提出,是在十八大提出的新四化之外,又加入了"绿色化",并且将其定性为政治任务,展示了我国空前的建设绿色化的意愿。水资源可持续利用是国家总体可持续发展的重要组成部分,也是整个国民经济和社会可持续发展的基础和保障。随着人类对自然界认识的深化,人们普遍意识到,水资源并不是取之不尽,用之不竭的,而是一种有限的部分可更新的自然资源,其中地下水(尤其是深层地下水)在很大程度上属于不可更新资源。人类对水资源掠夺性的开发行为,常常使水资源消耗速率大于再生速率。许多研究表明,水资源的数量和质量均有下降趋势,如不采取相应措施而照此下去,从长远看水资源是达不到可持续利用的。然而,在我国水资源严重短缺的地区,水资源的优化配置往往受到高度重视;但是在水量充沛的地区,往往存在因水资源的不合理利用而造成的水环境污染破坏和水资源的严重浪费,长期以来,生产力唯上,人们往往竭泽而渔,牺牲长期利益与水资源的可持续性,最大化地利用水资源进行农业生产灌溉,获得局部短期的农业经济利益;随着认识的深入,人们逐渐意识到水资源质和量上的差异性,并进一步统筹不同产业、不同灌区间的水资源使用与分配状况,在更加广泛的范围内调整农业水资源的优化配置目标。在生态文明建设不断受到重视、绿色化逐步深入人心的背景下,生态用水得到了相当程度的重视,灌区农业水资源的优化目标也在不断地动态调整。

本文认为,绿色化及生态文明建设背景下,农业水资源优化配置是一个系统性综合性的工程,是对水资源统筹兼顾、动态调整的可持续利用。它意味着,在某一地区水资源承载能力的范围之内,在对后代人的用水需求不构成危害的前提下,合理配置和高效利用水资源,使水资源可以满足当代人对社会、经济和生态环境等各方面发展的用水要求,达到自然和谐、可持续发展的良性状态。我们认为"绿色化"背景下农业水资源优化应该具有以下特征:

（1）"绿色化"背景下农业水资源优化更加强调协调性。水资源优化是一个涉及社会、经济、生态环境多方面因素，强调各方面的协调优化，不仅要在农业内部实现水资源投入的高效利用、农业单位用水产值的增加，还更加注重与其他经济部门和生态用水的协调互动。近些年来，随着城镇化进程的加快，加之目前放开的二胎政策导致的未来人口的大爆炸时期的到来，用水量将持续增加，用水矛盾也会日益加剧。而绿色化要求各个行业的水资源要协调发展，这里的协调是指水资源与社会、经济、环境，与未来实现最佳组合和配置。在不影响农业水资源利用的前提下，逐渐提高农业水资源利用效率，从而使水资源"农转非"成为趋势，成为一种更加协调和绿色的水资源发展方向。

（2）"绿色化"背景下农业水资源优化更加强调可持续性。"绿色化"的核心是实现人与自然的和谐相处，是人类福利的持续不断的增加或保持。水资源利用的目的也是以经济发展和资源的持续、高效利用为基础，以社会安定和环境改善为条件，不断提高人类的福利。在水资源利用过程中，不仅考虑当代人的利益，还必须兼顾后代人的需求，强调只有整体实现了可持续发展，水资源才是真正的可持续利用，这不仅仅是一个伦理问题，而且关系到人类社会是否永续发展下去。

（3）"绿色化"背景下的农业水资源优化更加强调制度设计。农业水资源优化配置的基础是尊重农业生产对象的用水规律，精准供水。而水资源优化更多地则是一个经济问题和社会问题。尤其在灌溉农业中，水资源的优化配置涉及农田水利设施的建设、农业水资源在流域和产业间的分配、政策规则的制定与执行、政府与农户博弈、农户与供水方博弈、集体用水者与单个农户的博弈等等一系列的问题。最终都体现在对水资源优化配置的顶层设计、制度安排、行为研究与运营监测上。一个充分考虑到各方利益与现实情况、前瞻性和执行力都很强的制度安排是实现农业水资源优化配置的有效保障。

（4）对于灌区而言，水资源利用程度不得超过水资源承载能力。只有不超过水资源承载能力的开发利用，才能实现农业与生态的协同发展，否则就是对水资源的掠夺性开发，必然破坏生态环境，进而影响人类生存安全。应借助科学技术进步，挖掘潜力，协调各方力量，节约用水和提高用水效率，辅以科学管理、法律和有关激励机制，增强水资源承载能力。

由此可见，在我国经济进入新常态，绿色化主导农业进入新阶段的背景下，如何转变农业水资源利用方式，需要我们立足水资源的可承载力，大力发展节水农业，促进农业水资源的可持续利用。然而在发展节水农业进程中，政府是政策的顶层设计者，灌区是农业水政策及供水执行的主体，农户是节水农业以及绿色农业的主要实施者，均扮演着重要的角色。他们的行为将直接影响到农业水资源的可持续利用和国家的绿色化进程。

4.4.3　气候变化背景下农业水资源管理方式的调整

近百年来，全球气候正在经历着以变暖为主要特征的显著变化，气候变化所导致的气温增高、海平面上升、极端天气与气候事件频发等，对自然生态系统和人类生存环境产生了严重的影响。气候变化问题已引起全世界的广泛关注，成为当今人类社会亟待解决的重大问题。我国人口众多，经济发展水平较低，气候条件差，生态环境脆弱，是最易受气候变化不利影响的国家之一，同时中国正处于经济快速发展阶段，应对气候变化形势，任务艰巨。而水是农业生产中最稀缺的资源之一，随着经济的不断发展和全球气候变化，水资源供求之间的矛盾越来越尖锐，可利用的水资源呈相对递减的趋势，农业水资源管理不善逐渐被认同是导致水资源短缺问题的重要原因之一，尤其是在大气候变化的背景下。我国传统的农业水资源管理制度较多重视了水利设施的防洪作用，较少考虑水资源管理中配置以及水价问题，因此传统的水资源的供给是由各级政府包办的，形成单一的政府集权供给模式。政府供给制度的目标仅仅局限在人类的基本生存需要和维护国家稳定的政治需要，而没有考虑农业水资源的实际经济价值，因此形成了农业用水是用之不尽取之不竭的假象，造成了农业水资源的巨大浪费，从而导致政府单一供给制度的低效率。

随着农村经济的深化改革，农村家庭联产承包责任制的逐步完善，农民取得了土地的承包经营权并以法规的形式保证农民的承包经营权在较长时期内保持不变，传统计划经济中形成的农用水资源政府供给制度就与农村其他经济制度不适应，造成农业水资源的供给不足，难以满足广大人民的用水需求，在干旱区域，导致农业水资源缺乏的季节发生争水抢水冲突，水资源的充沛的年度对农业水资源的管理漠不关心，造成水利基础设施有人用无人管，基础水利设施投资缺乏积极性，造成政府水利供给制度失灵。同样，传统的农业水资源供给制度仅仅兼顾了公平原则，而没有突出资源配置的效率原则，因而农业水资源配置效率不能达到帕累托最优，导致农民在用水过程中不管什么农作物几乎都使用了相同数量的水，更不能体现农业水资源最佳配置经济效益，一是造成了巨大浪费，二是也没有获得合理的资源边际收益。随着农村改革的深入，农用水的灌溉组织制度也发生了很大的变化，由政府的单一供给模式向农民团体或其他组织制度转变，在许多地区已经出现了许多不同的农用水灌溉制度安排。

受认识水平和分析工具的限制，目前世界各国对气候变化对水资源的影响的评估尚存在较大的不确定性。但是现有研究表明，全球气候变化必然引起水资源在时间空间上的重新分配和水资源数量的改变，从而进一步影响地球的生态环境和人类社会的方方面面。因为水资源与水循环是气候变化中重要的一环。气候变化对农业水资源的影响主要有以下几个方面：第一，加速或减缓了水气的循环，改变降水的强度和历时，变更径流的大小，扩大了我国农业旱灾的强度和频率。第二，对我国农业水资源有关的规划和管理产生影响，包括降雨和径流的变化以及由此产生的土地利用，农业水资源的供给和需求发生变化。第三，加速水分蒸发，改变农业土壤水分的含量及渗透率，并由此影响农业生态系统的稳定性。

有关研究表明，气候变化使得灌溉农业耗水量增加（张凯，2015）。

而面对我国目前农业水资源短缺、农业用水被工业和生活用水蚕食以及水资源浪费现象严重的三大问题，再加之气候变化更加增加灌溉耗水量，这就要求国家政府必须在农业水资源管理方式上积极做适应性调整，从而适应现代农业发展的特点。应对气候变化，事关中国经济社会发展全局和人民群众的切身利益，事关国家的根本利益，政府意志要得到充分的体现。而作为供水方的供水机构和受水方的农户，应该充分认识应对气候变化的重要性和紧迫性，采取积极措施，主动迎接挑战。增强适应气候变化的能力，尤其在农业水资源管理的适应性上要主动调整，通过合理开发和优化配置水资源，完善农田水利基本建设新机制和推行节水等措施，力争减少水资源系统对气候变化的脆弱性，促进经济发展与人口、资源、环境相协调。因此，研究灌溉活动中利益相关者的相互关系，是应对气候变化背景下优化灌溉活动行为的重要条件。

4.5　灌溉活动中利益相关者行为研究述评

4.5.1　灌溉活动中政府行为研究

我国是社会主义公有制国家，"三农"问题始终是国家重视的大问题。农业也一直是政策扶持性产业，受到国家政策的保护与支持。农田水利建设也一直是我国农业生产和建设投资的重点。

新中国成立以来，通常意义上的公有制支持下的农业活动以大量政府投入为支撑，无论是水资源本身，还是水利工程设施，都作为社会主义准公共产品提供。充分发挥社会主义"集中力量办大事"的优势，提供公共基础设施服务，为彼时的生产恢复和经济建设产生了不可磨灭的作用，但是政府大量投入农田水利基础设施建设的经济效益普遍偏低、后期运营管理维护成本较高、无法适应新形势下发展等弊端也逐渐显露出来。

2006 年，《中共中央、国务院关于推进社会主义新农村建设的若干意见》明确提出在搞好重大水利工程建设的同时，引导农户自愿出资出劳，开展小型水利工程的建设与管理。政府是水利工程建设的倡导者，而农户是水利工程使用与管理的主体，农户参与是农村水利事业良性运行的必要条件，其参与态度、参与行为也必然影响到农业农村经济的可持续发展。其实早在 2002 年农村税费改革后，以往灌区农户以集体为单位使用政府投资或集体集资修建的大中型农田水利工程进行灌溉的方式大为减少；相反，农户更多地倾向于选择自行组织建设小型水利设施进行灌溉的方式。尤其是 2004 年水费收取制度调整后，小型水利设施大量涌现（罗兴佐，2005）。这一方面是对国家大型水利设施的有效补充，一方面也适应了当时的农业灌溉现实。家庭化的灌溉方式免去了合作灌溉中与其他农户协商、争水等的麻烦，然而，对于"小水利"挤占"大水利"的后果，学者们另有异见，认为在个体化基础上的"小水利"灌溉方式无法将大江大河的大量用水引入农田，小水利设施只能在风调雨顺的年份起到对农业用水略作调节的作用，这种客观上的"不合作"无法真正抵抗大旱灾，农户个体单独灌溉、合作难，也在一定程度引发了农业灌溉和农业水资源优化配置的困境。

随着水权制度的不断深化改革，市场机制在水资源配置中越来越发挥着决定性作用，灌溉活动中政府和农户行为模式也在不断地发生着转变。基于绿色化、农业现代化的历程与政策，政府与农户这两个灌溉活动的主要行为部门的博弈呈现出更为复杂的态势，农户概念的异化和政府行为的时代性，赋予了农业灌溉更多更丰富的内涵。一般意义上，灌溉活动是一个市场行为，但又有其特殊性。灌溉用水同时兼有私人物品和公共物品的属性，故纯粹的市场机制在灌溉活动中并不完全适用，如灌溉基础设施的自然垄断特性引发的市场失灵，灌溉用水的过度使用导致其他非农用水严重缺乏，当代人过度用水带给下代人的负外部性，灌溉设施的公共物品属性导致的公地悲剧等等。另外，当市场失灵时，农户缺乏进行节水灌溉技术投入的激励，农业水权不能得到有效交易，灌溉用水的定价不能使用水效率达到帕累托最优。当灌溉用水市场失灵时，政府就会适时干预，成立灌溉用水公共部门，对水的配置、使用等进行适时管理。值得注意的是，这些消除市场失灵影响的方法同样面临政府失灵的危险。假设政府信息不充分导致决策或者体制失误，或者行政成本过高导致的效率低下等负面效应有可能会出现。当灌溉活动中市场和政府机制同时失灵时，社会急需一种弥补市场和政府失灵的制度机制。目前一些研究发现，用水者协会等非正式组织制度恰好可以弥补这个空白，帮助促进用水效率和增进用水公平。

4.5.2　灌溉活动中供水机构行为研究

新中国成立以后，供水机构行为经历了一个从思想上逐步重视再到工作上逐步加强的过程。在这期间，由于政府指导方针的变化和管理体制的变化，供水机构的管理机制以及运行体制表现出不断变化的过程。

1950 年到 1952 年的国民经济恢复时期，农村刚刚完成土改，实行的是个体经营或者互助合作经营。水利工程的用水管理是分散用水管理和临时组织起来合作用水管理，随后发展为季节性和常年性的灌溉组织，诸如"浇地队"、"巡渠组"、"包浇组"等，变工变换，互助合作。这一时期，新中国成立前修建的大中型灌溉工程，在人民政府的领导下，建立起了专管机构和基层用水组织。如陕西省泾惠渠灌区，建立灌区用水委员会，基层成立巡堤守斗组织；宁夏引黄灌区废除过去的渠警，建立新的专管机构，改组了基层组织。

在整个 20 世纪 50 年代或称计划经济时期，灌区所形成的专业管理和群众管理相结合的灌溉管理体制是适应当时的农村生产经营管理体制和社会经济发展的，水利工程产权可以认为是明晰的，因为农村集体经济组织支配着所有生产资料，群众管水组织依托当时的人民公社体制，在水利工程的建设和灌溉用水管理等方面，基本发挥有效的作用。

20 世纪 80 年代初农村开始实行以土地家庭联产承包责任制为主的农村经济体制改革，政社合一的人民公社集体经济组织体制解体。适应计划经济的灌区"专管加群管"管理体制逐步暴露出种种弊端。当时灌区基层管理体制以及其他灌溉行为面临着两个问题：一是如何适应农村土地家庭联产承包责任制进行斗渠以下田间管理，二是如何适应整个国家推进市场经济体制改革。

1981 年全国水利管理会议，提出把水利工作的重点转移到管理上来。针对灌溉管理严重不适应土地家庭承包的问题，强调在农田水利工作中要加强责任制。1982～1984 年，结合贯彻中共中央《关于经济体制改革的决定》，着手进行灌区经营管理体制改革，水利水电部 1985 年颁发《国家管理灌区经营管理体制改革意见》，提出灌区管理单位是事业性质，实行企业化管理，逐步建成独立核算；加强基层群众用水管理组织，建立健全群众性的管理队伍。基层灌区组织行为的不断变化以及职责的明晰，对我国农田水利建设事业的发展起到了十分重要的推动作用。其中提出劳动积累工制度，逐步建立农村水利发展基金，对农田水利设施实行管理责任制等政策，都是灌区行为不断优化的结果。

20 世纪 90 年代各地深化改革探寻解决小型农村水利产权不清、责任不明、机制不活等问题的途径和形式。在实践中，积累形成了承包、租赁、股份合作、拍卖经营权制度改革。一大批经营性较强的灌溉设施，如机井、塘坝等包给了个人，使灌溉管理机制活力大大增强。但是，农村村级组织在多数地区仍涣散无力，地方政府和水利部门不得不越来越多地依靠乡镇水管站，用行政的方式管理农村水利，而水管站接受双重领导，一些地方在收取水费过程中搭车收费和截留水费的现象十分普遍，而工程维护、灌溉服务并无太大改进。

进入 21 世纪，在调整治水思路、水利工作从传统水利向现代水利转变的大背景下，灌溉中灌区管理体制面临着根本性创新的任务。农村税费改革后，村级收入进一步减少，两工也逐步取消，由于全国大多数村组的集体经济仍相对薄弱，而大部分农民家庭经济收入也都不富裕，村组采取一事一议的做法，对末级渠系工程的维护和田间灌溉设施等生产性基本建设所需的资金问题，仍无法得到解决。这势必影响到对渠道工程的维护和农业生产基础条件的改善，从而进一步制约农业的发展。在这一背景下，供水机构—基层灌区的行为被突出地提了出来。

4.5.3　灌溉活动中农户行为研究

农民从单干到人民公社，再到家庭联产承包，又到新型农业合作社等集体生产形式，生产关系不断地发生着变化，新型农户群体的崛起，产生了新的利益诉求，与传统农户共存、利益交织叠加。面对农业水资源不断变化着的供需关系，如何基于水资源的供给条件，根据农户的用水需求以及国家的水资源战略，制定科学合理的灌区水资源管理政策，是新形势下水资源管理的重要课题。有研究表明，科学合理的灌区政府政策、农户是否参与管理决策等行为都显著影响政策的实施。而现实条件下，农户缺乏合适的激励机制来参与政府工程的有效管理，缺乏合适的渠道。一方面是因为组织管理效率还不能完全满足农户参与的要求，另一方面是农户自身的兼业行为的影响而导致其无闲暇时间参与，并且在参与中存在的激励不足或管理流于形式，也会造成农户的各种行为变迁。相关学者研究表明农户一般受经济利益驱动性较强，倾向于报酬性参与，且随着报酬激励程度的高低，参与程度也会随之变化，而在非报酬参与方面，初始阶段农户在接受当地政府委托及组织的情况下，为实现农户资助管理的政策目标，农户的非报酬参与程度较高，但是随着经济利益的驱动以及参与成本的增加，农户非报酬性参与程度将会逐渐降低，甚至不参与。因此，政府对农户参与行为不仅要给予财政的支持，还需要通过一定的监督机制的设计对农户搭便车行为进行约束，使得农户真正达到有效参与的目的。

一些学者运用博弈论的方法对农户行为进行分析，认为政府只有采取提高灌溉水价政策，政府与农户之间的博弈才能达到非合作均衡（江煜，2008）。灌溉系统对于乡村社区而言是一种公共物品，其外部性的有效解决可以通过社区内人们采取关联博弈的办法进行有效的惩罚。但是，由于超社区的市场关系的日益渗透，削弱了乡村社区社会生活的内在一致性，并相应地侵蚀以驱逐作为社会惩罚的威胁力度，因而，通过建立灌溉与交易连接机制，以互补性制度使农户从非合作博弈转为合作博弈，促进灌溉系统的持续有效运行（赵珊，2008）。韩青从博弈的视角对农户灌溉技术选择的激励机制进行了分析，依据利润最大化原则，认为有效的激励机制可以增加农户选择先进节水技术的预期，使农户灌溉技术供给行为从违约转向合作，从而增加节水灌溉技术供给。

影响农户灌溉行为选择的因素是各方面的，不同的研究者研究的角度不同，其结果也不同。刘红梅等（2008）学者认为，要激励农户节水灌溉，采用先进的节水灌溉技术，必须从水权、水价和水市场的单独作用机制或联动机制出发，建立水权交易制度以提高和保护农民对剩余水权的处分权利，加大培育用水者协会等民间组织，提高农民在节水灌溉技术学习和采用有关决策中的公众参与、提高信息化水平、加大节水技术的宣传普及教育、提高农户的文化水平等，对提高农户学习节水技术的积极性有显著的积极作用。在一定的产权安排、组织结构、技术设备和灌溉水价条件下，为促进节水灌溉技术从传统技术转向现代技术，单纯的技术支持难以收到预期的效果，经济因素是决定农户灌溉行为的主要因素。虽然经济利益是影响农户灌溉技术选择的主要因素，但农户对新技术的所有特征、产量水平、生产效益、节水效果的了解和掌握也是很重要的。王小雷等（2008）认为，除了农户家庭因素之外，政府应对农户灌溉行为进行科学指导，实施精准灌溉，纠正不合理的灌溉制度，提高灌溉效率。而黄季焜等（2015）通过建立纳入生产函数的农户多目标决策模型，研究发现水价政策变化对农户的灌溉用水量及种植行为也会产生一定的影响。

由此可以看出，政府行为以及供水机构制度体制的变化以及管理模式的转变都会对灌溉中农户的行为产生一定的影响，因此政府行为、供水机构行为、农户行为三者是互相联系，互相影响的。

4.5.4　国内外水权制度评述

国外近年来对水权的研究分为以下几个阶段：20 世纪 80 年代主要研究水资源价值核算（Stanley，1982；Wolman，1984；Moncur，1987），为水权、水价、排污权等水市场机制的形成奠定了理论基础。90 年代的焦点集中在水价弹性和水资源定价方法上（Schneider，1991；Teerink，1993；Panayotou，1994；Richard & Lemoine，1996；Nyoni，1999），与此同时，部分学者将目光转向水市场构建和水权交易上（Schodmaster，1991；Colby，1993；Renato，1996），美国德克萨斯州格朗德河下游河谷的水市场与水权转让的实践为水市场的建立开辟了新的空间。进入 21 世纪，水权市场实验模拟（Murphy，2000）、季节性水权市场构建（Brennan，2006）等方面的研究使水权市场研究更加细化，水资源定价和水权交易进一步明晰化（Ioslovich，2001；Chatterton，2002；Balali et al.，2011）。随着水权交易制度的发展，水权回购政策因其实践效果而得到了更多关注（Lin Crase，2009；Wheeler，2011），并有学者对政府回购的形式和效应（Grafton，2011）进行了深入研究。纵观国外水权与水价研究，大多是直接基于市场主体的供需双方，对诸多利益相关者对水价的影响较少涉及。目前对利益相关者的研究更多地体现在农业水资源配置（Wang，2015）及参与式管理研究（Baggett，2008）中，而其对农业水价改革的影响则鲜有文献报道。

由于我国水权市场推进缓慢，国内对农业水权的研究仍处于探索阶段。主要是基于国外水权市场经验，以启示和借鉴的角度对我国水权市场的定义、分类、影响等方面进行了大量研究，并对当前农业用水权发展的制约因素进行了考察、分析与建议（沈满洪，2005；王克强，2009；姜文来，2014）。此外，还有学者对农业水权的转让原则、转让条件（韩洪云，2010）、交易机制（任海军，2012）等进行了研究。将利益相关者理论应用于农业水价改革方面的研究处于摸索阶段，学者们多是运用利益相关者理论对水价改革的相关利益方进行初步界定与利益分析（陈菁，2008；刘建英，2007），仅少数学者尝试在利益相关者理论的基础上进行深入研究，如汪国平（2011）引入了博弈理论中的囚徒困境，但仅从定性的角度分析了供水单位和用水农户的得益，缺乏对利益相关者进行系统性定量研究。我国农业水价一直由政府管控，且价格远低于供水成本，并不随供求关系而变动，导致农业水价波动的传导效应不明显，鲜有学者对此进行深入研究。

综观国内外水权市场及水价改革研究进展，大多数对水权市场和水价改革进行单独研究讨论，本研究认为二者是统一的整体，水权市场的建立是农业水价改革的前提基础，而合理的农业水价是农业水权市场的自然结果。通过明确水资源的所有权（至少是"承包权"），将有助于利用市场手段调节政府与农户、供水机构与农户、农户与农户之间的行为关系，提高农业灌溉的效益。

4.5.5　水资源定价研究

20 世纪 80 年代，发达国家出现水资源危机，使得对水资源定价的研究逐步成为热点。

Stanley（1982）认为水资源定价可以达到保护资源、提高用水效率和公平分配，为供水企业提供稳定收入，也对水资源价格的重要性作了较为深入的阐述；Fakhraei（1984）认为，水价与利润之间有正相关关系，价格是节约用水的重要参数，并可推出获取最大利润的长期价格；Moncur（1987）对城市用水定价和短期的蓄水弹性研究得出水资源边际价格上升，则用水量减少的结论；Wolman（1984）的研究认为解决水资源危机依赖于对水资源的管理，但不能纳入纯经济商品的范畴，也不宜用作费用——效益分析；Mercer（1986～1989）研究了水资源定价对水利部门利润影响的情况，认为边际价格可影响用水量，当水价有足够弹性时，水资源附加税可调节用户用水，促进水资源的节约利用。Narayanan（1987）采用非整数规划模型研究计量成本下的季节水资源价格，指出实施季节价格有利于合理配置水资源；Moncur（1988）认为水价在水资源管理中具有重要作用，水价有足够弹性时，通过征收干旱附加税调节用量，可以促进水资源的节约使用。

20 世纪 90 年代，采用经济杠杆管理水资源成为研究热点，焦点主要集中在水价弹性和水资源定价方法上。

Schneider（1991）对用户需水量弹性的研究，揭示了水价弹性与节约用水的关系，为节约用水提供了有益的经验（姜文来，1998）；Michael（2001）利用边际成本模型和平均成本模型研究美国南部和西部地区水资源价格的定价问题；Teerink（1993）在对定价模型进一步研究后认为，定价模型一般基于服务成本、支付能力、机会成本、边际成本和市场需求。Warford（1992）提出用边际机会成本对自然资源定价，Panayotou（1994）利用全成本定价法分析了水资源的价格和均衡产量，并指出了水资源对可持续发展的重要作用；Tate D.M.和 D.M.Lacelle（1995）根据加拿大水资源丰富的特点，通过对水价管理权限、水价制定和审批程序、现行各类用水水价标准、水价执行情况、用水户水价承受能力等的分析，并与其他国家水价标准比较，说明了加拿大水价标准严重偏低；Riehard W.Cuthbert and Lemoine Pamela R（1996）认为美国的水价制定原则是供水单位不以盈利为目的；实行批发水价与分类水价相结合的水价制度；采用服务成本定价、支付能力定价、机会成本定价、增量成本定价和市场需求定价等水价计算方法，但普遍采用的是服务成本法；Nyoni（1999）以赞比亚为例，分析了发展中国家的水资源定价，研究结果表明采用市场定价将会促进水资源节约使用、提高用水效率。

纵观 90 年代及前期研究，西方学者在水资源定价中分别提出了平均成本定价法、边际成本定价法和长期边际成本定价法。利用平均成本定价法确定水资源价格时，将水资源的价格认为是由水资源的生产成本、利润和税金组成，确定平均成本主要依据历史成本资料，利润率一般取自社会平均利润率或政府管制利润率。边际成本定价法是根据短期边际成本或长期边际成本信息来定价，实际中采用较多是长期边际成本定价法。

与此同时，居于市场与价格的密切关系，人们在研究水价问题时自然而然将目光投入水市场和水权交易上。典型的研究主要是 Schodmaster（1991）通过美国德克萨斯洲格朗德河下游河谷的水市场与水权转让的实践，说明了水市场机制建立是水资源管理的一种新模式，可以有效提高供水利用效率；Colby（1993）分析了水资源定价和水权交易两者之间相互促进的关系，指出了水权交易市场的优势；Renato（1996）对水权交易研究认为，可交易的水权的作用可以促进对节水技术的投资、可以刺激用户进一步考虑外部成本和机会成本、可以减轻资源退化的压力、有利于农作物的多样化等；Geoffery（1996）研究认为对水资源配置效率有着重要影响的伦理道德和公平性，同样与水资源规划和水资源配置的优先权有着密切的联系；Nir Bekeret（1996）在对中东几个国家利用对策论的方法研究水资源优化配置过程中的水权转让条件时，同样说明了水市场的重要性，智利自由水市场管理就是水市场机制成功运作的范例，它说明加强水权交易制度建设是强化水市场管理的重要手段。

进入 21 世纪，水资源定价和水权交易进一步得到深入研究。Michael（2001）利用边际价格模型、平均价格模型和希恩的价格征收模型研究美国南方和西部地区价格弹性的成果，认为分区水价结构能够激发节水行为；Ioslovich（2001）认为水价是水资源分配的工具，利用一个城市用水者、农业用水者和其他用水者的水资源扩展模型，可得出水资源的分配方案及其影子价格；Schodlmaster（2002）用边际机会成本方法对自然资源价格进行定价能促使水资源的有效利用。在水权交易研究方面，Chatterton（2002）对澳大利亚水市场进行了研究认为，建立水市场涉及政府政策、机构管理、公共资源本质、私有化的经济后果和对社会收益和后果的评估，以及水市场可以促进资源的可持续利用；Newlin（2002）对市场如何影响南加利福尼亚的水资源进行了估算，对水资源分配政策的经济收益进行了初步评估，并归纳了水市场的特点。

近几年，一些西方学者把将水资源和废水定价以及与环境的关系视为水资源研究新视点，认为其在水资源市场价格机制的建立中将起到重要作用。

国内水资源的有偿使用和水资源价格研究始于 20 世纪 80 年代。我国政府在 1988 年初将水资源核算纳入到国民经济核算体系中来加以研究。随后我国学者在借鉴国外相关理论的基础上，取得了许多进展：李金昌在财富论、效用论和地租论等"三论"的基础上确定了自然资源价值观和自然资源价值论，并提出了包括水资源在内的自然资源价值计算理论框架；胡昌暖则从马克思的地租论出发探讨了资源价格的实质，并提出成本计算法和倒推法等两种水资源价格标准确定方式；姜文来以可持续发展的观点为指导思想，提出了综合影响水资源价值的各种因素的水资源模糊定价模型来计算水资源价格；王浩等提出了"三重水价"理论，并利用一般均衡模型对邯郸市水价进行了测算；何锦峰等构建了一种水资源动态完全成本定价模型；马忠玉等基于水循环经济概念及理论，将水环境核算分成实物量核算和价值量核算，其中所包含的水资源价值核算为水权、水价、排污权等水市场机制的形成奠定了一定的理论基础；近年来，国内学者更多地尝试将不同评价理论方法应用于水资源定价的研究，如德尔菲法、层次分析法、灰色关联法、模糊评判法等，试图在对水资源价值进行科学评价，并在此基础上解决水资源定价问题，如曹剑峰等尝试将灰色理论引入水资源定价研究中，并取得了一定成果。

4.6　小结

我国水资源短缺，随着经济社会不断发展、城镇化进程的加快，人口、资源与环境的关系日趋紧张，水资源的结构性配置不合理更为凸显，水资源短缺及供需矛盾更加突出，破解水资源危机显得更加紧迫。农业作为国民经济最大用水部门，其资源的优化配置与效率的提高对中国未来的水资源增量战略具有极为重要的意义。本研究对国内外有关的研究进行了述评，明确提出对灌溉活动中利益相关者，即政府、供水机构及农户的行为进行明确界定，深入研究其中的关系，从需求管理和参与管理的角度优化灌溉活动的经济效益、社会效益和生态效益，从而实现农业水资源真正的高效利用。

参考文献

［1］方兰，孟晓东：《农业灌溉活动中农户和政府行为研究——以山西雁北地区为例》，《陕西师范大学学报》（哲学社会科学版）2012 年第 1 期。

［2］韩洪云，赵连阁，王学渊：《农业水权转移的条件——基于甘肃、内蒙典型灌区的实证研究》，《中国人口·资源与环境》2010 年第 3 期。

［3］贺雪峰：《论中坚农民》，《南京农业大学学报》（社会科学版）2015 年第 4 期。

［4］焦源：《山东省农业生产效率评价研究》，《中国人口资源与环境》2013 年第 12 期。

［5］刘莹，黄季焜，王金霞：《水价政策对灌溉用水及种植收入的影响》，《经济学》季刊 2015 年第 4 期。

［6］马志雄，丁士军：《基于农户理论的农户类型划分方法及其应用》，《中国农村经济》2013 年第 4 期。

［7］饶旭鹏：《国外农户经济研究理论述评》，《学术界》2010 年第 10 期。

［8］沈满洪：《水权交易与政府创新——以东阳义乌水权交易案为例》，《管理世

界》2005 年第 6 期。

[9] 王克强，刘红梅：《中国农业水权流转的制约因素分析》，《农业经济问题》2009 年第 10 期。

[10] 翁贞林：《农户理论与应用研究进展与述评》，《农业经济问题》2008 年第 8 期。

[11] 徐长春，陈阜：《"水足迹"及其对中国农业水资源管理的启示》，《世界农业》2015 年第 11 期。

[12] Balali H，et al. Groundwater Balance and Conservation under Different Water Pricing and agricultural Policy Scenarios：A Case Study of the Hamadan-Bahar Plain，Ecological Economics，Vol.70，No.5，2011，pp.863～872.

[13] Cooper B，Crase L，Pawsey N. Best Practice Pricing Principles and the Politics of Water Pricing，Agricultural Water Management，Vol.145，2014，pp.92～97.

[14] Donna Brennan.Water policy Reform in Australia：lessons from the Victorian Seasonal Water Market，Australian Journal of Agricultural and Resource Economics，Vol.50，2006，pp.403～423.

[15] Grafton R，Horne J.Water Markets in Murray-Darling Basin，Agricultural Water Management，Vol.145，2014，pp.61～71.

[16] James J.Murphy，et al.The Design Of "Smart" Water Market Institutions Using Laboratory Experiments. Environmental And Resource Economics，Vol.17，No.4，2001，pp.375～394.

[17] Ruijs A，Zimmermann A，Berg MVD.Demand and Distributional Effects of Water Pricing Policies，Ecological Economics，Vol.66，No.2～3，2008，pp.506～516.

[18] Shi MJ，et al.Pricing or Quota？A Solution to Water Scarcity in Oasis Regions in China：A Case Study in the Heihe River Basin. Sustainability，Vol.6，No.11，2014，pp.7601～7620.

[19] Shiferaw B，Reddy VR，Wani SP. Watershed Externalities Shifting Cropping patterns and Groundwater Depletion in Indian Semi-arid villages：The Effect of Alternative

Water Pricing Polices，Ecological Economics，Vol.67，No.2，2008，pp.327～340.

［20］Veettil PC，et al.Complementarity Between Water Pricewater Rights and Local Water Governance：A Bayesian Analysis of Choice Behaviour of Famers in the Krishna River BasinIndia，Ecological Economics，Vol.70，No.10，2011，pp.1756～1766.

第5章 中国农业灌溉政策、灌区管理和农户灌溉行为的变迁

5.1 中国农业灌溉政策回顾

5.1.1 恢复灌溉生产重建灌溉制度阶段

这一阶段是 1949 年新中国刚刚成立到 1957 年第一个五年计划的完成的阶段。这一期间,我国灌溉政策首先重点强调建设新的灌溉制度,其次是以提高生产为目的有计划地修缮、发展各项灌溉工程,推动农田灌溉工程的建设。这一时期是社会主义改造时期,农业灌溉政策以国家制定、政府自上而下的推进为主,中央政府计划和指令色彩逐步加强。同时,这一时期农业生产水平低,人口多,耕地少,水旱灾害频发,农业生产和农田水利,尤其是灌溉有极其密切的关系。因此这期间的农户灌溉政策偏重于主要以抗灾害的灌溉工程的修缮、建设为主。

5.1.1.1 重建农业灌溉管理制度

新中国既保卫了革命的成果,也努力恢复满目疮痍的经济。1949 年新中国成立伊始,农业部即成立,1952 年农田水利局划归水利部。在这一时期,无论是农业部还是水利部,都对农田水利高度重视,积极推动农

业灌溉事业的发展。1949 年 11 月，第一次全国水利工作会议在北京召开，当时的水利部副部长李葆华在《当前水利建设的方针和任务》的报告中指出：防止水患，兴修水利，以达到大力发展生产的目的。1956 年 3 月，水利部在京召开全国灌溉管理工作会议，会议的目的是研究灌溉管理工作如何适应合作化发展和满足农业高额增产的要求，强调了灌溉对于农业的重大意义。补救修建了大量的塘坝和小型引水工程，还结合防洪修建了大中型引水灌溉工程。

1950 年 7 月，农业部《关于夏季浇水期间加强农田水利工作的指示》中要求各级政府建立灌溉区用水管理工作和机构，肃清历史上遗留下的工程和管理分割开来、水利和农业人为分割的错误观念。明确了灌溉工作管理的原则是民主、集中、科学，加强对农民集体化意识的培养。水利部聘请了苏联专家来华指导，探索了计划用水经验，并把计划用水定为灌溉管理的方向。在政府的大力推行下，这一时期灌溉管理制度基本成形，规定了合理的用水办法，减少用水纠纷，扩大了灌溉面积。

5.1.1.2　恢复和建设灌溉工程

国家重点号召并组织修复灌溉工程，发动农民群众修建大量的塘坝和小型引水工程。1952 年后，结合防洪工程，修建了能够综合使用的水库和大中型引水灌溉工程。依照国家经济建设计划和人民的需要，根据不同的情况和人力、财力及技术等条件，分别轻重缓急，有计划有步骤地恢复并发展防洪、灌溉、排水等各项水利事业，灌溉被视为是重中之重。从1950 年开始，政府要求华东、中南两区重点发展机械灌溉工程，华北及豫、鲁地区发展水车 7 万辆，打井 5 万眼，重点建立灌溉管理试验站。在技术方面，中央政府一边号召广泛发展非机械动力的灌溉的简易措施，主要以人力为主，例如水井、水车等，一边尝试机械灌溉设施的使用，如电力抽水机、自流井等。

除了恢复旧的灌溉工程，中央政府开始制定较长时期和较大规模的农田政策。一方面，农田水利工程建设围绕抗旱运动展开，当时我国约半数的灌溉农业土地抗旱能力不强。如政务院在 1954 年春耕生产的指示中，要求各级领导机关必须警惕可能发生的春旱、春涝等，做好预防措施，兴修群众性的农田水利，检查各项已修的水利工程。组织群众有计划地因地制宜地兴修小型农田水利，修塘、筑坝、开渠、打井、增补汲水工具。我国单位粮食产量提高，根本原因是靠兴修农田水利扩大了灌溉面积。另一方面，政府从追求数量的误区转向注重农业灌溉的工程质量，提高工程的效益。

这一时期的灌溉政策也取得了一定成效。1949 年的全国灌溉面积为 23 893 万亩，到 1957 年，增加到 37 507 万亩。

5.1.2 灌溉工程大修大建政策冒进、停滞并存阶段

灌溉工程大修大建，政策冒进、停滞并存阶段主要是指 1958 年到 1976 年这一阶段。这一阶段我国社会主义建设走了不少弯路，导致我国灌溉政策的制定出现了一定的偏差，政策制定中出现过盲目指挥，轻率下令，政策冒进。在"文化大革命"期间，整个灌溉事业停滞不前。

5.1.2.1 "大跃进"期间大修大建

1958 到 1961 年我国"大跃进"开始，"大跃进"时期的灌溉政策被"左"的思想引导，盲目指挥，轻率下令，全国兴起大办水利的热潮。1958 年 8 月关于水利工作指示中提到："水利建设和防汛抗旱斗争的巨大胜利，不仅坚定了广大农民人定胜天的信念，而且在打破社界、乡界、县界以及省界的大力协作中，发扬了伟大的共产主义精神。自带工具口粮无偿地进入山区进行水土保持，到处去兴修水库、打机井、修渠道、开运河、挑水抗旱等等，这些都是伟大共产主义风格的具体表现。只要在苦战

两冬两春，全国现有耕地，基本上水利化是完全可能的。"①在之后的三年，是更进一步的跃进和浮夸。如冀、鲁、豫三省盲目引黄，有灌无排，到 1960 年，土地次生盐碱化问题突出。因此中央政府出台政策来解决水利纠纷，并暂停引黄灌溉。也因为采用人海战术，我国大部分的大中型水库和大型的灌区都在这一阶段建成。应该看到，虽然"大跃进"期间有冒进的诸多问题，然而我国的很多大中型水利工程就此也打下了基础。

5.1.2.2　自然灾害引起反思和整顿阶段

1959 到 1963 年我国发生了连续三年的严重自然灾害。中央政府一方面开始纠正"左"的错误，另一方面，提出 1962 年的农田水利应以小型为主，"配套为主，群众自办为辅。必须根据当前农业生产的需要，大力开展群众性农田水利和水土保持工作；对现有工程，应当加强管理，并分别进行必要的续建、配套和调整，确保安全，充分发挥效益。"②另外，政府工作重点从大建转向管理。1964 年，灌区清查整顿工作中，灌区的存在的主要问题有：部分灌区管理差，用水效率低，灌溉面积不实等。在清查整顿后给出的建议是成立灌区相差整顿小组，更有效地开展工作。到 1965 年为止，我国的农田水利建设基本步入正轨。

5.1.2.3　十年浩劫灌溉生产停滞阶段

1966 年到 1976 年，是我国的十年浩劫，农业水利建设基本停滞。农田水利建设和管理陷入无政府状态。各个政府的灌溉管理部门，大部分被撤销，人员下放，各地的灌溉工作混乱不堪，只能勉强维持开闸放水浇地，纠纷不断，秩序混乱，给农业带来巨大的创伤。1972 年华北大旱，国务院制定了支持北方打井工作的政策，大大地提高了华北地区的粮食产

---

① 水利部农村水利司编著：《新中国农田水利史略：1949~1998》，北京：中国水利水电出版社，1999 年，第 12 页。

② 水利部农村水利司编著：《新中国农田水利史略：1949~1998》，北京：中国水利水电出版社，1999 年，第 14 页。

量，也建成了一些大中型灌溉排水工程，例如江苏江都的排灌站、陕西宝鸡峡引渭上塬等。

5.1.3　改革开放推动灌溉活动市场化

5.1.3.1　各级水利管理单位反思历史，适应市场的阶段（1978～1990）

1978 年，党的十一届三中全会召开，社会主义现代化建设成为党的工作重点。党中央下达了《关于加快农业发展若干问题的决定》，明确指出："继续坚决地、大力地、因地制宜地搞好农田基本建设，兴修水利，改变生产条件，提高抗御自然灾害的能力，建设旱涝保收田。"

这一时期的政策注重灌溉的管理工作，彻底扭转"重建轻管"；并制定引黄灌溉的措施，避免大面积次生盐渍化的历史重蹈覆辙；从左的思想转向了注重经济效益，工作逐步以抓经济效益为主。1983 年全国水利会议上，明确地把"加强经营管理，讲究经济效益"定为今后水利建设的方针。水利政策推动了水利工程由"大锅饭"、政府垄断向农村承包制企业化，社会化，多渠道集资的改革。

制定了适应农村改革要求的水利管理政策。根据情况不同，分别实行综合承包、专业承包、单项承包、定户定人承包等不同形式的责任制。1984 年水利电力部召开水利改革座谈会，提出"全面服务，转轨变型"的思想。加强对现有灌排工程的维修配套和技术改造。这一时期，灌溉面积逐年增长。

逐步进行了水费改革制度。山东、河南两省和黄河水利委员会进行了大量调研和工作，专款专用，完善了工程配套和设施的管理，扩大灌区规模，并执行用水计划报批制度和用水签票制度，使得水费改革取得初步成功。

5.1.3.2　政策改革推进灌溉活动走向市场的阶段（1990～2000）

进入 90 年代，我国经济体制改革日益深化。灌溉政策逐步出台，使得灌溉面积衰减有所扭转。本时期的灌溉政策一方面跟进全国改革开放的脚步。水利部根据全国建立社会主义市场经济的重大决策，在 1993 年水利会议上提出了进行水利五大体系建设的战略部署，进一步深化改革农田水利工作。政府加大了对农田水利的投资，政策侧重于融资和将市场机制引入农田水利建设中。农田水利建设的融资渠道拓宽，建设形式多样，例如股份合作，拍卖，承包等。在这些政策的引导下，全国涌现出了一批工程效益高，农业产量高，规章制度全，经济效益显著的灌区。

另一方面，这一时期的政策偏重于逐步完善大型灌区的续建配套，工程老化失修的问题。首先水利部摸底调查，1994 年 6 月，国家农业综合开发办公室颁发了《国家农业综合开发项目管理》、《国家农业综合开发项目建设试行标准》，财政部颁发了《国家农业综合开发资金管理办法》，这三个规定为完善灌区工程配套和更新创造提供了有利条件，发挥了灌区效益，促进了农业增产。政府于 1995 年同时下达了《灌溉工程试点项目投资计划表》和《灌溉工程项目管理办法》。

20 世纪 90 年代末，国家明确指出要大力推广节水灌溉。党的十五届三中全会明确提出要"把推广节水灌溉作为一项革命性措施来抓"，更注重于农村水利经营体制的改革。我国农田水利建设速度明显加快。一些大型灌区积极落实和扩大民主管理体制，成立用水协会，并把较小的工程承包给用水户等办法吸引群众参加灌区建设和管理。为了缓解水资源短缺的问题，政府要求全民提高节水意识，建立节水型农业、节水型工业和节水型社会。

5.1.4 灌溉管理法制化、节水化、科学化（2000～至今）

随着水资源短缺日益加剧，灌溉管理工作步入法制化轨道。2002 年 8 月 29 日，《中华人民共和国水法》颁布。这一法律的颁布标志着我国农业灌溉工作关于水资源的规划、开发利用、水工程的保护、水资源配置和节约使用、水事纠纷的处理等都要在法律的框架下展开。灌溉政策的制定，开展都有法可依，有法必依。

全面普及节水灌溉。党中央、国务院对农业节水高度重视，强调要把节水灌溉作为发展现代农业的一项重大战略和根本性措施。水利部于 2012 年 11 月下发《国家农业节水纲要（2012～2020 年）》。这一纲要的出台有力地推动了我国农业现代化和经济的可持续发展。大力推进节水灌溉，符合我国的基本国情，也是提高农业效益，加快转变经济发展方式的必然要求，这一纲要的出台使我国关于灌溉的政策能够从全局和战略高度来进行顶层设计。2015 年 7 月 30 日，国务院发布的《关于加快转变农业发展方式的意见》中也提到，大力发展节水灌溉，全面实施区域规模化高效节水灌溉行动。分区开展节水农业示范，改善田间节水设施设备，积极推广抗旱节水品种和喷灌滴灌、水肥一体化、深耕深松、循环水养殖等技术。农业部、发展改革委、科技部、财政部、国土资源部、环境保护部、水利部和林业局于 2015 年 5 月 20 日联合颁布《全国农业可持续发展规划（2015～2030 年）》中根据不同的地域条件，采取不同的措施。在东北地区西部推行滴灌等高效节水灌溉，水稻区推广控制灌溉等节水措施。在黄淮海区重点发展井灌区管道输水灌溉，推广喷灌、微灌、集雨节灌和水肥一体化技术。在南方地区发展管道输水灌溉，加快水稻节水防污型灌区建设。西北及长城沿线区的在绿洲农业区，大力发展高效节水灌溉，实施续建配套与节水改造，完善田间灌排渠系，增加节水灌溉面积，并提出分区域规模化推进高效节水灌溉，加快农业高效节水体系建设。发展节水农业，加大粮食主产区、严重缺水区和生态脆弱地区的节水灌溉工程建设力度，推广渠道防渗、管道输水、喷灌、微灌等节水灌溉技术，完善灌溉用水计量设施，加强现有大中型灌区骨干工程续建配套节水改造，强化小型农田水利工程建设和大中型灌区田间工程配套，增强农业抗旱能力和综合生产能力。积极推行农艺节水保墒技术，改进耕作方式，调整种植结构，推广抗旱品种。

积极落实最严格水资源管理制度，逐步建立农业灌溉用水量控制和定额管理制度。国务院于 2012 年 1 月 12 日颁布了《关于实行最严格水资源管理制度的意见》，将农田灌溉水有效利用系数的 2015 年目标定为 0.53 以上，2020 年到 0.55 以上。加大农业节水力度，完善和落实节水灌溉的产业支持、技术服务、财政补贴等政策措施，大力发展管道输水、喷灌、微灌等高效节水灌溉。加大工业节水技术改造，建设工业节水示范工程。充分考虑不同工业行业和工业企业的用水状况和节水潜力，合理确定节水目标。进一步完善农田灌排设施，加快大中型灌区续建配套与节水改造、大中型灌排泵站更新改造，推进新建灌区和小型农田水利工程建设，扩大农田有效灌溉面积。

积极推进灌溉管理体制的改革，改变灌溉工程的融资方式。发改委联合财政部、水利部于 2015 年 3 月 17 日发布的《关于鼓励和引导社会资本参与重大水利工程建设运营的实施意见》里指出通过各种的扶持政策来要鼓励和引导社会资本参与工程建设和运营，有利于提高管理效率和服务水平，优化投资结构，支撑经济社会可持续发展。

5.2　灌区管理模式的变迁

5.2.1　行政集权管理模式建立阶段

1949~1957 年，新中国成立后，我国的农田水利工作都由农业部下设的农田水利局管理，并组建了水利部，管理全国水资源管理和开发、防洪防涝。1952 年农田水利部划归水利部建制，农田水利管理由水利部负责。大区之间建立了水利部，省、区建立了水利厅，各县市建立了水利局。这一时期，灌区水资源管理是在逐步进行社会主义改造过程中，用行政指令逐步成为灌区水资源管理的指挥棒，灌溉水资源和水利设施由各层级水利管理部门负责管理。这些部门属于政府下设的权力部门。大型灌区管理，是在政府领导下，建立专门的机构和用水组织。小型水利用水是通过临时组织起来合作，例如浇地队、包浇组等。这一时期，各管理层工作的重点是发动群众，大力恢复兴修和整理农田水利工程，加大农田水利事业的投入。这一时期灌区管理的既有强制性，也有偏好的单一性，管理主体一元化，供给和生产合二为一性。总的来看，这一时期的灌区管理是低效的。

5.2.2　急进管理阶段

1958～1978 年，在水资源管理中，"左"的思想抬头，农田水利开始"大跃进"。全国大型水库和大型灌溉都是在这一时期开工兴建的。中小型工程遍地开花。1966 年"文化大革命"开始后，我国的灌溉管理处于瘫痪状态。从中央到省、地、县，灌溉管理工作部门、单位大部分被撤销，人员下放。各地的管理机构只能维持开闸放水浇地，有的甚至放任自流。用水秩序混乱，纠纷不断，工程破损严重。

5.2.3　管理转型阶段

从 1979 年到 20 世纪 90 年代，我国进入改革开放阶段，我国灌溉管理也进入了转型阶段。1979 年我国农村开始推行家庭联产承包责任制，人民公社解体。灌溉管理和工程建设依然沿用行政集权下的模式，和家庭联产责任承包制度冲突。改革开放前，我国水利是由中央政府投资兴建取水枢纽和干渠等，乡村集体和农民兴建斗渠以下的田间灌排设施，造成所有权模糊，许多田间工程有人用，没人管，造成农田水利灌溉主体缺失。日常运行费用依靠基础行政组织收取，搭便车、截留挪用时有发生，影响了农民交水费的积极性，工程运行费用短缺，灌溉设施供给不足，年久失修，灌溉管理十年停滞不前。

进入 21 世纪，我国小型的水利工程权责从政府或集体向农民或社会组织转移。小型灌溉设施通过承包、租赁、股份合作、拍卖等手段实现民营化经营。政府的行政权力受到约束，民营水利建立现代企业制度，按照现代企业制度的要求规范民营水利，使其成为面向市场、自主经营、自负盈亏、有竞争力的市场主体。政府及相关部门对经营者约束监督，对水价进行高价限制。

5.2.4　分层管理和参与式灌溉管理模式

20 世纪 90 年代至今，我国灌溉管理又进入了新的阶段。这一时期我国灌区的管理采取专业管理和农民集体管理相结合的形式。由同级人民政府成立灌区专管机构，负责支渠以上的工程管理和用水管理，支渠以下由受益农户推选的支斗渠委员会或支斗渠长管理，受灌区专管机构的领导和业务指导，而小型灌区由农户集体管理。灌区的管理机构，是事业单位性质，隶属于政府部门，经营管理上受到制约，同时政企职责不分，和群众管理组织又是上下级关系。这也导致灌区权责不分，影响了灌溉工作。

从 20 世纪 90 年代开始，我国开始摸索参与式灌溉管理模式。主要是建立自主管理灌区，由农民用水者协会和供水公司组成。通过政府授权，农民自主管理工程设施的维护、使用等。运行费用由用水农户自己承担，用水农户成为工程的主人。农民用水者协会和承包管理的职责是承担政府移交的灌溉设施管护责任。管理体制落后、灌溉效益低下等问题是推动灌溉管理改革的直接动因，用水者协会由此产生。协会在解决水事纠纷、改善渠道质量等方面均取得显著成效，也暴露出一些问题，比如协会的功能作用发挥受到各种制度和体制限制。参与改革的主体是农户，所以有必要从农户角度对灌溉管理改革的内在机理进行探讨，农户的参与意愿和态度将直接影响其作用。

5.3 农户灌溉行为变迁

5.3.1 农户灌溉行为

农户灌溉行为是农户作为一个理性人关于灌溉的决策结果。农户的灌溉行为是农户追求自身利益最大化的理性行为，并不是单纯的灌溉的投资收益分析，还受经济制度和社会环境的约束，是权衡综合投资成本收益的博弈的结果。农户灌溉行为是农民为了满足自身经济、社会、心理需要确定目标以及实现这个目标在物质资料生产活动和生活中所采取的一系列活动的过程。农户灌溉行为发生主要存在于农户与农户之间、农户与农村基层政府之间、农户与组织之间以及农户与农业生产之间。农户的灌溉行为决策的基本原则是：保证有较高的基本灌溉用水保证率，灌溉用水保证率即农作物基本生长所必需的用水量的满足程度。从契约经济学的角度讲，农户的灌溉行为是农户围绕灌溉水的生产、分配和使用等一系列活动资源缔结的一个交易契约集合体。农户灌溉行为的选择和目标具有层次性。因为农业生产收入是我国农民生活的主要来源，有保障的基本灌溉用水供给是保证农户基本口粮的重要条件，也是农户选择灌溉方式的第一要件，其次要保证取水成本尽可能要低。只有在保障了农户基本口粮灌溉用水有较高保障的前提下，农户自然也会根据灌溉用水交易的特性选择适当的灌溉方式，尽量使用水效益的最大化。在中国经济社会转型期，农村市场发育程度、水资源及相关水利设施的产权安排影响着农业灌溉用水的交易特性，制约着灌溉事务的治理和农户的灌溉行为选择。农业灌溉用水的非完全公共物品属性，导致农户缺乏集体行动的原动力，而灌溉用水交易的非独立性，又导致农户灌溉行为的成本收益权衡的非独立性，因此，农户灌溉行为必然受到诸多因素的影响。

研究灌溉活动中农户的行为具有理论与实践双重价值。理论方面，农户灌溉行为作为一种社会行为，必然受到社会、政治、经济和文化等各方面因素的制约。实践方面，系统而深入地了解当前农户灌溉行为的现状，分析影响农户灌溉的影响因素，有利于加快农业种植结构的调整，提高农民种粮积极性，促进农民增收与农业发展。

5.3.2　农户灌溉行为的相关理论分析

5.3.2.1　集体选择理论

美国著名经济学家曼瑟尔·奥尔森在《集体行动的逻辑》一书中指出，在追求集体行动收益的过程中，除非一个集团中人数很少，或者除非存在强制或其他某些特殊手段使个人按照他们共同的利益行事，有理性的、寻求自我利益的个人不会采取行动实现他们共同的或集团的利益。其要点可分解为：①集体行动的囚徒困境，集团利益的公共性会导致集团成员普遍的搭便车行为。②强制与选择性激励是实现集体行动的手段。③集体行动组织的规模只要少数几个实力雄厚的成员联合提供某项公共产品的收益大于成本，这项公共产品就倾向于被提供。应该看到，集体选择理论的隐含前提：对公共物品的需求是集体行动的原动力。因为公共物品是个人力量无法缔造，必须依赖集体的力量才可以获得的物品。因而，所有的集体行动都是由群体成员对公共物品的需求引起的。然而，我们认为，中国农村的灌溉用水并非完全意义上的公共物品。因此，集体选择理论对中国农户灌溉行为的分析效力尚待考究。

5.3.2.2 公共池塘资源理论

美国诺奖学者埃莉诺·奥斯特罗姆（2000）在一系列实地调查和研究的基础上，针对以公共资源产权私有化、政府管制的方法来解决公地悲剧问题的观点，认为人类虽然存在许多公地悲剧，但并不一定唯有私有化或政府管制才能解决。她指出：许多成功的公共池塘资源制度，冲破了僵化的市场的、国家的或私有的、公有的分类，成功地存在着搭便车和逃避责任的诱惑的环境中，能使人们取得富有成效的结果。那么，如何使公共池塘资源不产生公地悲剧呢？ 奥斯特罗姆认为关键在于通过资源占用者有效的、成功的自组织行为来解决公共池塘资源问题，即如何把占用者独立行动的情形改变为占用者采用协调策略以获得较高收益或减少共同损失的情形。她认为制度能使人们不再单独行动，并为达到一个均衡的结局协调他们的活动，因为制度可以扩大理性人的福利。进而，她提出无论国家、市场还是自主治理机构，都是自发创造的秩序，都必须与其他公共治理机构在同一层次或不同层次上综合在一起，构成一个互动的多中心治理体系。

当然，奥斯特罗姆自己也指出：自主治理需要解决三大问题，即新制度的供给、可信承诺和相互监督。反观中国农村社会现状，这三大问题的解决尚需时日。一方面，家庭联产承包责任制实行后，特别是农村税费改革后，国家和乡村组织的行政强制和权威淡出乡村水利建设和管理，导致农村水利建设和管理失去具有权威和强制力的统一组织资源的制度供给者。另一方面，小农意识浓厚、自利、相互猜疑的原始化的农民缺乏相互信任和监督的基础。尽管如此，在国家推行水权制度改革的背景下，公共池塘资源的自主治理理论对解决中国农户的灌溉事务组织应该有着可以探索的空间。

5.3.2.3　交易费用理论

以威廉姆森为代表的交易费用经济学（TCE）认为，任何经济活动都可以看作是一种交易，不同性质的交易可以归结为不同类型的契约。由于人的有限理性和信息不对称的存在，经济中的任何交易或称为契约都需要某种形式的治理机制。为了支持长期有价值的交易或不完全契约，需要根据由资产专用性、交易频率和不确定性决定的交易特性，将交易分为不同类型，根据交易费用最小化原则，依据交易所决定的契约性质，不同性质的交易或契约匹配不同的治理结构，如市场、混合形式、科层和官僚组织等不同的治理结构或治理机制。最优的治理结构是能够最大限度地节约事前交易费用和事后交易费用的治理结构。

但是，交易费用理论却假定不同治理模式具有统一的技术和生产成本，而且忽视了交易契约的选择是因社会制度环境的变化而演进的，这势必影响其解释力。可以说，如果简单地以交易费用来选择灌溉治理方式，而脱离农户所处的市场化水平和制度环境，并不能客观地反映农户灌溉方式选择的内在机理。根据既有的文献思想，我们认为，在社会分工水平和要素市场发育程度还较低的农村，交易制度和产权制度还不完善，会使得农业灌溉用水具有不同于完全市场条件下的独特的交易特性。为此，我们需要以中国农村市场发育程度和农业灌溉用水的交易特性为基础，吸取既有理论的有益成分，提出我们的基本理论命题，构建新的分析框架。

5.3.3　农户灌溉行为的影响因素

农户灌溉用水行为的影响因素——灌溉用水，作为农业重要的生产投入之一，农户灌溉用水行为不仅受到自身特征的影响，还受到自然和社会环境因素、制度因素和农户（家庭）因素的综合影响。

5.3.3.1 资源和生产要素禀赋

一般而言，水资源越短缺的地区，农业生产受到水资源供给条件的影响较大，农户越倾向于选择节约灌溉用水的行为。在同一灌区，其上、中、下游的要素禀赋也是不同的，因此农户灌溉行为是不同的。上游的农户选择节水灌溉的比率会相对较小，且会更倾向于经济效益高的作物来种植，对于水价的预期价格也是最低。

水利资源的禀赋也是影响农户灌溉行为的重要因素。尤其是渠系过水能力、土地离灌溉工程距离、灌溉设施的完好程度，都直接影响到作物从水源到田间输送过程中的渠系水的利用率。靠近渠首、渠系状况好的灌区，农户利用大水利的成本低，且基本用水保证率相对较高，所以，农户选择从大水利取水为主，其偏好于经济效益较高的农作物。渠系状况一般和较差的灌区，大水利的实际用水成本高，且用水保障率较低，农户为了提高作物用水保证率，选择个体制或联户制小水利灌溉方式为主。而水利设施的效用，和水渠完好程度、渠系过水能力、大水利供水时间和供水量等相关，其效用往往取决于农户所在渠系全体农户甚至上游农户集体维护水渠的努力程度和取水时间的一致性程度。

5.3.3.2 农户自身的特征

农户自身的特征主要包括农户的年龄、文化程度、性别、收入水平、耕地面积、家庭成员等。有研究表明，农户节水灌溉的选择的意愿，和种植收入占总收入的比例、耕地面积大小、地块多少、对灌溉技术的了解程度呈正相关的关系。农户家庭总收入中种植业收入所占的比重越大，农民采取节水灌溉的意愿越强烈，并希望通过节水灌溉取得更大的收益。耕地面积大有利于节水灌溉措施的实施，因此农户所拥有的耕地面积越大，越愿意采取节水灌溉方式。地块数多会给农业灌溉带来许多麻烦，费时费力，农户的地块数越多，越愿意采取节水灌溉，农户希望通过节水灌溉减少灌溉用工，如果农户与相邻农户集中统一连片种植相同作物，他们越愿意采取节水灌溉方式，这样可以便于实施节水灌溉技术措施。农户对节水灌溉技术的了解程度越高，越愿意采取节水灌溉。

5.3.3.3　灌溉水价

灌溉水价是影响农户灌溉行为的重要因素。舒尔茨曾用贫穷而高效形容传统农业，这表明农户在农业生产中是理性人，以利益最大化为目标。在量水设施较为完善时，依据农户实际的灌溉水量来征收水费，可以促使农户节水灌溉，激励农户采用有效的节水措施和设备。于法稳等（2005）通过调查指出，水价作为水资源管理的有效经济手段，在诱导农户节水行为方面还是有效的，超过 50%的农户会选择节水灌溉。在内蒙古的河套灌区的单位面积生产中，上游的水费为 41 元、中游为 40 元、下游为 42 元，中游地区的水费最低。上游水费所占生产成本的比例为 15.7%、中游为 16.2%、下游为 19.0%。下游水费占生产成本的比例最大，一方面是因为水资源的可获得性较为困难，在水资源短缺的情况下，上游优先得到灌溉水资源，而中、下游地区则是在满足了上游灌溉用水之后才能够灌溉，因此下游的水资源利用效率低，导致单位灌溉用水量增加。灌溉用水的价格反需求函数可以反映农业节水对水价变动的反应机制。

$$P=A+F（Q） \tag{5-1}$$

其中：P 为灌溉水价，Q 为农户生产的灌溉需水量，A 为除灌溉水价外，其他影响灌溉需水量的因素。该模型作的基本假设就是农户是理性主体，其生产目标是效益最大化。A 是除灌溉水价外其他变量，假设都为外生变量，具体有：灌溉管理水平、灌溉设施工程的灌溉效率、生物节水措施等。在外生变量不变的前提下，灌溉水平一定的条件下满足生产目标所需的最小灌溉需水量是一定的。

根据模型（5-1），灌溉水价变动对农户灌溉决策行为的影响机制可以用图 5-1 来表示。

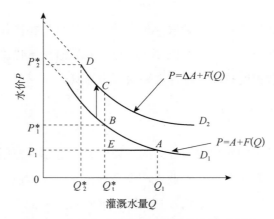

图 5-1　水价变动对农户灌溉行为影响示意图

图 5-1 中，D_1 表示常规灌溉条件下农户的灌溉用水需求曲线，D_2 表示节水灌溉条件下农户灌溉用水需求曲线。由于节水灌溉工程维护得当，灌溉管理水平有所提升，生物节水措施的投入，因此曲线 D_2 位于 D_1 之上。

在常规灌溉 D_1 下，农户的灌溉用水面临的是低水价 P_1，现实中，灌溉水价按灌溉面积收取，水价总额和用水量没有直接关系，农户的灌溉用水量是 Q_1。A（P_1，Q_1）是农户的灌溉决策点。随着价格的上调，量水设施不断完善，农户水价总额由水价和用水总量决定，农户在价格作用下不断减少灌溉水量，直至达到该作物常规灌溉下的最小灌溉水量 Q^*_1。对应的价格为 P^*_1。点 B（P^*_1，Q^*_1）也是农业水价调整后，农户最佳灌溉决策点，也是在现有灌溉水平下农业水价改革的目标点，达到最少灌溉水量和农业水价的均衡。到达 B 点后，如果灌溉水价继续增加，农户为了利益最大划，要么为了保证生产需要，沿着 B 点垂直向上，支付高额灌溉成本；要么为了节省，少灌水，减少产量。这两种情况都会减少农民的收入，增加农民的负担，减少粮食的产量，公共政策开始失灵。如果政策的目标是在不损害农户利益的条件下进一步减少灌溉用水量，此时单单依靠水价调整是无法达到既定目标的。这是必须调整外生变量 A，提高灌溉水的利用效率，以减少总灌溉需水量。而基本措施为：发展农业节水，改善灌区渠系输配水效率和农田水利用效率，采用生物措施降低种植物的需水量，调节需水季节。外生变量改变会使灌溉用水需求曲线整条曲线向上移动。如图 5-1 中，灌溉用水需求曲线由 D_1 向上移到 D_2，农户的灌溉决策点由 B 点移动到 D 点，这个移动过程既能保证农户获取即定农业产量目标，也能激励农户实现节约用水。点 D（$P*_2$，$Q*_2$）是农户在新的灌溉条件下的灌溉决策点。实际上，农户的灌溉决策点由 A 点转向 B 点，再转向 D 点的过程的理论分析，即是农户灌溉决策行为的变化轨迹，同时也是农业水价促进农业节水的发展历程，这种历程大致可以划分为三个阶段：

第一阶段，灌溉水资源免费或低价阶段，即曲线 D_1A 点以前的阶段。这一阶段，我国灌溉用水基本上是无偿或低价。由于缺乏水价的约束作用，农户很少考虑灌溉成本问题，致使这一阶段灌溉水浪费严重。

第二阶段，价格调整推动节水阶段。低水价政策助长了灌溉用水浪费，导致了农业用水短期，效率低下，灌区管理机构开始使用价格的杠杆作用，上调水价的迫使农户考虑灌溉水的成本。因此，为了获得最大化的经济效益，在不影响农业产量的条件下，农户开始减少灌溉水量。随着灌溉水价的持续调整，农户的灌溉用水量也持续降低，直至降到现有灌溉条件下最低的灌溉水量 $Q*_1$。

第三阶段，价格调整促进农业节水全面发展阶段。随着灌溉水短缺问题持续加重，改变现有用水效率迫在眉睫，通过提高渠系工程状况来减少输水损失，改善管理水平，提高灌溉工程的供水效率，保证农业生产获得基本灌溉水量。此外，通过进一步提高灌溉水价，农户为了保证农业生产，不得不采用农业节水生产方式引进膜下滴灌等农业节水技术，减少田间灌溉水量。通过政府和农民的共同作用，从而促进农业节水全面实现。

5.3.3.4 灌溉水利设施的所有制

水利设施所有制的明确有利于农户合作行动的形成，农户自主合作治理的范围受关系交易治理制度的制约。灌溉水利设施的公共物品性质影响了农户对于水利设施的投入和维修的积极性。虽然农户都知道自己更多的投入会对提高村庄的整体灌溉水平有很大帮助，尤其是在旱灾背景下，能够更好地减少旱灾带来的损失，但由于公共物品的性质和农户的利己性，农户自治制度的缺乏，会导致农户选择更倾向于等待。相同渠系条件下，水利设施联户所有制下的单产灌溉用水费用最低，私人所有居中，集体所有最高；而且，联户用水管理责任制度越清晰、越容易落实，联户的规模越趋于扩大。社会分工程度低、市场范围较小的经济中，关系型交易对契约信息结构的要求比较低，因而可以实施大量的交易和契约集合，而且不需要花费设立制度的固定成本，所以可以节约大量的交易成本，因此是一种很好的治理结构，有利于农户合作行动的形成。但是，农户灌溉合作行动的规模受关系型用水交易的自我实施范围限制，从本质上讲是受正式或非正式契约治理制度的权威性、自发执行性和选择性激励实施的限制。水利设施联户所有制之所以成功，不仅在于联户所有制成员主要限于如左亲右邻、朋友或同一水源的若干农户的范围内，参与者相互联系紧密，相互信任，自我约束意识较强，而且在于联户是一个可以自愿谈判建立、用水责权明确、个体对联合体贡献明显、灌溉用水活动与其他农业生产要素交易活动的关联性，致使不合作者很容易在其他成员的动员（民间的谈判方式）下被排挤，使搭便车的行为得到有效控制。在市场发育程度低，关系型交易盛行的中国农村，农户的合作灌溉行为往往局限于自我实施（单户或联户）的小范围内。

5.3.3.5 水权制度

我国水资源的管理低效，很大程度上是因为我国水权制度的缺失。水权是以所有权为基础的权利组合，包括所有权、使用权、收益权和处分权四项。只有产权清晰，市场机制才能有效配置资源。水权制度是约束和保护人们行使水权的各项权利的制度安排，其核心是产权的明晰和确立。现阶段我国水权制度下，水资源的所有者是国家，即水资源是归全民所有，国家代人民行使所有权。中央政府委托给各级政府代为管理和分配，但是水究竟归谁所有，权利怎么分配，收益如何分配很模糊，这就造成了政府失灵和市场双失灵。由于政府对灌区水实施不收费或象征性低价收费，导致农民节水意识低下，旱季、涝季都争相廉价取水。因此造成农业用水灌溉效率极低，约有一半水被浪费。农村里的堰塘具有典型的无主人水权特征，由于产权不明，水资源被大量浪费，且无人管理修缮，荒废严重，这就出现了"公地的悲剧"。针对此，水利部于 2014 年在全国七个省区进行水权制度试点，湖北省的堰塘管理被确权到农户，取得了很好的效果。

水权制度的建立和完善，水权的可转让性，建立类似于商业银行运作模式的，水权流转中介机构，可以激励灌区内的农户将多余的水权出让给急需用水的单位或个人，不仅促进了农户节水灌溉的行为，还提高了灌溉水的使用效率，使水资源资源优化配置。

5.3.3.6　农民用水者协会

农户个体往往受制于技术和经济条件的限制，灌溉效率低下，节水灌溉难以普及，也无法建设或维修大中型水利设施。加之很多农村集体灌溉日益退化，集体产权内部模糊不清，导致掠夺性用水普遍，其公共水利设施破坏失修。在此背景下，用水者协会应运而生。

农民用水者协会是由灌区内受益农民自愿参加组成的群众性灌溉用水管理组织，经当地民政部门登记注册后，具有独立法人资格，实行独立核算、自负盈亏，经济自理的组织。用水者协会的主要负责所管辖范围内灌溉系统的管理和运行，制定灌溉用水的管理制度，协调所辖用水小组和用水户的用水行为，保证所辖灌溉资产的保值和增值，并负责向用水小组和用水户收缴水费并上交供水公司。农民用水者协会一般由若干个用水小组和用水户组成。

用水者协会大致可分为政府参与型、群众自助型和项目依托型。用水者协会属于农民自治型的组织，这样的组织能够协调农户共同出资、共同受益，产生规模效益，尤其是项目依托型用水协会，能够引入先进的管理理念，科学规范的运行，分工清晰，具有现代化管理的雏形，是现代灌溉的发展方向。且用水者协会能够调动农民的积极性，保护、维修灌溉工程，保障支渠良性运行。并且能大大提高水资源的效率，发挥规模优势，降低农户的浇地成本，降低了劳动力的投入，是调解农户水事纠纷的平台。同时也由于水费的收缴，形成了水价格供求机制，使得过去粗放的管理用水方式，转变为科学管理，能够极大优化水资源的配置，并能保障水利工程持续稳定发挥效益。

5.3.4 农户灌溉行为变迁

自 1949 年新中国成立至今，不论是我国政府的执政理念、农业生产的方式方法，以及农户的生活状况都发生了翻天覆地的变化。上文将我国的灌溉管理政策的发展变革分为了四个阶段，并分析了影响农户灌溉行为的因素。这一部分将侧重于分析在我国经济发展的不同阶段的农户灌溉行为的变迁。

5.3.4.1 农户被动参与政府主导阶段（1949～1957）

从新中国成立后到 1953 年前，我国经历了土地改革和合作化。从新中国成立后到 1953 年前，农村的经营方式仍然以农民家庭为基础，后来国家试验推行合作社，农民自主联合加入合作社，生产资料依然是私有形式。有的是农村实行的是个体经营或互助合作经营体制，"互助组"由相邻的 4～5 个农户组成，合作时间不确定，很多农户在有需要的时候会将人和牲畜、农具集中起来。农户的决策仍然是农户单个负责，小型水利用水基本是分散用水或者临时组织起来合作用水。大中型灌溉工程，则在人民政府的领导下，专门成立管理机构。

随着合作化向人民公社推进，人民公社又分成若干生产大队，生产大队又由生产小组构成。生产工具和水利设施都属于集体所有。农民干农活按工分计算收入，人民公社由政府计划生产任务，国家收购公社种植的粮食。在这一阶段上，人民公社投入了大量的资金在水利设施建设上，包括灌区的土地改良和灌区建设。灌区水利设施的建设体现了"人多力量大"，在非农忙季节，集聚大量的劳动力义务完成。

在合作化和人民公社期间，灌溉工程管理形成了以各级水利行政管理部门和乡（公社）、村（队）集体共同管理的灌溉管理体制。灌溉工程管理也实行计划管理形式，管理运行也由各级政府或集体下达命令。农户的权利都集中于专管机构，农户几乎是没有自主的决定权，群众完全被排斥在灌区管理决策之外，完全听命于政府的指令，服从于人民公社的农业生产决策，其作用仅限于提供劳动。灌区代表会是灌区的最高权力组织，每年至少召开一次，听取专管机构的工作报告，审查灌区的计划、经费预算和决算。代表大会每年召开一次，讨论种植作物和水量分配计划，审定水费标准和管理，以及在费灌溉季节的渠道维修和劳动力安排。这样的"大锅饭"的生产和分配方式，工分计算完全按时间量来计算，干好干坏一个样，导致了农户"搭便车"行为普遍，农业生产效率低下。农户的行为被当时的政治环境和所有制度限制。当时集体的灌溉也是粗放式，水利设施落后，用水效率很低，取水是开放式的，水事纠纷在生产队和生产队之间频发。

5.3.4.2　集体大修大建用"大锅水"阶段（1958~1976）

在这一阶段，我国的政治环境大起大伏，因此这一期间农业生产，灌溉生产都出现了一定程度的萎缩。"大跃进"期间虽然大中型的水利工程建设较多，但也受大跃进的影响，注重数量，不注重质量，注重修建，不注重管理。灌溉区工程建设和管理注重社会效益，忽视经济利益，行政手段为主导。尤其到了十年浩劫阶段，灌区管理单位不收水费，管理干部吃"大锅饭"，农户用"大锅水"。水利修建基本体制及行政命令管理的随意性，导致水资源的浪费十分严重，灌溉用水紧张，水事纠纷不断。农户依然处于集体中，其灌溉行为依然被集体行为所取代。

总的来看，计划经济时代，由于经济发展水平较低，且人口增长压力相对水的再生能力相对较小，因此，水资源相对不缺乏。水资源的利用是开放的，不存在用水竞争和经济配给的问题，因此不存在正式的产权制度安排。灌区的管理主要由政府承担，农户基本无法参与，同时灌区内产权不明，导致了灌区的用水效率低，管理粗放。

5.3.4.3 逐步进入市场农户成为灌溉决策主体之一（1976～20世纪末）

在改革开放之初，合作社被解散，家庭联产承包责任制开始实行。土地开始承包给农户，农户灌溉行为的决策权又回到了农户自己手中。到1980年，全国灌溉面积增长到了0.49亿公顷。我国的灌溉排水骨干工程的基础正在这一时期完成，但问题也相对较多。改革开放之后很长时间，我国水资源的利用依然是开放状态，排他性很弱，用水粗放依然普遍。例如田间工程部配套、排水系统不健全、灌溉保障率低，土地的次生盐碱化严重。我国经济高速发展，用水量急剧上升，海河、黄河等水资源供需矛盾不断升级。灌溉管理部门也开始探索、吸收市场经济下企业管理的一些办法，逐步强化水资源管理，取水许可，逐步在我国建立水权制度，提高管理水平和用水效率，以承包责任制来减少管理成本，优化灌溉服务。但当时法律还没有完善，例如在《取水许可制度实施办法》中规定取水许可证不可转让，造成水资源和水权的流转没有制度上的依据。

5.3.4.4　农户灌溉行为节水化、高效化、灌溉用水权利明晰化（21世纪初至今）

随着经济的发展，人口基数的变大，水污染严重，水资源成为了稀缺性的资源，用水竞争性明显。因此从 20 世纪 80 年代开始，我国水权制度开始逐步形成。这些制度主要包括长期供求计划制度、取水许可证制度、水资源的宏观调配制度、水资源有偿使用制度、水事纠纷协调制度等。我国农户灌溉行为被众多因素影响。

这一时期，我国灌溉农业生产主要通过各种政策手段，用市场机制激励灌溉农户选择节水灌溉，提高水资源的使用效率，提高管理效率，扩大灌区农户的参与度，从而使水资源优化配置。在 2000 年以后，我国的水权制度建设进入密集探索期，大批的理论研究深入分析我国水权制度的建设，并且推进了我国水权制度的建立，取水许可、水量分配等制度迈向成熟，市场机制能够发挥其优化配置水资源的优势。

5.4　小结

本章对新中国成立以来不同历史时期所颁布及施行的村级农田水利基本建设与灌溉农业发展等方面的相关政策、法规的沿革及政策效应做了归纳整理和总结，并且对灌溉行为中三大利益相关者主体——政府、灌区管理机构和灌溉农户的行为变迁进行了分析。我国农业水资源管理是在我国特定的历史背景下产生的，改革开放前，我国的农业水资源管理在计划经济体制下，政府主导，灌区管理行政命令化，农户没有灌溉的决策权。改革开放后，我国经济转型，政府公权力逐步退出灌溉管理的微观行为中，加强制定相关法律、制度、规定来引导和约束三大主体，我国农业水资源管理向法制化、科学化、节水化迈进；灌溉管理机构自负盈亏，成为现代企业；灌溉农户从被动参与逐步转向主动治理模式。

我国农业灌溉政策经历了四个阶段的变迁：1949～1957 年恢复灌溉生产，重建灌溉制度阶段；1958～1976 年灌溉工程大修大建，政策冒进、停滞并存阶段；1978～20 世纪末的改革开放初期，是各级水利管理单位，反思历史，适应市场的阶段；21 世纪至今，灌溉管理法制化、节水化、科学化的阶段。

我国灌区管理模式也经历了四个阶段的变迁：1949～1957 年行政集权管理模式建立阶段；1958～1978 年急进管理阶段；1979～20 世纪 90 年代属于管理转型阶段；20 世纪 90 年代至今的分层管理和参与式灌溉管理模式阶段。

本研究认为，农户灌溉行为是农民为了满足自身经济、社会、心理需要确定目标以及实现这个目标在物质资料生产活动和生活中所采取的一系列活动的过程。集体选择理论、公共池塘资源理论、交易费用理论是分析农户灌溉行为的理论基础。农户灌溉行为的影响因素包括：资源和生产要素禀赋、农户自身特征、灌溉水价、水权制度、农民用水者协会等。本章还划分了农户灌溉行为变迁历史：1949～1957 年农户被动参与，政府主导阶段；1958～1976 年集体大修大建，用"大锅水"阶段；1976～20 世纪末，逐步进入市场，农户成为灌溉决策主体阶段；21 世纪至今，农户灌溉行为节水化、高效化、灌溉用水权利明晰化阶段。

参考文献

[1]（美）埃莉诺·奥斯特罗姆：《公共事务的治理之道：集体行动制度的演进》，余逊达、陈旭东译，上海，上海人民出版社，1995 年。

[2]（美）奥尔森：《集体行动的逻辑》，陈郁等译，上海：上海人民出版社，1995 年。

[3] 陈晓坤：《中国灌区管理模式的探讨》，《人民黄河》2002 年第 1 期。

[4] 段安华：《用水户参与用水管理的实践与思考》，《中国水利》2005 年第 13

期。

［5］郭善民：《灌溉管理制度改革问题研究——以皂河灌区为例》，博士学位论文，南京农业大学经济与贸易学院，2004 年。

［6］贾绍凤，张杰：《变革中的中国水资源管理》，《中国人口·资源与环境》2011 年第 10 期。

［7］姜文来，唐曲，雷波等：《水资源管理学导论》，北京：化学工业出版社，2005 年。

［8］蒋俊杰：《我国农村灌溉管理制度分析（1949～2005）》，博士学位论文，复旦大学，2005 年。

［9］刘国勇、陈彤：《干旱区农户灌溉行为选择的影响因素分析——基于基于新疆焉耆盆地的实证研究》，《农村经济》2010 年第 9 期。

［10］钱正英：《中国水利历史、现实、展望》，南京：河海大学出版社，1992 年。

［11］世界银行：《1996 年世界发展报告：从计划到市场》，北京：中国财政经济出版社，1996 年。

［12］世界银行：《2003 年世界发展报告：变革世界中的可持续发展》，北京：中国财政经济出版社，2003 年。

［13］水利部农村水利司：《灌溉管理手册》，北京：水利水电出版社，1994 年。

［14］王爱群，夏英，秦颖：《农业产业化经营中合同违约问题的成因与控制》，《农业经济问题》2007 年第 6 期。

［15］中国灌区协会：《参与式灌溉管理：灌区管理体制的创新和发展》，北京：中国水利水电出版社，2001 年。

［16］中华人民共和国水利部：《中国水资源公报（1997—2014）》，http：//www.mwv.gov.cn/zwzc/hygb/szygb/（2016-08-20）。

第6章 基于博弈论的农业灌溉活动中利益相关者关系研究

6.1 引言

灌溉事业为保障中国农业生产、粮食安全以及经济社会的稳定发展创造了条件。进入 21 世纪，随着我国经济社会的迅速发展，人口增长，水、土资源的供需矛盾日益尖锐，灌溉面积和用水量的增加将受到严重的制约，因此，农业发展只有立足现有土地和水资源，通过完善灌排系统，改进和加强灌溉管理，节约用水、高效用水，实现从传统粗放型灌溉农业向现代节水高效灌溉农业的转变。

中国人口、耕地、气候、水资源等自然条件，决定了灌溉在中国农业生产中的地位十分重要，灌溉用水占农业用水的90%以上，然而，在目前的水资源开发利用管理体制下，农用水资源使用成本很低，水资源犹如"公共牧场"，很难避免无序开发和浪费。而当水资源已经成为一种稀缺资源时，其使用价值相对提高，就更加剧了资源的无序开发与过度利用，而这种无序开发与过度利用所造成的外部不经济也更加明显，如河道断流，生态退化，环境恶化，已对经济社会的可持续发展造成不可低估影响，有的地区甚至影响到经济社会的现期发展，经济的总体不合理性已很明显。因此研究农业灌溉中行为主体的活动、行为选择以及影响因素，进而探索灌溉管理体制改革，提高灌溉用水效率，对于改善我国水资源管理的总体绩效具有举足轻重的作用。

现有的研究主要是采用社会学或政治经济学的方法，以生动、翔实的语言来描述和解释农户的灌溉行为方式选择。美国政治经济学家埃莉诺·奥斯特罗姆（2000）从制度分析的角度，在国家理论和企业理论之外发展了一套自主治理的制度分析框架，探讨了发展中国家农户的灌溉方式选择行为。日本学者青木昌彦（2001）通过对公共灌溉系统修建的博弈分析，指出排除搭便车者的困难是集体行动困境的根源。然而，遗憾的是，这些分析缺乏中国数据的佐证。中国学者唐忠等（2005）从供给主体的角度，分析了中央和地方政府在农村水利供给上的缺位，无形之中将一部分本应由国家负担的职能转嫁给了农民，进而导致农村水利衰退和无序。贺雪峰等（2003）从农村社会组织和村庄特性的角度分析了农户合作利用大水利的不可能，从而诱生小水利。罗兴佐（2006）从农村水利供给环节断层的角度，提出国家和乡村组织从农田水利的组织和管理中退出，分散的农民又缺乏合作修渠的一致行动能力，这就造成农户自组织的小水利挤占了大水利，从而加剧了大型灌溉系统的失修和毁坏，由此陷入恶性循环。中国学者的研究对于中国农户灌溉方式选择行为有一定的解释力，但因缺乏微观数据支持而难以揭示选择行为的内在机理。本文认为，农户的灌溉方式选择行为是在一定经济制度约束条件下农户追求自身利益最大化的理性行为，其行为选择自然有其内在的经济制度根源。只有深入农户所处的真实灌溉用水环境，系统考察农户选择行为的内外约束条件，才能揭示其行为的经济根源和内在机理。

在农业灌溉活动中，有些农业节水灌溉技术具有公共品的性质，具有非竞争性和非排他性，这就决定了农业灌溉活动中的选择主体的多元性、弱质性及政府主导性。灌溉活动既具有农业技术的特性，又属于农田水利基础建设，具有一定的公共品属性，政府的介入是非常有必要的。加之各个地区的资源禀赋不同，要素资源的相对稀缺程度不同，也会导致政府灌溉技术选择和变迁的有效路径有所差异。我国大面积选择推广农业高效节水灌溉技术，按照速水·拉坦的诱导理论和施莫克勒·格里利切斯理论解释，是由于稀缺水资源的供给不足和市场需求诱导了政府、企业选择节约水资源的灌溉技术，以节约稀缺水资源来消除水对农业经济增长和经济社会发展的制约影响。灌溉活动中，政府所确定技术革新的制度以及其他诱导因素起到了重要作用，正是这一有效制度激励和确保了技术研发结构以及农业生产管理者和农户的选择。因此，研究政府在灌溉活动中的行为及内在反应机制，有利于缓解我国水资源短缺，加快现代农业发展，促进农业可持续发展和水资源可持续利用，从而保障农业安全、水安全、生态安全。

6.2　研究思路和方法

经济社会中各利益主体的信息不对称和不完全信息使得价格制度常常不是实现合作和解决冲突的最有效安排，而非价格制度，即参与人之间行为的相互作用是解决个人理性和集体理性之间冲突的办法之一。环境与资源问题中利益相关者分析主要涉及利益相关者的特征行为分析（目标函数和策略空间），组织架构，各利益集团的环境参与机制，利益相关者对环境资源政策工具的反应和相应的分配效应，利益相关者的权利保障和冲突解决机制的建立等。这需要应用交易成本经济学、博弈论和信息经济学的理论和方法。

本章的第三部分对农业灌溉系统中利益相关者的作用进行了分析；第四部分从农业灌溉中农户灌溉方式的选择实质、选择原则、效果量化以及影响因素几个方面对农业灌溉的受水方农户的行为选择进行了研究；第五部分运用博弈论的方法探讨了农业灌溉中的水价与灌溉模式选择的博弈模型、水资源配置的博弈模型、农户合作行为的博弈模型、节水灌溉技术创新的博弈模型。

6.3　灌溉活动中利益相关者的作用分析

政府、供水机构、农户是灌溉系统中的主要行为主体，他们共同构成了灌溉系统中的利益相关者。图 6-1 简要分析各行为主体在灌溉管理中的主要作用。

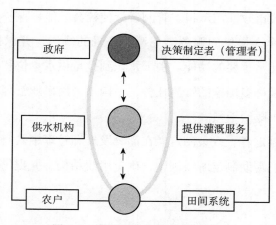

图 6-1　灌区利益相关者分析框架

6.3.1　政府

水资源的国家所有为政府干预水资源管理提供了依据。政府从社会的整体利益出发，为了更好地满足一国的经济、社会、环境和安全目标要求，控制着资源的总体开发和管理规划，它制定资源系统的各阶段开发管理规划，并且通过其下属部门来提供各种公共服务。无论水资源管理处于什么层次，政府能力对于最终的管理绩效都起着关键性的作用。在灌区，政府充当着以下角色：

（1）流域管理员。由于大部分国家水资源的终极所有权属于国家，供水组织对水的经营首先要向政府获取用水许可，所以可以将政府理解为上游批量供水单位，从而充当着流域管理员的角色。一个流域管理员主要负责流域水资源的综合管理。他调查供需水量并根据国家政策、法律、环境和其他规章制度以及达成的协议协调供水和需水之间的关系。流域管理员在流域内有时也直接进行批量供水。有时流域管理员只负责协调或其他工作，而将批量供水的任务交由特定的部门，如供水机构。

（2）公共管制。公共管制是向广大公众提供的一种服务，需由政府机构、合作组织或市政部门承担。管制者行使社会职能，保护广大群众在接受供水部门和个人提供的服务时免遭不公平的待遇，并保护环境免遭破坏，这些都是非常重要的功能。由于意识到批量供水单位和供水部门可能造成垄断，所以许多国家的管制任务是由国家公用事业管理单位承担的，这样也可以减少政治干预。

（3）政策制定者。政策制定者在灌溉发展和管理中具有最高远的目标和洞察力。他们帮助制定游戏规则，确定组织结构，并提供资金和其他方面的援助。

6.3.2　供水机构

供水机构处于水资源利用程序的中间环节，他们可以将水直接输送给农民进行灌溉，或供给农民用水者协会，也可以将水批发给中间单位，再由它们供给用水户。

（1）灌溉供水者。灌溉供水者在联系农民用水户和供水单位之间发挥着非常重要的作用。灌溉供水者从批量供水单位那里获得水量，并将其分配给农民用水户。他们的工作就是"把大块水分割成小块水"。这就是计算配水量、操作控制灌溉建筑物以及进行维修养护等技术工作的一部分。但除此之外，还有其他一些同样重要的方面经常被人们所忽视：增强用水户对水资源量是有限的认识，对供水服务水平的评估，以及提供服务的有关协议是否明晰等。

（2）批量供水单位。批量供水单位获取水量后，将水输送、分配到配水点，再由若干个供水单位分配给农户。水源可以是河流上的引水坝、蓄水坝、水井，甚至是处理过的废水。批量供水单位的买方是供水者（单位）。批量供水单位的主要作用是：第一，它通常向多个供水机构（包括供水公式和市政供水单位）供水。第二，它必须公平地向各个买方供水，而不应采取歧视性做法。第三，它比直接向最终用户供水的供水组织在技术方面所面临的挑战更大、更广泛。

有时一个供水单位中既有批量供水单位也有直接向最终用户供水的供水单位。但是，随着对水资源需求在数量和种类上的扩大，批量供水单位将向更多的用水户供水，包括供水者（单位）、城市水厂以及环境用水。这种趋势使得供水部门与批量供水单位之间逐渐分离，因此，需要通过签订协议等方式来规范它们之间的联系。

6.3.3　农户

农户是供水部门的顾客，也是田间系统范围内的管理人员。在此范围内他们是主人，通过利用水、种子、土地、自己和他人的劳动，加上其他的投入和思维判断，进行作物生产。在整个灌溉任务中这是最复杂的工作，也是影响成败的关键因素。作为水的买主，农民是唯一需要提供优质服务的对象。所以农民和供水服务部门之间的协调是影响灌溉系统有效运行的关键因素。全世界范围内的农户有很大的不同，即使是一个国家甚至是一个特定系统内的农户也都有所不同。灌区的大部分农户都要求通过某种方式与供水服务部门保持有效联系，而农户之间的差别又使这一要求面临很多挑战。这种挑战包括需要公平代表各方的利益，包括男女农民、渠首和渠尾的灌水员，以及商业和生活用品的生产者等。同时还包括需要制定能被广泛接受的规章制度，从而使农民与供水服务机构和其他部门进行有效联系。在灌溉管理中需要对特定制度与文化背景下的农户特征进行分析，包括农户的目标利益、生产特点等。

6.4　灌溉活动中农户行为研究

6.4.1　农户灌溉方式选择的实质

根据经济学里交易费用的观点，一切经济活动都可以视为一种交易，某些交易要按这种方式来组织，而其他交易则要按另外的方式来组织，其原因在于不同的交易具有不同的特性。不同性质的交易应匹配适当的契约治理结构才能使交易费用最小化，进而实现资源的有效配置。就农业灌溉来说，农户灌溉方式选择行为就可以视为在一定的经济制度条件下，农户围绕灌溉用水的生产、交换和使用等一系列活动而自愿进行的交易方式选择行为。从理论上讲，农户选择不同类型的灌溉方式至少有两个理由：第一，存在灌溉用水风险。笔者在此将它界定为由于自然或农户个人无法控制的原因而引起的不能及时获得农业生产用水的风险。自然原因主要是指天气严重干旱、自然水源短缺等因素。农户个人无法控制的原因主要是指水渠完好程度、渠系过水能力、大水利供水时间和供水量等因素，因为这往往取决于农户所在渠系全体农户甚至上游农户集体维护水渠的努力程度和取水时间的一致性程度。第二，每一种灌溉方式相应的交易费用不同。交易费用之所以不同，是由于灌溉过程中投入的资源属性不同，水利设施产权及其治理制度不同，导致不同的灌溉方式所需要付出的努力不同。笔者的相关调查也表明，农户选择不同灌溉方式主要基于以下考虑：(1)该灌溉方式必须有较高的基本灌溉用水保证率(即农作物基本生长所必需的用水量的满足程度)。因为农户是风险规避的理性经济人，在中国农民的社会生活保障主要来源于农业生产收入的情况下，有保障的基本灌溉用水供给是保证农户基本口粮的重要条件，也是农户选择灌溉方式的第一要件。（2）该灌溉方式的取水成本要尽可能低。在基本灌溉用水保证较高的前提下，农户自然会考虑以最小成本获得最大化收益。因此，从本质上讲，农户灌溉方式选择行为就是一种交易方式选择行为。为了追求灌溉用水效益的最大化，农户自然也会根据灌溉用水交易的特性选择适当的灌溉方式，即适当的契约治理结构，以使灌溉用水费用最小化。

6.4.2　农户灌溉方式选择的原则及其效果量化

　　农户实际支付的灌溉水费中既包括按支渠取水口水量计收的计量水价（或称名义水价），还包括支渠取水口以下供水环节的"末级水价"。这部分水价与渠系设施维护费、水漏损及其他开支等密切相关，且具有不确定性。在农业水市场交易尚不成熟的环境下，水利工程供水保障率不高，渠系供水能力和水利用系数低下等问题，都会集中体现在农户灌溉用水成本的高低上。在灌溉方式选择决策时，农民必然要将所有这些费用以及获得灌溉用水的不确定性所可能造成的损失（粮食减产或转换灌溉取水方式的成本）都视为灌溉用水成本，并在此基础上通过不同灌溉方式的成本收益比较做出适当选择。因此，灌溉用水费用作为农户为获得一定量的生产用水所花费的综合成本，不仅能够体现灌溉设施完好程度、水渠输水能力，而且可以反映农户灌溉用水保障率和难易程度及其成本。可见，农户的灌溉用水费用与经济学中的"交易费用"概念是一致的。这样，根据经济学的交易费用最小化交易方式选择原则，农民灌溉方式选择问题就可以转化为灌溉用水费用比较和费用最小化的问题。当然，这里的费用最小化原则是在优先考虑基本灌溉用水保证率前提下的灌溉用水费用最小化。于是，农户选择灌溉方式的原则和效果就可以通过灌溉用水费用来衡量，通过对灌溉用水费用及其影响因素的定量化考察，就可以揭示农户不同灌溉方式选择行为的内在机理和成因。

6.4.3 农户灌溉行为的影响因素探究

6.4.3.1 影响农户灌溉行为的内部因素

（1）农业劳动力投入。劳动力投入是指农户在灌溉用水过程中所投入的劳动力的数量和价值。由于灌溉活动需要一定的劳动力负责管理水利设施、引水入田、疏通水道，所以农户家庭劳动力的多寡、灌溉劳动力投入的机会成本大小都影响着农户对灌溉方式的选择。从事农业生产的劳动力数量越少的家庭越愿意参加灌溉管理。赵立娟认为，劳动力人数作为农户经营状况变量对参加用水者协会的预期影响方向为反方向。如果家庭劳动力数量占家庭总人口的比例较低，那么该农户参与协会的可能性就会比较大，因为家庭劳动力数量较少，从事农业生产要受到劳动力的限制，对灌溉服务的需求会相对较大，从而提高其参与协会的意愿。

（2）家庭规模。学者们大多认为，家庭规模对农户参与灌溉管理具有重要的影响。一般而言，为了保证多数人的生计，大家庭的农户比小家庭更积极地参加灌溉管理。一方面，参与灌溉管理需要大量的有劳动能力的人，而大家庭可以为参与灌溉管理提供劳动力保障。灌溉管理是劳动密集型的活动，家庭成年成员的数量对家庭出力参加用水协会组织的清理渠道活动有积极影响。另一方面，大家庭更有动力参与灌溉管理，它们更加依赖灌溉农业，并希望通过参与灌溉管理生产出更多农业产品。

（3）家庭经济收入。收入水平是决定农户参与灌溉管理的最基本因素。农户家庭经济水平对农民加入用水协会的意愿有重要影响。一方面，收入水平高的家庭有较强的能力去尝试新事物，而低收入的家庭可能会担心风险；另一方面，低收入家庭可能把用水协会成员资格看作是一种他们自身不能提供的额外帮助的来源。另外，一些有钱的农民把自己的耕地转租出去，使得他们不太可能参加灌溉管理集体行动。还有些学者研究了家庭收入来源对农民灌溉管理行为的影响。他们一致认为，家庭收入主要来自于种植业的家庭，农民参与用水协会的积极性较高。张宁等认为，农户的农业收入占家庭总收入比重是影响农户参与工程管理意愿的重要因素。究其原因是家庭农业收入比重越高的农户越关心农村水利的发展，尤其是干旱缺水地区，水利工程的供水量不足将严重影响其农业生产的收入。

6.4.3.2 影响农户灌溉行为的外部因素

（1）灌溉工程的完好率。一般来说，灌溉工程越完善，农民参与灌溉管理的积极性越高。因为灌溉工程完好率越高，农民参与灌溉管理的成本就越低，从而越愿意参与灌溉管理。此外，农户所在村灌溉系统配套完好率越高，需要农户付出的灌溉工程维护成本越低，农户参与灌溉用水越有保障。研究发现对灌溉绩效满意的农民更愿意参与灌溉管理。

（2）水资源的短缺情况。用水协会组织集体行动的能力有重要影响。许多学者认为，水资源短缺与农户参与灌溉行为存在倒"U"型关系。当水资源非常丰富的时候，农民没有理由参与灌溉行为，因为他们能获得充足的灌溉用水量。当水资源短缺时，农民必须协调他们的行动以获得和分配水资源，这样农民从用水协会或其他水管理组织中获得的利益就会增加。当水资源变得极度短缺时，即便是农民完全合作也不能解决水资源短缺问题，因而农民从水管理组织中获利更少，从而降低了农民参与灌溉的积极性。也就是说，在水资源适度缺乏的环境中，农户参与灌溉管理非常重要，通过合作，农户可以获得具有吸引力的潜在回报。而在水资源极度缺乏或有余的环境中，农户参与灌溉管理的可能性就小。在严重干旱的地区，农民可能放弃耕作而寻求其他的生计。因此，这有助于解释在不同的地区，农民用水协会的成功率存在差异。水资源短缺程度是影响农户参与灌溉管理的外部自然环境因素。水资源越短缺，意味着水对农业发展的制约作用越大。在水资源有限的条件下，农户为了发展农业生产、获取农业收入，更愿意参与灌溉管理。

（3）人均耕地面积。土地是农户从事任何经济活动的最主要的资源之一，土地的多寡直接影响农户的农业收入。因此有些学者对农村人均耕地面积对灌溉管理制度改革的影响进行了考察。人均耕地面积是表征一个地区生存环境或耕地短缺程度的指标，人均耕地面积越多，表明生存环境越好，反之亦然。人均耕地面积越多，村里对灌溉就越重视，因而实施灌溉管理改革的可能性就较大。原因在于在耕地较为稀缺的地区，农业收入所占的比重不高，农民把时间和精力更多地放在非农产业上，而对农业的重视程度不够，进而对与农业生产息息相关的灌溉管理改革关注较少，改革的意愿也较低。

（4）灌溉方式选择情况。供水单位按支渠取水口计量水量和水费，农户离支渠取水口越远，渠系过水能力越差，由于中间流失、渗漏等原因，其实际所得水量与计量水量（或称名义水量）差距越大。这就导致农户的水库引水量所占比重与水库引水费用所占比重不一致，进而影响农户对水库大水利灌溉方式或小水利灌溉方式的选择。

（5）灌溉劳动力投入情况。劳动力投入是指农户在灌溉用水过程中所投入的劳动力的数量和价值。由于灌溉活动需要有一定的劳动力负责管理水利设施、引水入田、疏通水道，所以，不同灌溉方式所需投入的劳动力必然存在差别。在农村合作意识和社会关联度不高的现实情况下，农户就可能会选择单户或联户的方式利用以天然水为主要水源的小水利，以回避协调与合作的难题，靠增加劳动力投入来利用免费或廉价的自然水源，提高用水保证率。当然，这要受农户家庭劳动力多寡的限制。农户家庭劳动力的多寡、灌溉劳动力投入的机会成本的大小都影响着农户对灌溉方式的选择。

6.5　农业灌溉活动中的博弈模型

博弈论最早是经济学上的范畴，现已广泛应用于社会、政治、法律和自然等领域。在水资源方面，已被用来分析水量、水质、水价及制度等方面的问题。国外运用博弈论做过如下方面的研究：（1）水资源管理（环境保护、灌溉系统、水质管理及多目标水管理系统）问题。（2）污水处理厂的定点及费用分摊问题。（3）发展新的供给水源问题。（4）水权分配问题。（5）地下水开采问题。（6）灌溉用水地区合作问题。在国内，卢清萍（1999）运用博弈论分析了我国水资源中出现的水缺乏、水污染等问题，提出了政府制定合理的水价、实行水权交易、打击违法排污行为等一系列对策。刘晓君等（2003）建立了水务设施管理企业与政府之间的博弈模型，提出了政府在进行水价管理中必须同时考虑社会公众利益和投资者回报率的对策建议。杨念（2004）建立了督导推广节水灌溉博弈模型，表明了模型的应用意义。韩青（2011）对农户节水灌溉技术供给行为进行的博弈分析表明，提高水价、制定有效的奖惩法规可用来激励或约束农户的节水行为。可见，博弈论是一种有效的分析工具。正是出于这种想法，本文试图以博弈论为手段，探究农业灌溉中政府和农户的行为选择，旨在研究如何通过合理的机制促进高效的农业灌溉的产生。

6.5.1　博弈论及相关概念

6.5.1.1　博弈论

博弈论是专门研究相互依赖、相互影响的决策者的理性决策行为及其结果的理论。博弈论在经济学中的应用主要是研究社会经济活动中人们的行为是如何相互影响的，人们在互动过程中是如何选择自己的行为的。博弈论作为一种理论和方法，它在经济学领域的应用促进了它的发展，从而使它在其他领域的决策中能更好地发挥作用。事实上，它作为一种关于决策和策略的理论，博弈论来源于一切通过策略进行对抗或合作的人类活动和行为，也适用于一切这样的人类活动和行为。随着社会生活各方面竞争性和对抗性的加强，随着人们对自身行为和决策的理性和效率的更高层次的追求，人们必将更多地利用博弈的原理来指导自己的行动。

现实中的人并不是也不可能是严格按照效用最大化的要求作出决策，在多数情况下参与人通过了解博弈的历史以及模仿其他人的行为来进行决策。换句话说，在现实中利润最大化或效用最大化只是影响决策的一个因素，决策时还需要考虑许多其他因素，比如社会环境。由此，本章试图在博弈论的社会学意义层面上分析灌溉活动中政府和农户的行为选择，即把博弈论置于灌溉活动的背景下来加以运用。

6.5.1.2 有关博弈论的基本概念

博弈论对人的基本假定是：人是理性的。所谓的理性人是指人在具体的策略选择时的目的是使自己的利益最大化，博弈论就是研究理性的人之间是如何进行策略选择的。

博弈论设计的几个基本因素：

（1）至少两个独立的参与者。

（2）博弈设计到行动者存在策略选择的可能，博弈论运用策略空间来表示参与者可选择的策略。

（3）参与者在不同的策略组合下会得到一定的祝福，或者叫做德意。

（4）对于博弈参与者来说，存在一个博弈结果。即参与者最终对策略的选择造成的确定性支付。

（5）博弈涉及均衡。在经济学中，均衡意味着相关量处于稳定值。博弈均衡是一个稳定的博弈结果。博弈的均衡是稳定的，因而是可预测的。

6.5.2　博弈模型的建立

随着中国社会主义市场经济的建立，社会的利益主体走向多元化。政府部门、企业、社会团体、各类利益集团和个人，都在成长为独立的利益主体，都在强调争取各自的利益要求和目标。存在于人民内部的这些不同的利益群体之间，由于对生产资料的占有和支配方式不同，由于身份、居住和职业的不同，产生了巨大的利益差别。而且各种利益集团之间的利益冲突逐渐凸现出来。

在市场经济条件下，政府也是一个独立的经济主体。一方面，我们可以把政府看作是一个人格化的理性个体，他的作用是利用其手中掌握的资源和权力，"生产"民众需要的各种商品，包括法律、政策、促进公共利益等。民众的负担（包括税费、劳务）和他对政府的满意程度可以看做是"购买"这种"产品"的价格。但是另一方面，政府又必须以全社会和公平为前提和目标。这是它与企业、社会成员等私人经济主体的不同之处。为建立一个合适的博弈模型，我们需要在这里做几点说明和假定：

（1）博弈双方为基层地方政府和单个农户。根据进化博弈论的观点，我们假设基层地方政府和农户都具有有限理性。虽然农户精确计算能力有限，我们不能否认农户能像其他理性经济人一样，具有权衡利弊得失以及基本的行为选择能力。基层地方政府也符合"经济人"的假设，基层地方政府在行动选择时往往是根据本部门收益与成本而不是根据社会收益与成本做出策略选择，追求效用最大化，从而会对公共利益造成不利。同时，政府也符合有限理性的假设。政府在决策或者问题求解过程中，所面临的是一个错综复杂的不确定的世界，由于信息和政府的认知能力都是一种稀缺的经济资源，政府获得他们需要一定的代价。因此政府总在有限信息和有限计算能力的约束下，从各种备选方案中选择出最佳方案。

（2）政府和农民之间的博弈是不完全信息动态博弈。农民作为国家公民和政府之间是委托人—代理人的关系。农民作为委托人，将国家的权利托付给代理人，并对代理人的行为进行监督。代理人按照委托人的利益行动，但委托人并不直接观察到代理人到底进行了什么活动。能观测到的只是一些变量，这些变量由代理人的行动和其他随机因素共同决定，因而委托人得到的只是代理人行动的不完全信息。另外，政府和农户之间的博弈是一个无限次重复博弈的过程，也就是说，政府或者农户在做出决策的时候会参考对方之前的决策，并且双方经过交涉多次，建立了对方的历史档案并且树立了一定的印象。

（3）博弈是在特定的初始状态和制度框架下开始进行的。同时，政府和农民之间的博弈和社会制度之间有一定的互动作用。具体地说，这种博弈过程即是一定社会制度的产物，又是促成一定的制度安排的因素之一。

（4）基层政府和农户之间的博弈为典型的强权博弈，即基层政府策略为支配策略，农户只是在被动地接受这种策略的前提下，适度地采利己的措施。政府总是追求预算收入的最大化，并在不超过农民承受能力的极限值的前提下，达到自身效用的优化。

（5）博弈的主导方是政府，博弈的目标是实现有非合作博弈的转变。

6.5.3 灌溉活动中主要的博弈模型

灌溉活动的主要参与方是政府和农户，因此灌溉行为的参与方之间的博弈分为政府和农户之间的博弈以及农户之间的博弈。本小节主要是对水价与灌溉模式选择、水资源配置、农户合作行为、节水灌溉技术创新几个方面进行博弈分析。

6.5.3.1 水价与灌溉模式选择的博弈

目前，我国有一些灌区灌水方法和管理技术落后，不能适应当前水资源紧缺形势。井渠结合的灌溉模式是在原有渠灌系统基础上，适当发展井灌而逐渐形成的。这种灌溉模式便于实现地表水和地下水联合运用，可使农户灵活运用地表水和地下水，重复利用渠灌的渗漏水，调控灌区地下水水位，是北方灌区实现农业高效用水的发展方向。但我国农业用水水价过去一直是地表水、地下水单独计价，近些年才逐步纳入商品价格管理，其标准普遍偏低，大都低于供水成本，不能有效刺激农户投资节水技术和节水措施，农户采取井渠结合灌溉模式的积极性不高。

（一）井灌和渠灌的相关介绍

1. 渠灌

渠灌，系指利用沟渠引地表水进行灌溉，一般要建有引提库灌区。参考"世行贷款节水灌溉项目成果"资料得到以下结论：灌溉用水过程中一般会产生 35%的输入损失、18%的田间渗漏损失、15%的输入蒸发，7%的田间蒸发，25%的田间叶面蒸腾，实际仅有 32%的作物得到有效用水，其他 68%的用水均在灌溉过程中损失浪费。

2. 井灌

井灌，系指通过打井开采地下水进行灌溉。一般井打在地中，可直接进行灌溉，几乎取消地上输水系统，消除了渠灌过程中的输水损失。井灌技术是打井利用动力机械驱动水泵从水井中提水对农作物进行灌溉的技术。井灌技术体系包括井灌区规划（机井布局及水资源优化配置）、机井设计、机井施工（成井技术）、机井配套（提水技术）、灌溉技术以及井灌管理技术。其中成井技术、提水技术和灌溉技术是井灌技术的核心内容。应该强调的是，井灌的价格高于渠灌，囿于研究内容所限，本研究暂不考虑地下水保护的环境成本。

（二）博弈模型

本部分从博弈论的角度，分析灌溉水价与井渠灌溉模式选择之间的关系，旨在研究如何通过价格机制观察农户对于井渠灌溉模式的选择。

在此博弈中，局中人为供水方和用水户（即农户），他们都是理性人，是博弈中选择行动以实现自身利益最大化的决策主体和策略制定者。供水方选择的策略集为低水价、高水价，农户选择的策略集为渠灌、井灌。双方收益矩阵见表 6-1。

表 6-1　供水方与农户的收益博弈

农户策略	收益博弈结果	
	供水方策略 p_1	供水方策略 p_2
渠灌	G_{E_1}，N_{E_1}	G_{E_3}，N_{E_3}
井灌	G_{E_2}，N_{E_2}	G_{E_4}，N_{E_4}

注：G_{E_1}，G_{E_2}，G_{E_3}，G_{E_4} 为供水方收益，N_{E_1}，N_{E_2}，N_{E_3}，N_{E_4} 为农户收益。

设 W_1、W_2 分别为渠灌和井灌农产品收入。P_1、P_2 分别为低水价和高水价。Q_1、Q_2 分别为渠灌用水量和井灌用水量。M_1、M_2 分别为渠灌和井灌其他生产要素的投入。C_0 为井灌工程投入的成本，则：

$$N_{E_1} = W_1 - P_1 Q_1 - M_1 \qquad (6\text{-}1)$$

$$N_{E_2} = W_2 - P_1 Q_2 - M_2 - C_0 \qquad (6\text{-}2)$$

$$N_{E_3} = W_1 - P_2 Q_1 - M_1 \qquad (6\text{-}3)$$

$$N_{E_4} = W_2 - P_2 Q_2 - M_2 - C_0 \qquad (6\text{-}4)$$

不难看出，井灌效益为 $P_2 Q_2 + W_2 + M_2$ 与井灌工程投入的成本 C_0 之间的关系成为决定两种博弈结果（渠灌、井灌）的关键因素。

设 K 为采取井灌和采取渠灌所得收益之差，则 $K = (W_2 - W_1) - (M_2 - M_1)$。根据费用效益比，按低水价和高水价分别进行分析：

1. 按低水价分析

即 $P_1 < (C - K) / (Q_1 - Q_2)$，这时渠灌农户的收益为 $N_{E_1} = W_1 - P_1 Q_1 - M_1$。井灌农户的收益为 $N_{E_2} = W_2 - P_1 Q_2 - M_2 - C_0$，则 $N_{E_2} - N_{E_1} = P_1 (Q_1 - Q_2) + K - C_0 < 0$，说明农户实施井灌的收益小于实施渠灌的收益。作为理性的经济人，从利益最大化出发，农户将会选择渠灌。同时，由于井灌要消耗动力，灌溉所需的单方水量的费用远高于渠灌。在农业收入不高、人们往

往只顾眼前利益的情况下，就算机井已经建成配套，仍会被搁置不用。可见，低水价不能够反映水资源的稀缺程度，不仅助长了水资源利用中的浪费现象，也严重影响了节水农业的效益，制约节水高效农业的发展，因此，建立一个有效激励、控制有序的管理运行机制迫在眉睫。

2. 按高水价分析

即$P_2 < (C - K)/(Q_1 - Q_2)$，这时渠灌农户的收益为$N_{E_1} = W_1 - P_1 Q_1 - M_1$。井灌农户的收益为$N_{E_4} = W_2 - P_2 Q_2 - M_2 - C_0$，则$N_{E_4} - N_{E_3} = P_2(Q_1 - Q_2) + K - C_0 > 0$。说明农户实施井灌的收益大于实施渠灌的收益，因此，农户选择井灌。从政府的收益角度来看，实行高水价可以增加农户的节水及环保意识。但政府提高农业水价的同时，要建立国家和地方补助金制度，通过财政农业补贴或其他形式回补农民及生态环境，以支持地下水位恢复，并充分利用资本市场，对节水投入机制进行改革，建立节水投入多元化体系。此博弈说明政府提高水价通过经济杠杆有效调动群众的节水积极性，农户就会考虑采用井灌方式。

以上分析表明，在低水价的情况下井灌的收益小于渠灌，作为理性的经济人，从利益最大化的角度出发，农户会选择渠灌。在农业收入不高、人们往往只顾眼前利益的情况下，农户会很自然放弃高水价供给的其他途径。可见，低水价不能够反映水资源的稀缺程度，且影响了节水农业的效益。在高水价的情况下，渠灌的收益小于井灌的收益，从利益最大化的原则出发，农户会选择井灌。从政府的收益角度来看，实行较高水价可以增强农户的节水意识。但政府必须控制地下水开采，以保护生态环境的可持续性。

6.5.3.2　水资源配置的博弈

我国是一个水资源严重短缺的国家，在我国水资源耗用结构中，农业（灌溉）用水一直占有特别大的比重，2014 年用水量约占全国用水总量的63.5%，西北个别地区则高达 90%。发展节水灌溉是我国农业提高水资源利用率、摆脱缺水危机、保障粮食安全的必然选择。

本部分从农户之间是否采取节水灌溉行为的博弈角度出发，探索节水灌溉行为的必要性，以实现水资源的高效利用。

我们假设一个灌区中有 2 个农户 A 和 B（分别处于上游和下游），作为理性行为主体的用水行为将影响整个灌区的供水能力。假定 A 和 B 各有两个策略，分别是"节水"和"不节水"。"节水"是指用水者增加节水投资，减少用水量。"不节水"是指不进行节水投资，任意用水。并假定任一方的"不节水"行为将导致水资源供应紧张，从而影响双方的效益。双方博弈收益矩阵如表 6-1。a 代表用水收益，S 代表节水投入，X 代表任一农户的不节行为给灌区内每个区域带来的额外成本。以上结果可以从三方面进行分析。

（1）如果 $S<X$，表示节水收益较高，二者均采取节水行为策略，从而实现水资源的可持续利用目标。

（2）如果 $S\geq 2X$，节水收益很低，二者均选择不节水行为，"公地悲剧"发生。

（3）如果 $X<S<2X$，二者均选择不节水策略，导致水资源的过度消耗。实际上，理性个体为实现自己利益最大化，常常有搭便车的激励，或者由于信息的缺失、补偿机制的缺失，各农户之间的行为无法协调，用水自行其是，导致用水冲突的发生。

我们可以通过适当的制度安排来促使农户采取节水措施。假设政府给予节水农户一定的补贴补贴额等于 X，二者收益矩阵见表 6-2。可以看出只要 $X>S/3$ 则（节水节水）是二者的唯一纳什均衡。

表 6-2   灌区内不同区域间的用水博弈分析

A 区	B 区	
	节水	不节水
节水	$a-S$, $a-S$	$a-S-X$, $a-S$
不节水	$a-X$, $a-S-X$	$a-2X$, $a-2X$

类似地，政府也可以通过对不节水农户处以一定的罚款（假设收取的罚款为不节水带来的损失 X）增加不节水农户的用水成本，只要 $X>S/2$ 作用如同补贴一样，见表 6-3。

表 6-3　灌区内不同区域间的用水博弈分析

A区	B区	
	节水	不节水
节水	$a-S+X,\ a-S+X$	$a-S+X,\ a-X$
不节水	$a-X,\ a-S+X$	$a-2X,\ a-2X$

表 6-4　灌区内不同区域间的用水博弈分析

A区	B区	
	节水	不节水
节水	$a-S,\ a-S$	$a-S,\ a-2X$
不节水	$a-2X,\ a-S$	$a-2X,\ a-2X$

以上分析表明，当灌溉的节水投入小于不节水的额外成本时，农户均选择节水灌溉；当灌溉的节水投入大于不节水的额外成本时，均有不节水的灌溉方式的发生，从而导致水资源的过度使用。此时，政府可以通过建立相应的补贴和处罚机制，对使用节水灌溉的农户予以补贴，补贴额等于由于不节水投入而给其他灌区带来的额外成本；对不节水的农户予以处罚，处罚额度等于由于不节水投入而给其他灌区带来的额外成本。从而，激励所有农户都选择节水灌溉，以实现对水资源的高效和合理利用。综上所述，农业水资源管理中，政府应采取积极措施，加大对节水农业的投入，对节水灌溉进行补贴，促进节水农业的发展，促进水资源的高效利用。增强节水意识，促使他们共同增加节水农业的投入，提高水资源利用效率，实现水资源可持续利用。

6.5.3.3　农户合作行为的博弈

用水者参与灌区管理正在成为各国政府采取的提高水资源管理效率的

有效措施之一。发挥农民用水者协会在灌区水资源管理中的作用，是提高灌区水资源利用效率的组织保障。然而，用水者协会是不以赢利为目的的灌区农户合作经济组织，理论上讲，灌区内农户有选择加入和退出用水者协会的自由。作为理性的经济人，收益和成本的比较是其选择的依据。灌区资产专用性和灌区服务的自然垄断特性，使得灌区资产成为一种公共产品资源，不可避免地导致灌区水资源利用中的搭便车行为。同时由于灌区资产的不可分性，理性的经济行为人会以其他行为人的预期行为为条件，选择自己的行为模式。如果灌区内的其他行为人能够充分合作，自己才会贡献出相应的量。农户相互协作的责任是以其他人的行为预期为条件的。

本部分从灌区农户之间的合作关系出发，探索农户灌区管理服务供给的纳什均衡解。

假设灌区内有 n 个农户，灌区内农户采取的策略性行为可能是合作，也可能是违约。如果农户 i 采取合作性行为，则提供灌区灌溉管理服务 f_i。否则，农户 i 提供灌溉管理服务量为 0。

设灌区农户效用函数为：$U_i = U_i(X_i, F_i)(i = 1, 2, \cdots\cdots, n)$，其中，$X_i$ 代表农户消费的私人物品量，f_i 代表农户提供的灌区管理服务量，F 代表灌区提供的公共物品数量，$F = \varphi\left(\sum_{i=1}^{n} r_i f_i\right)$（假设其他投入要素给定），它是单个农户花在灌区维护的时间和其他努力的加权和，参数代表不同农户灌区管理服务行为对公共物品的影响。这种影响可能来自不同劳动熟练程度和技能的劳动力灌区维护服务的质量差异，也可能来自灌区农户不同的地理位置。为研究问题方便起见，假定灌区内农户具有相同的劳动熟练程度和技能，农户对灌区维护的不同影响主要来自于农户所处的地理位置。例如，河道上游的使用者付出与下游使用者相同的维护时间和努力，却会对灌区产生更大的影响。在此将灌区内农户地理位置简单地分为上游、中游、下游，并且不失一般性假定 $\gamma_1 > \gamma_2 > \gamma_3$，以反映不同地理位置农户灌区管理的贡献差别。

灌区内农户面临的问题是给定其他农户灌区管理服务供给选择的情况下，在禀赋 $M_i = p_i x_i + p_f f_i$ 约束条件下，选择自己的最优战略（x_1, f_i）以最大化其效用函数 $U_i = U_i(x_i, F)$。P_x 为私人物品的价格，P_f 为公共物品的价格，M_i 为个人总预算收入（假设全部收入来自灌溉农业）。

在此假定 $\partial U / \partial X_i > 0$，$\partial U / \partial F > 0$ 且私人物品和公共物品的边际替代率是递减的，则农户效用最大化的拉格朗日算式为：$L = U_i(X_i, F) + \lambda(M_i - p_i x_i - p_f f_i)$ 农户 i 效用最大化的一阶条件为：$\dfrac{\partial L}{\partial f_i} = 0, \dfrac{\partial L}{\partial x_i} = 0$

即：
$$\begin{cases} \dfrac{\partial L}{\partial f_i} = 0 \\ \dfrac{\partial L}{\partial x_i} = 0 \end{cases}$$

从而 $\dfrac{\partial U_i / \partial F}{\partial U_i / \partial x_i} \dfrac{\partial F}{\partial f_i} = \dfrac{P_f}{P_x}$ ($i = 1, 2, \cdots\cdots n$) 这是消费者理论中所熟悉的均衡条件。如果其他人的选择给定，每个农户选择购买公共物品就如同私人物品一样。N 个均衡条件决定了公共物品自愿供给的纳什均衡为：$f^* = (f_1^*, f_2^*, \cdots\cdots f_i^*, \cdots\cdots f_n^*)$

假定农户有如下柯布—道格拉斯效用函数：$U_i = X_i^\alpha F^\beta$, ($0 < \alpha < 1$, $\alpha + \beta \leqslant 1$)，而且有线性公共物品函数 $F = \sum_{i=1}^n \gamma_i f_i$，$\alpha$ 和 β 分别为私人物品和公共物品消费量变化所引起的农户效用变化的比率，代表了私人物品和公共物品消费对于农户的重要性。从而，个人最优化均衡条件简化为：

$$\frac{\beta X_i^\alpha F^{\beta-1}}{\alpha X_i^{\alpha-1} F^\beta} \gamma_i = \frac{P_f}{P_x}$$

代入预算约束条件，并整理得反应函数为：

$$f_i^* = \frac{\beta}{\alpha + \beta} \frac{M_i}{P_f} - \frac{\alpha}{\alpha + \beta} \frac{1}{\gamma_i} \sum_{j \neq i} \gamma_i f_i, (i = 1, 2, \cdots\cdots n)$$

个人最优反应函数意味着，一个人相信其他人提供的公共物品越多，他自己的供给就越少。理性的个体行为会导致公共资源的过度利用和公共物品的低度私人自愿供给。

1. 相同收入水平和相同地理位置条件下的农户合作行为

假设社区内农户具有相同收入水平和相同地理位置，即 $M_1=M_2=\cdots\cdots$，$=M_n$，$\gamma_i=\gamma$。均衡情况下所有居民提供相同的公共物品，农户公共物品供给的纳什均衡为：$f_i^* = \dfrac{\beta}{\alpha n + \beta}\dfrac{M}{P_f}(i=1,2,\cdots\cdots n)$

由于 $\dfrac{\partial f_i^*}{\partial n} = -\dfrac{\alpha\beta}{(\alpha n + \beta)^2}\dfrac{M}{P_f} < 0$，个人纳什均衡的公共物品供给量随着灌区农户规模的增大而降低。在收入水平和地理位置相同的条件下，灌区内农户越多，灌区内农户搭便车行为相对容易，同时组织和管理成本随灌区规模的扩大而增大，从而放大了预期和不确定性的影响。农户期望自己少提供公共物品，别人多提供公共物品，在不承担更多成本的条件下，享受更多的灌溉服务。

2. 收入相同、地理位置不同的农户合作行为

收入相同、地理位置不同时，$M_1=M_2=\cdots\cdots$，$=M_n$，$\gamma_i\neq\gamma$ 农户处于不同的地理位置。由于农户灌区管理供给纳什均衡

$$f_i^* = \frac{\beta}{\alpha+\beta}\frac{M}{P_f} - \frac{\beta}{\alpha+\beta}\frac{1}{\gamma_i}\sum_{j\neq i}\gamma_i f_i, (i=1,2,\cdots\cdots n)$$

在给定其他农户灌区管理努力的前提下，农户 i 的灌区维护贡献随 γ_i 的增长而降低。亦即：在预期到其他农户合作行为的前提下，农户 i 只愿意贡献出其"相应的量"，而不是更多。由于不同地理位置的水使用者的贡献差异，上游、中游和下游水使用者愿意提供的公共物品量是逐渐降低的。在能够获得相同灌溉收入的前提下，上游水使用者可以相对容易地获得足够的灌溉水，所以上游农户不愿意提供更多的灌溉管理服务。

在收入水平和地理位置相同的条件下，灌区内农户越多，灌区内农户搭便车行为相对容易，农户期望自己少提供公共物品，别人多提供公共物品，在不承担更多成本的条件下，享受更多的灌溉服务。在收入水平相

同，地理位置不同的条件下，由于不同地理位置的水使用者的贡献差异，上游、中游和下游水使用者愿意提供的公共物品量是逐渐降低的。在能够获得相同灌溉收入的前提下，上游水使用者可以相对容易地获得足够的灌溉水，所以上游农户不愿意提供更多的灌溉管理服务。

6.5.3.4　节水灌溉设施技术创新激励的静态博弈分析

技术创新可以促进经济的发展和产业的结构升级，长期以来这是一个不争的事实。众所周知，市场经济是以分散决策为基础的，因此在这样的博弈结构中对创新做出解释是经济学必需的任务，这也就是技术创新的产业组织理论。就农业节水灌溉市场来说，我国目前大部分地区的节水灌溉设施陈旧、带病运行，但是供水企业中进行灌溉设施技术创新的有多少？

本部分用博弈论的方法从双寡头市场的角度探讨了供水企业在进行节水灌溉设施技术创新活动中的合作与不合作行为，分析了在这样的市场结构中节水灌溉设施技术创新的微观博弈机制。

1. 供水企业不合谋的情形下的博弈分析

假定市场上有两个实力相同的供水企业，两供水企业在竞争开始时提供的节水灌溉设施是没有差异的，提供灌溉服务的价格、市场占有率均相同，两供水企业沿着相同的路径进行节水灌溉设施技术创新，若同时成功，两供水企业同样平分市场。在上述假定下，有如下支付矩阵，详见表6-5。

表6-5　供水企业技术创新的博弈分析

供水企业 A	供水企业 B	
	不进行技术创新	进行技术创新
不进行技术创新	(s,s)	(m,n)
进行技术创新	(n,m)	(q,q)

当 A、B 都不进行节水灌溉设施技术创新时，由于实力相同，得益为 (s,s)，当某一供水企业进行技术创新而另一供水企业不进行技术创新时，进行技术创新企业的收益为 n，不进行技术创新企业的收益为 m，这时，

数量关系为：$n>s>m$，$q>m$。当双方都进行灌溉设施技术创新并获得成功时，双方收益为 q。在不合谋的情况下，给定供水企业 A "不进行技术创新"，则供水企业 B 的最优选择是 "进行技术创新"，给定供水企业 A "进行技术创新"，这时供水企业 B 的最优选择是 "进行技术创新"，反之，企业 B 的选择亦然。

因此，在不合谋的情况下，上述博弈的纳什均衡是（进行技术创新，进行技术创新）。但这样简单的分析建立在如下假定之下，即两企业能各自独立地同时进行技术创新成功。事实上，进行技术创新是一项非常不确定的活动，企业很可能不会同时进行技术创新成功。

给定上述假定，为了进一步分析不合谋情况下的进行技术创新问题，假定企业会增加在进行技术创新上的投入。让 t 表示不连续的时间段（$t=0$，1，…，T），并假定存在一个从时间 t 到随机量 $K(t)$ 的映射，$K(t)$ 表示到时间 t 积累的所有在进行技术创新上的投入。给定现有的知识状态，用 π_i（$i=1$，2）表示企业在另一企业没有率先成功的情况下分期获得的利润，用 π_0 表示另一企业率先成功的情况下未成功企业分期获得的利润。当贴现率为 k，贴现系数 $\delta=\dfrac{1}{1+r}$ 时，率先获得成功者利润的现值为 $\dfrac{\pi_i}{1+r}$。用 $\upsilon(K(t),t)$ 表示进行技术创新战略失败的概率，这一概率依赖于企业在进行技术创新上的投入，我们假定，当垄断企业能从资本市场或其他途径获得资金保证对进行技术创新的投入，则失败的概率会随着投入的增加而降低。反之，则失败的概率会升高。令 $C(K(t),t)$ 表示供水企业在进行技术创新活动中投资的成本，则抢先成功的期望利润的现值为：

$$(1-\upsilon(K(t),))\frac{\pi_i}{1+r}+\upsilon(K(t),t)\frac{\pi_0}{1+r}-C(K(t),t)=\pi_P(K(t),t)$$

事实上，一旦 $\pi_P(K(t),t)>\pi_0$，供水企业便会进行技术创新，因此，给定 $\pi_P(K(t),t)>\pi_0$（进行技术创新，进行技术创新）是纳什均衡，反之，$\pi_P(K(t),t)<\pi_0$（不进行技术创新，不进行技术创新）是纳什均衡。

2. 供水企业合谋情形下的博弈分析

仍然使用前文的假定，考虑上述的博弈矩阵，若 $q<s$，则供水企业完全有动力合谋，在合谋的情形下，双寡头可以永远不进行技术创新，因为，从纯粹理论分析而言，这种战略选择比两位同时选择进行技术创新时收益增加（$s-q$）。但合谋均衡可能是不稳定的，也就是说，当任意供水企业选择"进行技术创新"，而另一企业选择"不进行技术创新"，进行技术创新的供水企业将赢得比合谋时更多的利益（$n>s$）。这时，在静态博弈的框架下，两供水企业将随机化自己的策略，即任一供水企业选择进行技术创新与不进行技术创新的概率分布是使得另一供水企业选择进行技术创新与不进行技术创新的收益是一样的。设某一供水企业遵守合同（即选择不进行技术创新）的概率为 p，突破合同的概率为 $1-p$，此时，另一供水企业的遵守合同的期望收益为：$p_s+(1-p)m$，反之，另一供水企业突破合同时的期望收益为：$p_n+(1-p)q$。令上述两式相等，可解出 $p=\dfrac{q-m}{s-n+q-m}$，也即供水企业将以 $p=\dfrac{q-m}{s-n+q-m}$ 的概率选择遵守合同，以 $1-\dfrac{q-m}{s-n+q-m}=\dfrac{s-n}{s-n+q-m}$ 的概率选择突破合同。

3. 双寡头垄断的纳什均衡

考虑如下博弈（括号内的数字表示市场份额）：在博弈开始时，两供水企业平分市场，若某一企业率先进行技术创新，另一企业将失去所有的市场份额。若进行技术创新期限大致相同，则两企业仍将平分秋色。在这样的形势下，考虑到进行技术创新的成本，企业仍有可能合谋，但由于进行技术创新战略（给定对手不进行技术创新）带来的收益实在太大，任何一个企业都不会冒着被挤出市场的危险与对手进行实质意义上的合谋，此时，竞争将达到白热化，即：不进行技术创新，就要被淘汰。所以两企业都将尽最大努力进行节水灌溉设施技术创新（进行技术创新，进行技术创新）是纳什均衡。市场实际上就是一种激励人们更多地占有资源的制度，对于市场中的供水企业来讲，如果进行技术创新的利润大于不进行技术创新的利润，节水灌溉设施技术创新便会发生，反之，若不进行技术创新的利润更大，则不进行技术创新便是均衡结果。

表 6-6　双寡头垄断的纳什均衡

供水企业 A	供水企业 B	
	不进行技术创新	进行技术创新
不进行技术创新	（0.5，0.5）	（0，1）
进行技术创新	（1，0）	（0.5，0.5）

6.6　小结

　　农业灌溉是一项具有公益性、社会性和综合性等特点的涉及国家、地方、部门、企业、个人之间利益全面调整的综合系统工程，不同的利益主体具有不同的行为选择及其影响因素，探究不同的行为主体的活动及其影响因素对于提高农业灌溉效率具有重要意义。与此同时，不同的利益主体之间的行为也存在相互影响和相互制约，因此农业灌溉也是一个涉及政府、供水单位、农户等多个利益主体的复杂多重博弈过程，本节重点探讨了农业灌溉中的水价与灌溉模式选择博弈、水资源配置博弈、农户合作行为的博弈、节水灌溉技术创新博弈模型。在市场经济环境中，作为每一个理性主体会尽可能追求利益最大化，不同的利益相关者有着不同的博弈利益诉求。因此，在农业灌溉实践中，正确认识不同利益相关者的诉求和博弈关系，并在工作中兼顾不同利益主体的利益需求，同时在不同利益主体之间建立合理的利益协调、分配和补偿机制，以达到不同利益者间的共赢多赢，这对于提高农业灌溉效率和促进农业灌溉可持续发展具有重要意义。

参考文献

［1］丁平：《我国农业灌溉用水管理体制研究》，博士学位论文，华中农业大学经济管理学院，2006 年。

［2］高雪梅：《中国农业节水灌溉现状、发展趋势及存在问题》，《天津农业科学》2012 年第 1 期。

［3］韩清，袁学国：《参与式灌溉管理对农户用水行为的影响》，《中国人口、资源与环境》2011 年第 4 期。

［4］黄红光：《灌溉农业发展的制度性推进机制研究——以水利产权和灌溉组织制度为例》，博士学位论文，山东农业大学经济管理学院，2012 年。

［5］黄玉祥，韩文霆，周龙，刘文帅，刘军第：《农户节水灌溉技术认知及其影响因素分析》，《农业工程学报》2012 年第 18 期。

［6］刘军弟，霍学喜，黄玉祥，韩文霆：《基于农户受偿意愿的节水灌溉补贴标准研究》，《农业技术经济》2012 年第 11 期。

［7］（美）罗伯特·吉本斯：《博弈论基础》，北京：中国社会科学出版社，1999 年。

［8］牛坤玉：《农业灌溉水价对农户用水量影响的经济分析》，《中国人口、资源与环境》2010 年第 9 期。

［9］王海平：《财政补贴农业灌溉水费实践》，《水机建设与实践》2014 年第 6 期。

［10］徐飘：《农业灌溉水价确定及其对农户用水行为的影响分析》，硕士学位论文，西北农林科技大学，2014 年。

［11］姚国庆：《博弈论》，天津：南开大学出版社，2003 年。

［12］张刘东：《石羊河流域灌区水资源管理与决策模型研究》，博士学位论文，中国农业大学，2015 年。

［13］张维迎：《博弈论与信息经济学》，上海：上海人民出版社，1996 年。

［14］张渝：《农业灌溉投资与灌溉用水的替代弹性分析》，《财经论丛》2009 年第 5 期。

［15］周利平：《农户参与用水协会行为、绩效与满意度研究——以江西省为例》，博士学位论文，南昌大学管理科学与工程系，2014 年。

［16］Nash J F.Non-cooperative Games，Annals of Mathematics，Vol.54，No.2，1951，pp.286～295.

［17］Nir Becker，K.William.Easter Conflict and Cooperation in Managing International Water Resources Such as the GreatLakes，land Economics，Vol.75，No.2，1999，pp.233～245.

［18］RP Lejano，C A Davos.Cooperative Solutions for Sustainable Resource Management, Environmental Management，Vol.24，No.2，2000，pp.167～175.

第7章 灌溉活动的效益分析

7.1 灌溉效益概念与测算方法

7.1.1 我国农业灌溉起源及发展

中国是一个农业大国，人口多、耕地少、水资源紧缺、水旱灾害频繁，在这样的自然条件下解决如此众多人口的粮食生计问题成为了重中之重。2004 年起至今，中央一号文件已连续 13 年聚焦"三农问题"。2014年中央一号文件提出，深化水利工程管理体制改革，加快落实灌排工程运行，维护经费财政补助政策。开展农田水利设施产权制度改革和创新运行管护机制试点，落实小型水利工程管护主体、责任和经费。通过以奖代补、先建后补等方式，探索农田水利基本建设新机制。深入推进农业水价综合改革。加大各级政府水利建设投入，落实和完善土地出让收益计提农田水利资金政策，提高水资源费征收标准、加大征收力度。完善大中型水利工程建设征地补偿政策。谋划建设一批关系国计民生的重大水利工程，加强水源工程建设和雨洪水资源化利用，启动实施全国抗旱规划，提高农业抗御水旱灾害能力。实施全国高标准农田建设总体规划，加大投入力度，规范建设标准，探索监管维护机制。2015 年中央一号文件进一步提出创新投融资机制，加大资金投入，集中力量加快建设一批重大引调水工程、重点水源工程、江河湖泊治理骨干工程，节水供水重大水利工程建设的征地补偿、耕地占补平衡实行与铁路等国家重大基础设施项目同等政策。加快大中型灌区续建配套与节水改造，加快推进现代灌区建设，加强小型农田水利基础设施建设。

在中国，农业一直被认为是国民经济的基础。马克思曾说："农业对于其他一切劳动部门之变为独立劳动部门，从而对于这些部门中创造的剩余价值来说，也是自然基础……超过劳动者个人需要的农业劳动生产率，是一切社会的基础。"在中国，农业在国民经济发展中处于举足轻重的地位，这主要表现在以下五个方面：（1）农业为工业和国民经济其他部门提供粮食等基本生活资料，是维持劳动力再生产的首要条件。（2）农业为工业提供原料。农产品是轻工业的重要原料，同时，重工业也需要一部分农产品作为生产资料。（3）农业是发展工业和其他事业所需劳动力的重要来源。工业和国民经济各部门发展所需的劳动力，除了依靠劳动力的自然增长，挖掘部门内部潜力外，还必须依靠农业劳动生产率提高所腾出的剩余劳动力。（4）农业是建设资金积累的重要来源。社会主义的建设资金主要通过内部积累，其中一部分是由农业直接或间接提供的。（5）农业是工业品的重要市场。国家积极开展对外经济活动，扩大国外市场，但立足于国内市场。农村是中国最大的市场。当然，随着经济的发展，农业在国民经济中的作用会发生变化。如随着科学技术和工业的发展，一部分作为工业原料的农产品可以被工业品所代替；农业劳动生产率大大提高以后，农村人口在人口中所占比重会大幅度降低，农村在提供市场和劳动力方面的作用也会改变。但农业在国民经济中的基础地位不会改变。

中国位于亚洲季风气候区，降水时空分布极不均匀，水旱灾害频繁。在历史上，中国的农业生产和中华文化的发展与灌溉的发展息息相关。中国有着悠久的灌溉历史，可追溯到 4000 年前。著名的都江堰工程建于 2250 年以前，至今仍灌溉着 500 多万亩的水稻。中国另一条古老的渠道——灵渠建于秦朝（前 219），它不仅用于灌溉，还将中原的文化传播到南方，并促进了南方地区的经济发展。

　　水是一切生命过程中不可替代的基本要素，也是维系国民经济和社会发展的重要基础资源。节约用水，既是关系人口、资源、环境可持续发展的长远战略，也是当前经济和社会发展的一项紧迫任务。习近平总书记指出"水是人类生存的生命线，也是农业和整个经济建设的生命线。我们必须高度重视水的问题。人无远虑，必有近忧，要坚持不懈地搞好节约用水和防治水资源污染的工作，努力开创我国治水事业新局面"。大力发展节水灌溉，提高水资源的利用率。中央和国务院其他领导同志也都反复强调了节水灌溉的重要性。党的全会要求把发展节水农业和推广节水灌溉作为一项革命性的措施来抓，这是由我国水资源短缺和农业严重干旱缺水的基本国情所决定的。我国是世界上 13 个贫水国之一，人均水资源占有量 2300m³，只有世界人均水平的 25%；每公顷平均水资源占有量 27 000m³ 时，只有世界每公顷平均水平的 2/3。由于有限的水资源在时空上分布很不均匀，南多北少，东多西少；夏秋多，冬春少，占国土面积 50% 以上的华北、西北、东北地区的水资源量仅占全国总量的 20% 左右。农业的季节性、区域性干旱缺水问题十分突出。由于缺水，农业产量低而不稳。北方地区地表水资源不足导致地下水超采，全国区域性地下水降落漏斗面积已达 8.2 万 km²。按现状用水量统计，全国中等干旱年缺水 358 亿 m³。其中农业灌溉缺水 300 亿 m³。近年来，北方河流断流的问题日益突出，黄河断流的时间及河段愈来愈长。而且，缺水已从北方蔓延到南方的许多地区，水资源的短缺已成为制约国民经济和社会发展的瓶颈。农业灌溉是用水大户，其用水量占全国总用水量的 70%，由于灌溉方式落后，输水渠道大部分是土渠，加上工程老化失修和配套不全，农业灌溉水的利用率只有 40%，仅为发达国家的一半左右；单方水的粮食生产能力只有 0.85kg 左右，远低于 2kg 以上的世界发达国家水平，水的浪费十分严重。解决水资源短缺问题的出路是发展节水农业，在全国范围内推广节水灌溉。节水灌溉，就是要改变千百年来人们浇地的传统习惯，把浇地变为浇作物，按作物的最佳需水要求进行灌溉，用较少的水取得较高的产出效益。它是解放和发展农业生产力的重要措施，是节约农业用水，缓解我国水资源不足的有效途径，是转变农业增长方式，使传统农业向高产、优质、高效农业转变的重大战略举措，也是对传统农业灌溉方式的一场革命。因此，我们要从实施科教兴农和可持续发展两大战略，实现经济体制和经济增长方式两个根本性转变和人口、资源、环境可持续发展的战略高度来认识发展节水农业和推广节水灌溉技术的重要性、必要性和紧迫性，认真贯彻落实党中央、国务院指示精神，加大力度，开创节水灌溉工作的新局面。

中国的灌溉事业始终随着社会经济的发展而得到发展。在不同时期，灌溉发展的重点不同。灌溉工程不仅仅用于灌溉，也用于传播文化。灌溉具有多重作用，如提高作物产量、保障粮食安全、向农村提供饮用水、增加农民收入和解决农村脱贫、创造就业机会以及改善环境等等。

但是，随着社会经济的快速发展，中国面临着水资源短缺和环境恶化等问题，中国的灌溉发展面临着挑战。尽管灌溉用水在总供水量中的比重在减少，但灌溉仍是中国的第一用水大户。由于中国的灌溉水利用率较低，所以灌溉的节水潜力很大。为了保证灌溉农业的可持续发展，在"九五"期间中国在 300 个县开展了节水措施的示范与推广，推广的节水措施包括现代灌水技术、农艺措施和管理措施。中国在节水灌溉、增加作物产量和农业种植结构调整方面取得了很大成就。灌溉已为并将继续为中国的社会和经济发展发挥重要的作用。灌溉即为土地补充作物所需水分的技术措施，为了能够保证作物在既定条件下的正常生长，并且获取高产，我们必须给予作物充足的水分。而在自然条件下由于地理位置、环境、气候等多种不确定因素，往往不能满足作物对水分的需要。此时，就需要人工介入，进行灌溉，以弥补由于自然条件的差异导致的作物缺水的状况。因此，由于各种各样的特殊的气候、地理等自然条件以及社会条件决定了中国农业必须走灌溉农业因的发展道路。

我国是世界上从事农业、兴修水利最早的国家，早在 5000 年前的大禹时代就有"尽力乎沟洫"、"陂障九泽、丰殖九薮"等农田水利的内容，在夏商时期就有在井田中布置沟渠进行灌溉排水的设施，西周时在黄河中游的关中地区已经有较多的小型灌溉工程，如《诗经·小雅·白华》中就记载有"滮池北流，浸彼稻田"，意思是引渭河支流滮水灌溉稻田。春秋战国时期是我国由奴隶社会进入封建社会的变革时期，由于生产力的提高，大量土地得到开垦，灌溉排水相应地有了较大发展。著名的如魏国西门豹在邺郡（现河北省临漳）修引漳十二渠灌溉农田和改良盐碱地，楚国在今安徽寿县兴建蓄水灌溉工程芍陂，秦国蜀郡守李冰主持修建都江堰使成都平原成为"沃野千里，水旱从人"的"天府之国"。

秦汉时期是我国第一个全国统一国力强盛时期，也是灌溉排水工程第一次大发展时期。特别是西汉前期的水利建设大大促进了当时社会经济的发展。郑国渠（前 246）是秦始皇统一六国前兴建的灌溉工程，当时号称灌田 4 万顷，使关中地区成为我国最早的基本经济区，于是"秦以富强，卒并诸侯"。汉武帝时，引渭水开了漕运和灌溉两用的漕渠，以后又建了引北洛河的龙首渠，引泾水的白渠及引渭灌溉的成国渠。汉代除在统治的腹心地区渭河和汾河谷地修建灌溉工程外，还为了巩固边防、屯兵垦殖，在西北边疆河西走廊和黄河河套地区也修建了一些大型渠道引水工程。

我国第二个灌溉排水工程发展时期是隋唐至北宋时期。唐朝初年，定都长安，曾大力发展关中灌溉排水工程，安史之乱后，人口大量南迁，江浙一带农田水利工程得到迅速发展，沿江滨湖修建了大量圩垸，排水垦荒种植水稻，塘堰灌溉更为普遍。同时提水工具也得到改进和推广，扩大了农田灌溉面积。到晚唐时期，太湖地区的赋税收入已超过黄河流域，成为新的基本经济区。到北宋时期，长江流域人口占全国人口的比重已从西汉时的不足 20%上升到 40%多。宋神宗支持王安石变法，颁布了《农田利害条约》（又名《农田水利约束》），这是第一个由中央政府正式颁布的农田水利法令，同时还设立全国各路主管农田水利的宫史，使农田水利建设得到进一步发展。南宋王朝偏安江南后，又进一步推动江南水利的发展，不仅苏浙一带水利得到长足发展，而且东南沿海及珠江三角洲水利建设也开始有所发展。

明清两代是我国历史上第三个灌溉排水工程发展时期。这一时期全国人口数量有了较大增长，从元代的 5000 多万人，发展到明代的 9000 万人，到清代康熙年间人口超过了 1 亿，到清代末年已达到 4 亿人，全国人口在 500 多年间增长了 7 倍多。人口的增长，耕地面积和亩产必须相应地扩大和增长，所以，也促进了水利的大发展。明、清时期长江中下游的水利已得到广泛开发，仅在洞庭湖区的筑堤围垦，明代就有 200 处，清代达四五百处，所谓"湖广熟而天下足"，可见两湖地区已成为全国又一个基本经济区。与此同时，南方的珠江流域，北方的京津地区，西北和西南边疆地区灌溉事业都有了很大的发展；东北的松辽平原在清中叶开禁移民以后，灌溉排水工程也有所发展。

19 世纪中期以后，由于帝国主义的入侵，我国沦为半封建半殖民地社会，这一时期水利在局部地区虽有所发展，但是总的来说则是日趋衰落。19 世纪后期，由于西方近代科学技术传入中国，一批水利学者从国外学习归来，开办水利学校，传播先进科学技术。1914 年，我国第一所水利专科学校——河海工科专门学校在南京成立。1917 年以后，长江、黄河等流域相继设立水利机构，进行流域内水利发展的规划和工程设计工作。1930 年由李仪祉先生主持，开始用现代技术修建陕西省泾惠渠，以后又相继兴建了渭惠渠、洛惠渠等灌区。

经过历史上的几次大起大落，到 1949 年全国有灌溉面积 1600 万公顷（2.4 亿亩），约占当时耕地面积的 16.3%，人均占有灌溉面积 0.03 公顷（0.44 亩）。

中华人民共和国成立以来，我国进行了广泛持久的灌溉排水工程基本建设，取得了举世瞩目的巨大成就，为我国农业和国民经济的持续发展提供了不可替代的基础设施和物质保证。20 世纪 80 年代以来，灌溉水有效利用率和生产效率逐步提高。按实灌面积计算，从 1980 年全国平均每公顷农田灌溉用水 8745m³ 降到 1997 年 7800m³。同期每立方米灌溉水生产粮食从 0.6kg 左右提高到约 1kg。全国共建设万亩（667 公顷）以上灌区 5686 处，灌溉面积 2200 多万公顷，占全国农田灌溉面积的 43%。全国共有水库 84905 座，总库容 4571 亿立方米，其中除少数大型水库主要用于防洪和发电外，绝大部分水库都具有灌溉供水的功能。2002 年底，全国已发展节水灌溉面积 1860 多万公顷（2.8 亿亩），其中喷灌 247 多万公顷（3700 多万亩），微灌 30 多万公顷，低压管道输水灌溉 614 多万公顷（6200 多万亩），渠道防渗控制面积 756 多万公顷（11 350 多万亩）。非工程节水面积达到 1670 万公顷，其中 800 万公顷是采用控制灌水方法的水田。除涝达到 2027 万公顷，占需要治理的易涝面积的 83%。截至 2013 年底，我国的有效灌溉面积达到了 9.52 亿亩，其中节水灌溉工程的面积达到了 4.07 亿亩，约占有效灌溉面积的 43%。高效的节水灌溉面积达到了 2.14 亿亩，约占有效灌溉面积的 22%。为了确保农业用水、促进节水，我国将加大现代农田水利建设力度，到 2020 年使全国农田有效灌溉面积达到 10 亿亩，节水灌溉工程占有效灌溉面积的比例达到 60% 以上。

虽然我国灌排事业取得了很大的成就，但也面临着严重的挑战，水资源短缺已经成为中国社会经济可持续发展的主要制约因素。2014 年全国总用水量 6095 亿 m³。其中，生活用水占总用水量的 12.6%；工业用水占 22.2%；农业用水占 63.5%；生态环境补水（仅包括人为措施供给的城镇环境用水和部分河湖、湿地补水）占 1.7%。按水资源分区统计，南方用水总量 3314.7 亿 m³，占全国总用水量的 54.4%，其中生活用水、工业用水、农业用水、生态环境补水分别占全国同类用水的 66.2%、75.9%、45.0%、35.0%；北方用水总量 2780.2 亿 m³，占全国总用水量的 45.6%，其中生活用水、工业用水、农业用水、生态环境补水分别占全国同类用水的 33.8%、24.1%、55.0%、65.0%。虽然今后总供水量会有所增加，但随着工业和城市化的发展以及人民生活水平的提高，越来越多的水被用来满足工业和居民生活的需要，灌溉用水将更加紧张，农业灌溉缺水每年达

300 多亿立方米，但农业用水浪费严重。20 世纪 70 年代，全国农田受旱面积平均每年约 1100 万公顷，到 80 年代和 90 年代则分别达平均每年约 2000 万公顷和 2700 万公顷。近 5 年来，全国受旱面积平均每年达 3300 多万公顷。此外，我国水资源污染尚未得到有效控制。根据 2002 年的水质评价结果，在调查评价的 12.3 万公里河长中，四类水河长占 12.2%，五类或劣五类水河长仍占 23.1%。

全国洼涝、盐碱、渍害农田面积近 3300 多万公顷，这些低产农田经过 40 多年的开沟排水和综合治理，大部分都得到不同程度的改善。但随着农业发展对治理标准要求的提高，以及部分地区由于人类活动对自然环境的破坏，我们仍须进一步治理低产农田，完善灌溉方法，提高产量，变低产为高产。

在我国虽然节水灌溉历史悠久，但是对灌溉的科学研究却起步较晚，对于灌溉的经济学分析更是缺乏相应的理论支持。灌溉效益的研究是极其重要的，它可以为今后灌溉各阶段的评价提供了一系列评价指标体系及评价方法，指导灌溉农业建设。

7.1.2 灌溉效益概念

灌溉效益指有灌溉措施与无灌溉措施相比较，所能获得的经济效益、社会效益和环境效益的总称。由于存在旱年和涝年，各年可以供作物和农田耗用的有效降雨量不同，因此灌溉供水所产生的效益也不尽相同，并且随着今后的灌溉土地面积的不断扩大，管理水平的不断提高，农业技术水平的不断发展仍会发生变化。

我国在注重传统灌溉的同时，仍应注重现在高科技灌溉技术的发展。现代节水农业技术是传统的节水农业技术与生物、计算机模拟、电子信息、高分子材料等高新技术结合的产物。随着现代化规模经营农业的发展，由传统的地面灌溉技术向现代地面灌溉技术的转变是大势所趋。在采用高精度的土地平整技术基础上，采用水平畦田灌和波涌灌等先进的地面灌溉方法无疑是实现这一转变的重要标志之一。精细地面灌溉方法的应用可明显改进地面畦（沟）灌溉系统的性能，具有节水、增产的显著效益。随着计算机技术的发展，在采用地面灌溉实时反馈控制技术的基础上，利用数学模型对地面灌溉全过程进行分析已成为研究地面灌溉性能的重要手段。应用地面灌溉控制参数反求法可有效地克服田间土壤性能的空间变异性，获得最佳的灌水控制参数，有效地提高地面灌溉技术的评价精度和制定地面灌溉实施方案的准确性。

除地面灌溉技术外，发达国家十分重视对喷、微灌技术的研究和应用。微灌技术是所有田间灌水技术中能够做到对作物进行精量灌溉的高效方法之一。美国、以色列、澳大利亚等国家特别重视微灌系统的配套性、可靠性和先进性的研究，将计算机模拟技术、自控技术、先进的制造成模工艺技术相结合开发高水力性能的微灌系列新产品、微灌系统施肥装置和过滤器。喷头是影响喷灌技术灌水质量的关键设备，世界主要发达国家一直致力于喷头的改进及研究开发，其发展趋势是向多功能、节能、低庄等综合方向发展。如美国先后开发出不同摇臂形式、不向仰角及适用于不同目的的多功能喷头，具有防风、多功能利用、低压工作的显著特点。为减少来自农田输水系统的水量损失，许多国家已实现灌溉输水系统的管网化和施工手段上的机械化。近年来，国内外将高分子材料应用在渠道防渗方面，开发出高性能、低成本的新型土壤固化剂和固化土复合材料，研究具有防渗、抗冻胀性能的复合衬砌工程结构形式。如已在德国、美国应用的新型土工复合材料 GCLS 就具有防渗性能好、抗穿刺能力强的明显特点。此外，管道输水技术因成本低、节水明显、管理方便等特点，已作为许多国家开展灌区节水改造的必要措施，开展渠道和管网相结合的高效输水技术研究和大口径复合管材的研制是渠灌区发展输水灌溉中亟待解决的关键问题。

灌溉会产生很多的经济效益。首先进行灌溉可以直接提高农作物的产量和质量，由于土地作物的高产丰收，农民的当年收入会有显著提高。对于很多地区的农民来说，务农仍是其唯一的经济收入，可见作物的丰收对其则意味着收入的增加；其次，作物丰收还会带来相关产业的经济增长。当一地作物丰收，收割、加工、包装及作物的再利用，连带效应的产生会带来经济效益的大幅度增加，繁荣地区经济。

灌溉的社会效益主要有：它可以有效避免农林牧各业因旱减产或失收，导致城乡供应紧张甚至发生饥荒；并且农业的增产增收，能够有效农民生活水平，增加城市供应，有利于各业的发展，保持各部门的平衡稳定发展，是国家粮食安全的重要保障。

灌溉的环境效益主要有：增加灌溉地区的水分，改善小气候；其次它可以改善土壤水盐运动状况，淋洗盐碱，改良土壤环境；而且有利于林、草生长，增加地面植被覆盖率，保持水土，改善生态环境等。

灌溉效益通常表示为兴建了灌溉工程之后，由于水利灌溉的作用与未进行灌溉时相比较所增加的农副产品的产值。因此在具体应用中，主要计算因水利灌溉的作用而增加的农产品价值，不包括由于兴建灌溉工程后引起的其他变化而增加的效益。灌溉效益概念及计算的相关研究基本都以水利部相关规范为基础。

1985 年原水利电力部颁布了《水利经济计算规范》（SD139—85）（试行），在"效益计算"部分，将"灌溉工程的经济效益"定义为"有灌溉和无灌溉相比所增加的农、林、牧业产品〔包括主、副产品〕的产值"。该《规范》提出根据资料"单位灌溉面积的经济效益"可采用以下方法确定：

（1）按自然条件和农业技术措施基本相同的情况下，灌溉和不灌溉的试验或调查资料对比确定。

（2）如掌握的增产资料是包括水利灌溉和其他农业技术措施的综合效益时，应将总的毛效益进行合理分配，不应全作为水利灌溉措施的效益，对于我国东部半湿润、半干旱区实行补水灌溉，农业生产水平中等的地区，灌溉效益的分摊系数一般为 0.2～0.6，平均约 0.4 左右，丰、平水年和农业生产水平较高的地区取较低值，反之，取较高值。

（3）若（2）中的分摊系数不易确定，可将发展灌溉后，其他农业技术措施增加的生产费用〔包括种子、肥料、植保、管理等〕，考虑合理的报酬率后，从总毛效益中扣除，余下的部分作为水利灌溉措施的效益。

之后水利部结合水利建设项目特点和实践经验，对原规范进行修订，更名为《水利建设项目经济评价规范》。1994 年 3 月 9 日发布、1994 年 5 月 1 日实施的《水利建设项目经济评价规范》（SL72—94）"国民经济评价"部分使用"灌溉效益"，而不再是"灌溉工程的经济效益"，但基本内涵未变，都是货币化的效益。具体规定为"水利建设项目的灌溉效益应该按该项目向农、林、牧等提供灌溉用水可获得的效益计算，以多年平均效益、设计年效益和特大干旱年效益表示"，"灌溉节水设施的效益应按改节水设施可节省的水量，用于扩大灌溉面积或用于提供城镇用水等可获得的效益计算。灌溉工程作为农业项目中的一个部分时，应把灌溉与农业技术措施的效益结合起来，计算项目的综合效益。灌溉效益与治涝、治碱、治渍效益联系密切的，可结合起来计算项目的综合效益"。

7.1.3 灌溉效益计算方法

灌溉效益的计算学者研究诸多主要有以下几种方法：

（一）分摊系数法

按有、无对比灌溉和农业技术措施可获得的总增产值，乘以灌溉效益分摊系数计算。灌溉效益分摊系数是指农作物总增产效益中灌溉增产效益所占的比值。灌溉效益分摊系数是评价灌溉工程经济效益和进行灌溉工程投资决策的重要参数。灌溉效益分摊技术系数计算公式：

根据历史资料推算的年效益各不相同，历史资料出现的水文气象系列也难以确定其是否具有代表性，故采取丰、平、枯水年频率法计算灌区多年的平均灌溉效益。

1. 灌溉效益预测

灌溉效益预测是根据多年平均灌溉效益和灌溉效益增长率分析推求未来年份灌溉效益,计算公式如下:

$$b_t \text{预测} = b \text{平均}(1+f)t-1 \tag{7-1}$$

式中:b_t预测为预测第 t 年的灌溉效益,万元;

b 平均为多年平均灌溉效益,万元;

f 为灌溉效益增长率,t 表示计算年。

由于灌区各农作物搭配不同,加上各年的水文气候差别大,因此各年灌区的灌溉效益也往往不同,应逐年分别计算。第 t 年的灌溉效益计算如下:

$$b_t = s_i(y_i - y_{0i})A_i P_i \text{求和} \tag{7-2}$$

式中:b_t 为第 t 年灌溉效益,元;

s_i 为第 i 种产品的灌溉效益分摊系数;

y_i 为有灌溉情况下第 i 种产品的单位产量,kg/亩;

y_{0i} 为无灌溉情况下第 i 种产品的种植面积,亩;

A_i 为第 t 年第 i 种产品的种植面积,亩;

P_i 为第 i 种产品的单位价格,元/kg

2. 关于灌溉系数 s_i 的确定

(1)丰、平水年时,农作物增产对灌溉的依赖程度低,i 取低值,反之取高值。

(2)考虑农作物对灌溉的依赖程度,农作物增产对灌溉的依赖程度高,s_i 取大值,反之取小值。

(3)灌区受益时间长 s_i 取低值,这是考虑到经过一定时间的灌溉后,灌溉作用充分显示,而其他农业技术措施在迅速发展,灌溉效益分摊系数 s_i 呈下降趋势。灌溉效益问题是一个比较复杂的问题。

影响农业单产的因素除灌溉和农业技术措施外,还有其他许多因素,这与一个地区的环境和农作物的品种有关。即便对一个确定的地区和特定的农作物，灌溉效益与灌溉方式有关，并且随时间以及农业生产水平的变化而变化。干旱年份和丰水年份的灌溉效益是完全不同的。当采用试验数据时，为了使分析计算简单，可以针对不同的品种，采用不同的农业技术措施，不同的灌溉方式，不同的灌溉水量作详细的研究。采用历史统计数据时，由于数据的不规范性，详细的讨论比较困难，只适合做粗略的估计。

（二）影子水价法

按灌溉供水量乘以该地区的影子水价计算。

影子价格又称最优计划价格或效率价格，它是指有限资源在最优分配和合理利用的条件下，对社会目标的边际贡献或边际效益分析评价。把资源和价格联系起来是影子价格的主要特征，影子价格反映资源的边际生产力，它是衡量资源稀缺或富裕程度的尺子，在资源有限的情况下，影子价格是这种资源或产品增加或减少一个单位引起效益改变的量值。

完全自由竞争的市场，产品的市场价格就是它的影子价格，因而影子价格实际上也是供求价格。产品或资源极端缺乏，影子价格就很高，反之就很低，过剩资源影子价格为零。研究水的影子价格，对促进国民经济健康快速发展是有利的。就宏观经济而言，可以参照影子价格调整资源现行价格和资源分配，为制定最优国民经济计划服务。就微观经济而言，可以利用影子价格对短缺生产要素的增产效果进行比较，从而把有限资金投入到经济效益最大的项目中去。

影子定价又称"计算价格"、"影子价格"、"预测价格"、"最优价格"，是荷兰经济学家詹恩·丁伯根在 20 世纪 30 年代末首次提出来的，运用线性规划的数学方式计算的，反映社会资源获得最佳配置的一种价格。他认为影子价格是对"劳动、资本和为获得稀缺资源而进口商品的合理评价"。1954 年，他将影子价格定义为"在均衡价格的意义上表示生产要素或产品内在的或真正的价格"。

萨缪尔逊进一步作了发挥，认为影子价格是一种以数学形式表述的，反映资源在得到最佳使用时的价格。联合国把影子价格定义为"一种投入（比如资本、劳动力和外汇）的机会成本或它的供应量减少一个单位给整个经济带来的损失"。

苏联经济学家列·维·康特罗维奇根据当时苏联经济发展状况和商品合理计价的要求，提出了最优价格理论。其主要观点是以资源的有限性为出发点，以资源最佳配置作为价格形成的基础，即最优价格不取决于部门的平均消耗，而是由最劣等生产条件下的个别消耗（边际消耗）决定的。这种最优价格被美籍荷兰经济学家库普曼和原苏联经济学界视为影子价格。

列·维·康特罗维奇的最优价格与丁伯根的影子价格，其内容基本是相同的，都是运用线性规划把资源和价格联系起来。但由于各自所处的社会制度不同，出发点亦不同，因此二者又有差异：丁伯根的理论是以主观的边际效用价值论为基础的，而列·维·康特罗维奇的理论是同劳动价值论相联系的；前者的理论被人们看成一种经营管理方法，后者则作为一种价格形成理论；前者的理论主要用于自由经济中的分散决策，而后者的理论主要用于计划经济中的集中决策。

1. 一般的影子价格测算方法

常用的确定影子价格基本方法有市场均衡价格、总体均衡分析和局部均衡分析三种。前两种方法尽管有理论上的意义，但在水利工程经济评价中很难得到实际应用。局部均衡分析，也就是个别考察某一产品或资源的影子价格。要完全准确计算某种资源（产品）的影子价格，几乎是不可能的。但是当假定某种资源与其他大部分资源关系不密切，这样便可以个别考虑和分析某种资源的边际效益或边际费用，计算某种资源影子价格的近似值，这就是局部均衡分析法。常用的局部均衡分析法有：国际市场价格法、分解成本法、机会成本法、支付意愿法。"水"属非外贸货物，除特殊情况，不能长途运输，不能参加国际贸易，因此影子水价不能采用国际市场价格法计算。这样，对于没有研究水资源影子价格的地区，在国民经济评价和供水经济效益分析阶段，计算影子水价通常采用局部均衡分析法中的成本分解法、机会成本法、支付意愿法等三种方法，并可将其划分为两种情况：商品水作为生产的投入物，研究如何估算用水费用及其影子水价；对拟建供水工程，商品水作为供水工程产出物，研究如何估算其供水效益及其影子水价。

2. 水作为工业投入物影子水价的测算

水作为工矿企业投入物，在估算影子水价时应考虑社会为此付出的经济代价。可以认为供水工程（包括水源工程、输水工程、净水厂、配水管网等）的边际费用，就是商品水作为工矿企业投入物的影子价格。测定水作为投入物影子水价的方法较多，但最常用的还是成本分解法。所谓成本分解法，就是按照一定方法逐项分解，分别确定供水工程成本中主要因素的影子价格，然后用固定资产影子折算投资的年回收费用代替年折旧费，并用影子价格调整财务成本中的各项年运行费，最后，将供水财务成本调整为分解成本影子价格，除增供水量即为影子水价。

此法是选取供水系统内的典型供水项目作为该水系统的边际工程，测算其边际分解成本（费用），作为从该水系统取水时的影子价格。因此，选取该供水工程作为水系统的边际工程，以其分解成本（边际费用）作为向该水系统取水的影子价格。计算水作为工矿企业投入物的影子水价，还应加上从分水口到用户的输水、净水、配水等配套工程的边际分解成本。

3. 水作为供水工程产出物影子水价的测算

（1）替代（节水）年费用法。供水地区一般属水资源短缺、供需矛盾较大的急待开发地区。为进一步发展国民经济，从长远看，由外流域调水修建供水工程是解决缺水的根本途径；从近期看，如果不能立即修建供水工程，则必须内部挖潜，采用替代、节水措施。例如：充分利用附近地区小河流域资源、采用先进节水技术、提高工业用水重复利用率、污水净化再利用等。替代（节水）措施年费用，可以认为等于相应供水工程年效益。即：影子水价=替代（节水）措施年费用/增供水量。

（2）无供水工程边际缺水损失影响法。该法指以某地区缺水造成工矿企业停、减产的边际损失，作为供水项目产出物的间接估算值，即影子价格。

（3）供水工程分解成本与水的边际效益结合法。以供水工程计算的单方分解成本，作为供水工程向某地供水影子水价的下限值（如果供水达不到这个水价，该供水工程内部经济效益率就达不到社会折现率，该供水工程经济上就不成立）；以水在该供水工程供水区可能增加的边际效益作为影子水价的上限值（如果缺水地区兴建工矿企业，其投资达不到社会平均利润——社会折现率，该工厂也就不会建设），水的边际效益按缺水损失影响法近似计算。因此，供需双方接受价格应在两种方法测算的影子水价之间，可取二者的算术平均值作为影子水价。

（4）用水农户支付意愿法。支付意愿是指消费者能为某种产品支付的价格，用水户支付意愿法就是以此作为其影子价格的方法。在完善市场经济的条件下，没有其他更好方法时，可以采用此方法。世行和亚行推荐采用工业增产值的 2.5%作为供水经济效益，具体到各地区可参照此标准上下浮动。

一般情况下，上面所述水作为工矿企业投入物测算的影子水价，和水作为供水工程产出物测定的影子水价，二者是不等的，尤其是供求关系不平衡时，更是如此；只有水资源获得最优分配、合理利用、供求平衡时，两者影子水价才相等。

（三）缺水损失法

本办法主要按缺水使农业减产造成的损失计算。

农业受旱损失值常与旱期发生季节有密切关系，农作物有的生长阶段受旱对最终产量影响较小，而有的生长阶段缺水后会造成严重减产。这种对缺水特点敏感的时期，一般都发生在农作物的孕穗、开花或抽穗、灌浆期间。另外农作物播种时期干旱，也会造成田间大量缺苗、断垄，甚至无苗，造成绝产。从农作物需水量来看，有的生长阶段需水量较小，干旱或严重干旱均不易发生，而有的生长阶段，如播种、开花、孕穗等阶段，需水量较大。实际上，根据各地区降雨特点及农作物种植状况不同，干旱发生的季节是有一定规律可循的，如：有的地区以春旱为主；有的地区以夏旱或伏旱为主；也有的地区以春夏连旱、或夏秋连旱为主等等。由于目前已有的试验资料或调查资料还远不能作为农作物各生长阶段受旱后产量损失定量计算的依据，加之考虑到利用各地区统计资料进行农业受旱损失计算时，同年份，同一地区受旱季节和农作物大致相同，在产量或产值对比中，这些相同因子可以互相抵消，因此，在实际计算地区的农业受旱损失时，通常可以不再考虑到受旱年份干旱发生的季节问题。具体又有：

（1）对比法。这种方法是根据受旱年份实际农业产量或产值和该年的正常产量或产值进行对比分析计算，其公式为：

$$Q=Q_1-Q_2 \tag{7-3}$$

Q——地区受旱年份的农业损失，亿 kg 或亿元；

Q_1——农业正常产量或产值，亿 kg 或亿元；

Q_2——地区受旱当年实有的农业产量或产值，亿 kg 或亿元。

农业正常产值通常可采用下述方法求得：①由于农业产量年增长率较小，如果受旱年份的上一年未受灾，就以该年农业产量作为正常产量，并折算成产值。这个正常产量数值可从调查或统计资料中得到。②根据地区产量或产值的统计资料进行分析，确定系列年中农业产量或产值不受旱、涝、洪或虫等灾害影响的年份，并以这些年份的农业产量或产值作为依据，按时序联结成折线。受旱年份的农业正常产量或产值可从该折线图中查出，或用直线内插法求出。③根据地区农业产量或产值历年的统计资料，应用移动平滑法求出一次或二次农业产量或产值的移动平滑过程，并考虑该过程时间滞后因素，修正后，根据受旱年份发生时序，确定该年份的正常产量 Q。受旱年份的实际农业产量或产值，可根据调查或从统计资料中查出。

（2）灾情折算法。根据国家统计局规定，地区农业产量或产值减少在10%以下的，不算成灾；减少10%至30%（平均为20%）的为轻旱灾；减少30%至50%（平均40%）的为重旱灾；50%至80%（平均为65%）为极端旱灾。因此，可根据地区各种成灾面积调查值及成灾年份农业正常亩产量或亩产值，推求受旱年份的农业损失值，计算公式为：

$$Q=q（20\%A1+40\%A2+65\%A3）\tag{7-4}$$

Q——正常年份该地区平均亩产量或亩产值，$q=Q/A$，A 为地区耕地总面积；

$A1$，$A2$，$A3$——分别为该地区轻旱、重旱及极端干旱的耕地面积。

（3）减产系数法。按历年成灾面积，估算农业损失，并折合成粮食产值，其公式为：

$$Q= AaPp\tag{7-5}$$

a——成旱面积上农业产量比常年正常产量平均减产的百分数；

A——成灾面积，万亩；

P——粮食价格，元/kg。

原有的水利建设项目评价规范随着经济的发展和水利建设的进步出现了不合时宜的地方，因此水利部在2013年11月25日发布、2014年2月25日实施《水利建设项目经济评价规范》（SL72—2013），以代替 SL—94，该《规范》对于灌溉效益的定义及计算方式的规定与 SL—94 相比变动不大，但未保留结合灌溉效益与其他效益的部分，增加了有关灌溉的多年平均供水量的说明，具体为"灌溉的多年平均供水量应采用系列法计算，如系列短又缺乏代表性时，刻采用枯水年、平水年和丰水年等代表年加权平均计算，设计代表年供水量应采用与设计灌溉保证率相应的年份"。

对比以上三次发布的规范可以发现，与 1985 年发布的试行规范相比，1994 年以及 2013 年发布的规范都不再对灌溉效益的"分摊系数"给出具体值。最初多个灌区灌溉效益价值量进行了大量的试验研究和计算工作，但其计算结果表明，灌溉效益并不十分显著。计算价值量偏小，例如，计算灌溉效益的分摊系数都较低，在北方干旱地区，一般在 0.4～0.6，在南方种植水稻地区为 0.3～0.4 左右（1987，许志方等）。

灌溉效益分摊系数在灌溉效益计算中具有重要应用。现有研究大多使用分摊系数法计算"灌溉效益"，在"分摊系数"的计算方面众学者进行了诸多探索。

当灌区开发若干年以后，农业技术措施必然随着水利条件的改善而改变、提高（如增施肥料、加强田间管理、增加投工等），灌区农作物的产量会再一次明显地增长，显然这是水利和农业措施共同作用的结果。因此，这一时期的农作物增产效益必须在水利灌溉和农业技术之间进行分摊。灌溉效益分摊系数即指在整个农作物增产效益中水利灌溉应该分摊的成数。现有计算方法除了较常规的灌溉实验法、统计法（蔡守华，2008）外，还有利用作物水分生长函数计算灌溉效益分摊系数、利用以施肥量为参数的产量函数计算灌溉效益分摊系数、利用水肥耦合产量函数计算灌溉效益分摊系数、能值法计算效益分摊系数等等方法。

灌溉试验法通常安排四种处理：不灌溉、农业技术水平一般；灌溉、农业技术水平一般；不灌溉、农业技术水平较高；灌溉、农业技术水平较高。这四种处理最后获得的产量分别为 Y_1、Y_2、Y_3、Y_4，则灌溉系数为：

$$\varepsilon = \frac{(Y_2 - Y_1) + (Y_4 - Y_3)}{2(Y_4 - Y_4)} \tag{7-6}$$

灌溉试验法概念清晰，计算也不复杂，可以获得比较可靠的结果。其缺陷是试验成本较大，试验结果具有时效局限性。所谓时效局限性是指由灌溉试验法得出的灌溉效益分摊系数只是代表现状农业技术水平下的灌溉效益分摊系数。若又引进了新的作物品种或增施了肥料或改进了耕作方式等都会引起灌溉效益和农技效益的分摊比例的改变。

统计法是根据灌区开发前后农业生产水平和农业产量的统计资料分析灌溉效益分摊系数的一种方法。利用统计法时，需将灌区开发前后分为三个阶段。第一阶段指灌区开发之前，没有灌溉设施，农业技术也比较落后的阶段；第二阶段指灌区建成后的最初几年，灌溉已得到实施，农业技术水平虽有所提高，但不起主导作用，农业的增产主要由灌溉引起；第三阶段指第二阶段以后的年份，灌溉条件仍然基本保持第二阶段的水平，但农业技术开始有大幅度的提高，农业产量继续增加，这一阶段与第一阶段相比的总增产效益是灌溉和农业技术共同作用的结果。第二和第三阶段的农业产量分别为 Y_1、Y_2、Y_3，则灌溉系数为：

$$\varepsilon = \frac{Y_2 - Y_1}{Y_3 - Y_1} \tag{7-7}$$

式中 ε 是灌溉效益分摊系数，Y_2 是高水平灌溉条件及低水平技术条件下的作物产量，Y_1 是低水平灌溉条件及低水平农业条件下的作物产量，Y_3 是高水平灌溉条件及高水平农业技术条件下的作物产量。

由于农业的增产因素很多（如政策、自然条件、地理条件、科学技术及人为因素等），因此，不能简单地借用其他地区或同一地区不同水文年份的农作物产量来进行对比分析。而必须采用同一地区同一水文年份的农业产量进行比较分析才较为合理。但是，各年相同条件下的实际产量 y_0 只有一个，而 y_0 在什么条件下可视为 Y_1，什么条件下可视为 Y_2，以及各年相应的 Y_1、Y_2、Y_3 等三种不同水平、不同组合产量。

采用统计法需要具有可靠的农业产量统计资料，并且 3 个阶段农业产量增加有明显规律。统计法的缺点是忽视了第二阶段农业技术水平有所提高的增产作用，也忽视了第三阶段灌溉管理水平继续有所提高的增产作用，因而影响了计算的精度。统计法最大的问题是如何划分第二、第三阶段，即如何划分低农技水平时期和高农技水平时期。在已有的应用统计法的案例中，多数对这两个阶段的划分缺乏可靠依据，因而计算出来的灌溉效益分摊系数缺乏可信度。

在采用分摊系数法计算灌溉效益时，合理确定灌溉效益分摊系数是准确计算灌溉效益的关键，因此不少学者对灌溉效益分摊系数开展了理论或试验研究，取得了丰硕的成果。

　　根据淠史杭灌区灌溉试验总站的灌溉试验资料，研究总结了灌溉效益分摊系数与年降雨频率 P 关系曲线：

$$\varepsilon = 0.1243 \times 1.1087^P \qquad (7\text{-}8)$$

　　还得出了高农技水平下，灌溉效益分摊系数与灌水量关系曲线。设灌水量为 m，则灌溉效益分摊系数与灌溉水量关系曲线为：

$$\varepsilon = -0.1053 + 2.4267 \times 10^{-4} m \qquad (7\text{-}9)$$

　　在农业技术水平和水利条件较差的年份，农业产量与作物生长期的降水量呈正向关系。即无水源保证，靠有无下雨满足作物需水，雨水好及收成高，遇旱年雨水少就减产。

　　在农业技术尚未提高，而灌区条件改善后，农业产量与农作物生长期的降水量呈现负向相关关系。即在有灌溉水源保证、不靠天下雨的条件下，雨水越多，则阳光、日照相对减少，气温也偏低，所以产量也低；反之，若遇旱年，阳光充足，日照时间长，气温高，在有灌溉水源保证的前提条件下，农作物的产量也高。

　　y_0 会先随降雨频率减少而增加，后随降雨频率的增加而增加。在灌区开发后，一方面随着农业技术水平的提高，可以克服一般的多雨年份低温等不良气候及其他因素的影响而达到增产。另一方面，随着灌区工程的配套设施的逐步完善和灌、排条件的进一步改善，作物不仅可以抗御干旱年份的旱灾损失，而且可以充分利用较好的光照和气温条件，既能按照农作物蓄水规律适时灌排，又可以加强农业技术措施的改进，使农作物产量达到更高要求。这也充分说明了 Y_2 值是农业、水利均达到高水平时综合作用的结果。当然，由于各年的气候条件和其他因素都不绝对相同，呈现出有的年份农业技术措施的作用较为突出。

　　张红亚（1997）等提出一种根据灌溉保证率与农业增产的曲线来确定灌溉效益分摊系数的方法。首先根据灌溉试验资料，分别绘制出低农技水平下的灌溉保证率～农业增产曲线和高农技水平下的灌溉保证率～农业增产曲线。根据上述曲线,查得低农技水平且灌溉保证率为时的作物产量,低农技水平且灌溉保证率为 $P_2(P_2 > P_1)$ 时的作物产量,高农技水平且灌溉保证率为时的作物产量,则灌溉效益分摊系数为:

利用作物水分生长函数计算灌溉效益分摊系数。作物水分生产函数有许多不同形式,目前常用的是 Jensen 模型。利用水分生产函数可分别计算出有、无灌溉条件下的产量,两者之差即为灌溉增产量,灌溉增产量与总增产量之比即为灌溉效益分摊系数。

利用以施肥量为参数的产量函数计算灌溉效益分摊系数。朱星陶等(1998)拟合出小麦产量对播种量、施氮量、施磷量、施钾量的函数,代入调查得到的有灌溉低农技水平、有灌溉高农技水平下,小麦的播种量、施氮量、施磷量和施钾量,分别得出两种情形下的产量,以此计算分摊系数。应用本方法的前提条件是:在有、无灌溉条件下,除播种量和施肥量不同外,其他农业技术措施相同;产量函数应在有灌溉条件的试验得出。

利用水肥耦合产量函数计算灌溉效益分摊系数。孟兆江等(1998)拟合出冬小麦的产量对播种量、施氮量、施磷量、耗水量的函数,代入调查所得的无灌溉设施和有灌溉设施条件下的施磷量、施氮量和耗水量,得到无灌溉低肥、有灌溉低肥、无灌溉高肥、有灌溉高肥四种清醒下的产量,以此计算出分摊系数。使用此法的前提条件是:除了增加施肥外,其他农业技术措施无明显改进。

利用能值法计算效益分摊系数。罗乾等(2011)通过界定农作物生产系统范围边界、列出系统主要能量来源、确定系统内主要成分及能物流和货币流、以能值符号绘制能值图的过程,建立农作物生产系统能值分析表,将收集到的不同度量单位的生态流或经济流数据资料转换为能值单位(sej)统一衡量与分析,最后基于此能值分析表,汇总农作物生产系统的能值投入与产出,包括农业生产系统投入总能值、农作物能值等,并建立农作物生产系统投入产出表,然后计算农业灌溉效益分摊系数及灌溉效益。

时光宇（2001）等的研究表明灌溉效益分摊系数与降雨频率关系曲线具有重要的实用价值，既可用于计算某种水文年份的灌溉效益，也为计算多年平均灌溉效益创造了条件。然而该关系曲线只适用于当时某种农技水平，仍具有时效局限性。灌溉效益分摊系数随灌水量的加大而线性增加，该关系也只适用于某种灌水模式。采用控制灌溉或薄露灌溉等灌水方法时，灌水量较传统灌溉大幅减少，但灌溉效益并不降低，甚至有所增加。

7.1.4 本研究提出的灌溉效益计算方法

结合定义及相关研究，本研究将灌溉效益计算公式定义为：

$$R = \sum \tau_i *(Y_i - Y_{0i}) = \sum \tau_i *(y_i - y_{0i}) * A_i * P_i \qquad (7\text{-}10)$$

式（7-10）中：R 为所考察灌区的灌溉效益，τ_i 为该灌区第 i 种作物的灌溉效益分摊系数，Y_i 为该灌区第 i 种作物灌溉后的产值，Y_{0i} 为该灌区第 i 种作物灌溉前的产值，y_i 为灌溉后的第 i 种作物多年平均单产，y_{0i} 为灌溉前第 i 种作物的多年平均单产，A_i 为第 i 种作物灌溉面积，P_i 为第 i 种作物价格。

随着未来研究工作的深入，我们将用实际数据来考察验证此计算方法，这也是未来的工作之一。

7.2 灌溉效益综合评价

7.2.1 国外节水灌溉效益评价研究

国外关于节水农业综合效益的评价研究开展的不多，已有的研究主要是针对节水农业的经济效益和环境效益进行评价研究，研究的切入点主要集中于节水灌溉系统，通过分析节水灌溉系统的节水生产效益或者节水灌溉工程的经济效益来评价节水灌溉农业的综合效益。美国农业部（US Dept of Agricultur，1969）推荐了几种节水灌溉系统评价的方法，即根据系统的灌水强度、灌水深度、系统的供水能力、灌水均匀度、水量损失、管网造价与能耗以及灌水可能对作物产生的损害等 7 个方面进行评价，通过对系统上述各项指标的计算，给出评价结果。《灌溉系统评价方法》书中设计了一组专用于对已建灌溉系统进行综合评价的程序。程序中各项指标（包括技术指标和综合指标）都是基于对灌区的综合调查所取得的资料。主要技术指标包括均匀度、地表可能产生的径流、超常压力损失等，主要综合指标包括灌区特点（包括土壤、作物等）、作物蒸发量、输水量、水质、动力费和水费，并通过调查资料估算年灌溉不足或相关资源消耗情况。其中许多指标都需要实测系统的运行结果，因此，它对于提高和改善系统运行管理水平较为有效而对于拟建工程的评价作用甚微。Jeffery R. Williams 等从成本效益分析的角度评估节水灌溉系统的成本问题。提高灌溉系统的操作者评估节水灌溉系统成本效益的能力，设计了 ICEASE 微观数学模型，可以用于评估不同的节水灌溉系统在各种操作状况下的灌溉成本和效益。ICEASE 通过一组指标来进行节水灌溉系统的成本最优化选择评估，主要包括 5 个方面，即灌溉系统的选择，系统动力的选择，水位变化或灌溉系统效率降低对成本变化的影响、采用不同质量的水资源进行灌溉的成本评价以及评估一定时期内（10 年）灌溉系统在确定的燃料价格浮动水平下每年成本运转问题。Manuel Martin Rodriguez 等在研究西班牙旱作区节水灌溉的经济效益中，提出了旱作农业区节水灌溉的经济效益评价的方法，其基本思路是通过比较分析自然条件相同的旱作农业区在没有采用节水灌溉与采用节水灌溉两种不同情况下的生产情况来估算节水农业的经济效益。针对这种评价思路，该研究提出来节水农业经济效益评价的数学模型，在这一评价模型中，传统旱作农业的相关数据以该地区从实行节水灌溉以前的历史数据为基础，并参照同时期与节水灌溉地区自然条件相同或者相近地区的生产数据（雷波，2004）。

7.2.2　国内节水灌溉的项目评价研究

（一）国内节水灌溉方式的优选评价研究

罗金耀（1998）提出节水灌溉工程综合评价的 42 条指标，运用数学模型求解即将实施的节水工程的可能度和满意度，并将可能度和满意度合并作合理度作为节水灌溉的项目前优选评价。侯召成（2000）根据大系统多目标决策理论构造了节水灌溉工程规划的数学模型，在实例分析中应用向量优化理论将多目标优化问题转化为单一目标优化问题，进而求解出不同投资水平下的优化方案。然后运用 AHP 法求其相对隶属度，对各方案进行综合评价。徐建新（2002）在他的研究中提出"经济因素—技术因素—环境因素—资源因素"四大方面 22 个三级指标的项目前评价体系，运用模糊数学和层次分析法对节水灌溉项目进行优化选择。张庆华（2002）提出了运用层次分析理论和方法，建立了综合考虑项目的国民经济评价、技术评价和社会评价以及内部收益率、净现值、效益费用比、投资回收期、灌水均匀度、灌水强度、灌溉水利用率、节水灌溉方式的安全性、可靠性、地形适应性、作物的适应性、施工难易程度等因素的节水灌溉方式选择的层次分析节水灌溉方式的优化选择的模型。门宝辉（2004）提出了用于节水灌溉方案选择的项目综合评价方法——多目标决策灰色关联投影法，选择项目的国民经济评价、技术评价和社会评价，以及内部收益率、净现值、效益费用比、投资回收期、灌水均匀度、灌水强度、灌溉水利用率、节水灌溉方式的安全性、可靠性、地形适应性、作物的适应性、施工难易程度等因素作为节水灌溉方案选择的多目标决策灰色关联投影模型的指标。张志川（2004）以工程模糊集理论和熵—信息理论不同，将其归纳为 7 大类：政策类指标、技术类指标、经济类指标、财务类指标、资源类指标以及环境与社会类指标，构建了节水灌溉工程系统模糊综合评价的熵权数学模型。

（二）国内节水灌溉的项目后评价研究：

邓金玲（2002）在研究中引入模糊数学—灰度系统理论，并在改进后的参差分析法的基础上，融入灰色关联度的计算，得出了"社会经济影响—环境影响—社会环境影响—资源影响"为二级指标的项目后综合评价体系。李金山（2003）给出了节水灌溉技术体系的指标体系：效益指标—需水指标—工程指标，并提出了农业节水灌溉的发展模式是分区灌溉。付强（2003）针对节水灌溉项目投资决策问题，采用高维降维技术——投影寻踪分类模型（PPC），利用基于实数编码的加速遗传算法（RAGA）优化其投影方向，将多维数据指标（样本评价指标）转换到低维子空间，根据投影函数值的大小评价出样本的优劣，从而做出决策，最大限度避免了模糊综合评判中权重矩阵取值的人为干扰，取得了较为满意的效果，为节水灌溉项目投资决策及其他评判决策问题提供一条新的方法与思路。她选择了缺水程度，自筹投资，节水率，经济效益，节水措施，建设积极性，社会效益，施工难易，作物，示范作用，内部收益率，工程寿命，益本比，每公顷投资，投资偿还年限。邓丽等（2004）提出项目后评价的一般方法是：调查搜集资料法、对比法、逻辑框架法、成功度法、综合评价法、预测法等，主要适用的方法是调查搜集资料法、对比法和成功度法。王树鹏（2012）提出节水灌溉是调整农业产业结构，实现水土资源合理利用，改善生态环境，促进经济发展和增产增收的重要举措。本文通过对南阳市节水灌溉示范项目设计，采用多种节水灌溉方式，以点带面，发挥示范作用，从而推进节水事业的发展，实现水资源的可持续开发利用。

（三）国内节水灌溉的综合效益评价

随着资源与环境的矛盾愈来愈突出，人们逐渐认识到只对工程进行技术和经济的评价已不能反映工程的真实效益，还必须综合考虑各方面的因素对工程进行综合评价。制定节水灌溉的评价指标体系时，除了采用传统的技术、经济评价指标以外，还应考虑社会、经济、环境、资源、政策等方面的指标，这些指标虽然大多是定性指标，但经过处理后再和传统的经济、技术指标进行平衡和协调，通常就能客观地反映节水灌溉的综合影响。节水灌溉评价研究进展对节水灌溉工程的综合评价从评价尺度上经历了从大到小、然后又从小到大的过程，从评价方法上则经历了由定性到定量的过程，从评价结果上则经历了从单独评价到综合评价的过程（王景雷，2002）。

许志方（2001）提出以工程经济效益、工程增产效益、水资源利用、工程及设备利用、水费及综合经营管理、工程投资与回收年限等作为评价水利工程技术、经济的主要指标，并考虑了管理的不确定性，但未考虑社会和环境效益；黄修桥、李英能等提出以灌溉用水量、灌溉水利用系数、工程技术指标和效益为主的评价体系，并指出节水灌溉的效益不仅体现在节水、节能、节地、增产、省工外，还体现在转移效益、环境效益和替代效益等方面，实际上灌溉用水量和灌溉水利用系数间接地反映了技术、经济和管理水平，而效益评价则包含了环境效益和社会效益。康绍忠、蔡焕杰等（1996）提出以技术标准、经济标准、社会标准和环境标准来综合评估农业水管理的效益，以求真实反映灌排系统的运行状况、农田水分管理状况、作物增产和增益状况、农业水资源的综合利用状况和农田生态环境的运转状况。这一时期的评价尺度为大尺度，评价方法大多为定性方法。王成刚（2015）整合分析山丘陵区大田作物不同节水灌溉方式的工程技术实施和运行过程中各影响因素，提出一套综合"经济—技术—社会"的相对完善的评价指标体系。以层次分析法理论为指导结合专家评分法确定指标权重，构建系统评价数学模型，对不同灌溉方式的综合效益进行客观的定量评价。通过对管道灌溉、膜下滴灌、半固定式喷灌、时针式喷灌等不同灌溉方式的分析评价，结合浅山丘陵区大田作物生产实际情况，分析了在目前的经济、技术水平条件下各种灌溉方式的优缺点，确定了半固定式喷灌是最适合岭东南地区的节水灌溉方式。

节水灌溉的评价研究从定性转向定量、从规范性研究转向实证性研究。候维东、徐念格等提出包括财务评价、经济评价和社会评价的指标体系，利用改进的层次分析法和灰色关联法对山东省低压管道输水灌溉工程（世行贷款项目工程）的综合效益进行了评价。这类研究只针对某一具体的节水灌溉形式，考虑的影响因素相对较少，因此考虑的问题更具体，评价指标更加细化，综合应用各种评价方法，如综合运用软系统方法（SSM）、综合集成法（SW）、定性中的广义归纳法和系统工程（SE）的知识来确定指标体系，用特尔菲法、专家估测法、层次分析法、K J 法、落影函数法、灰色系统对定性指标的量化，评价结果为充分考虑多效益综合量值。

7.2.3　灌溉综合效益评价发展趋势

（一）完善的基础数据平台

完善可供直接利用的基础数据。目前缺乏数据共享机制，无法满足节水灌溉规划与评价的要求，无法对节水灌溉工程建设提供可靠及有效支撑。

目前我国节水灌溉效益评价基本上还处于学术探讨阶段，评价框架建立的随意性和偏重性较强。国外评价模型在国内的应用，本身需要从中国实际出发，结合自身特点加以改进与完善。特别是近年来随着节水灌溉发展中出现的新的问题，需要对引进的评价方法与模型加以实用化、本土化，借鉴国外研究综合效益评价指标体系的经验，强调经济发展、社会进步、环境改善，突出人水协调、注重水资源合理利用等符合中国国情的基本观点的基础上，提出适合我国城市绿地节水灌溉的指标体系。

（二）建立符合不同评价对象和尺度的指标体系

抓住评价对象本身所独具的特点是评价此类对象的关键点。区分评价对象尺度大小，避免笼统地进行评价：混杂大小指标，缺少系统性与针对性等问题。

（三）修订与完善现有节水灌溉技术标准

自 20 世纪 80 年代以来出台了一批与节水灌溉有关的标准和规范，但由于理论研究尚未成熟，随后又出现了许多新的节水技术与方法，必须及时修订和完善现有的评价标准。

（四）定性指标定量化研究

指标是难以用数据直接度量的，在对这些指标的评价过程中必须涉及到如何将定性指标定量化研究的问题。因此，传统的统计方法在进行多目标综合评价研究中固然具有其合理性和先进性，但具体在城市绿地节水灌溉综合效益评价研究中却仍然具有诸多局限性。为了节水评价方法的问题，在以后的研究中，除了继续借鉴现有的评价方法之外，更主要的是根据灌溉综合效益的实际特点研究和完善适合节水灌溉综合效益评价的方法。

借鉴国内外节水灌溉对灌溉行为的效益评价是一个多目标的综合评价问题，评价方法多采用集成方法，主要有灰色系统理论、层次分析法、系统动力学法、模糊综合评价、加权综合评价模型、BPR 人工神经网络模型、主成分分析方法、系统模糊综合评判熵权模型、数据包络分析模型、基于 RA-GA 的投影寻踪分类模型（PPC）等。在综合效益分效益方面，大多涉技术因素、社会效益、经济效益和生态效益等四个方面。

"对节水灌溉的影响进行评价时，不能孤立地、静态地把影响分为'有利'或'不利'，要把它们之间的内在关系，长期的、渐变的影响考虑进去，用大系统的观点、可持续发展的指导思想进行综合评价。因此在制定节水灌溉的评价指标体系时，除了采用传统的技术、经济评价指标以外，还应考虑到社会、经济、环境、资源、政策等方面的指标，这些指标虽然大多是定性指标，但经过处理后再和传统的经济、技术指标进行平衡和协调，通常就能客观地反映节水灌溉的综合影响"（王景雷，2002）。我国新颁布的《水法》规定，在干旱和半干旱地区开发、利用水资源，应当充分考虑生态环境用水需要灌溉是一项人工补充土壤水分以改善作物生长条件的技术措施，大量的观测资料表明，合理的灌溉有助于改善生态环境。由于灌溉后的地面反射率降低，土壤热容量和导热率增大，所以土壤温度的日较差变小；另一方面，植物的总耗水中有 98%以上的水分通过土壤的蒸发和作物叶子的蒸腾两个途径散发到大气中，只有不到 2%的水分滞留在植物中。水分在散发到大气的过程中，带走了大量的热能，由粗略的理论计算可知，蒸发 1cm 的水大约可以使得 100cm 厚的土壤降低温度 10 度。因此，对于干旱半干旱地区，灌溉在维持土壤水热平衡方面起到了重要的作用（缴锡云等，2003）。整合分析岭东南浅山丘陵区大田作物不同节水灌溉方式的工程技术实施和运行过程中各影响因素，提出一套综合"经济—技术—社会"的相对完善的评价指标体系。以层次分析法理论为指导结合专家评分法确定指标权重，构建系统评价数学模型，对不同灌溉方式的综合效益进行客观的定量评价。通过对管道灌溉、膜下滴灌、半固定式喷灌、时针式喷灌等不同灌溉方式的分析评价，结合浅山丘陵区大田作物生产实际情况，分析了在目前的经济、技术水平条件下各种灌溉方式的优缺点，确定了半固定式喷灌是最适合岭东南 地区的节水灌溉方式（史海滨，2015）。

本节所研究灌溉行为的效益包括社会效益、经济效益、生态效益等多方面（三个效益定义）。本节通过层次分析法构建综合评价指标体系来对灌溉行为的效益进行评价，主要步骤如下：

（1）收集所选灌区的相关资料，调查研究，建立层次结构模型的评价指标。

（2）专家咨询，确立思维判断定量化的标度，对各相关元素进行两两比较评分，确定各层次判断矩阵。

（3）计算权重、矩阵的最大特征根，进行一致性检验。

（4）确立评分标准，建立综合评价量化模型。

（5）收集指标数据，统计得分。

（6）进行综合评价结果分析。

在制定指标体系的过程中，要综合考虑指标间的内在联系，以及各指标短期、长期的影响。在进行指标的选取时，尽量选取定量指标，而定性指标则由灌溉行为的利益相关方进行打分评价，总体来说，指标选择遵循以下原则：

（1）科学性。评价指标的选定应该建立在的科学基础上。

（2）系统性。灌溉涉及经济、社会、资源、环境等诸多方面，故灌溉效益评价指标的选定应该全面地、综合地反映对象的整体情况，从中抓住主要因素，适当考虑次要因素，以保证评价的全面性和可信度。

（3）可操作性。评价指标应尽量简明，在不影响指标系统性的原则下，尽量减少指标数量，评价指标体系过于庞大会给数据资料搜集加工带来困难，难以实现，同时指标的含义要明确具体，避免指标之间内容的相互交叉和重复计算。

（4）时效性。随着灌溉的逐步发展，技术水平与人们的价值观也随着不断变化，因此评价指标要不断更新调整，以适应科学的判断决策的需要。

（5）目的性。灌溉效益主要反映在对农业产值和农村居民生活水平的贡献上，所以要有针对性的着重于社会经济和农村居民福利改善。

7.2.4　指标体系的构建

通过查阅文献、根据指标制定选择，搜集并筛选社会、经济、生态三个方面的指标，如表 7-1 所示。

表 7-1　指标体系

目标层 A	大类指标层 B	子类指标层 C
灌溉行为效益综合评价	经济效益 B1	C11
		C12
		C13
		C14
		C15

续表

目标层 A	大类指标层 B	子类指标层 C
灌溉行为效益综合评价	社会效益 B2	C21
		C22
		C23
		C24
		C25
	生态效益 B3	C31
		C32
		C33
		C34
		C35

层次分析法（Analytic Hierarchy Process，简称 AHP），是将与决策总是有关的元素分解成目标、准则、方案等层次，在此基础之上进行定性和定量分析的决策方法，在 20 世纪 70 年代中期由美国运筹学家托马斯·塞蒂（T.L.Saaty）正式提出。它是一种定性和定量相结合的、系统化、层次化的分析方法。

层次分析法指将一个复杂得多目标决策问题作为一个系统，将目标分解为多个目标或准则，进而分解为多指标（或准则、约束）的若干层次，通过定性指标模糊量化方法算出层次单排序（权数）和总排序，以作为目标（多指标）、多方案优化决策的系统方法。层次分析法是将决策问题按总目标、各层子目标、评价准则直至具体的备投方案的顺序分解为不同的层次结构，然后得用求解判断矩阵特征向量的办法，求得每一层次的各元素对上一层次某元素的优先权重，最后再加权和的方法递阶归并各备择方案对总目标的最终权重，此最终权重最大者即为最优方案。这里所谓"优先权重"是一种相对的量度，它表明各备择方案在某一特点的评价准则或子目标，标下优越程度的相对量度，以及各子目标对上一层目标而言重程度的相对量度。层次分析法比较适合于具有分层交错评价指标的目标系统，而且目标值又难于定量描述的决策问题。其用法是构造判断矩阵，求出其最大特征值。及其所对应的特征向量 W，归一化后，即为某一层次指标对于上一层次某相关指标的相对重要性权值。

人们在进行社会的、经济的以及科学管理领域问题的系统分析中，面临的常常是一个由相互关联、相互制约的众多因素构成的复杂而往往缺少定量数据的系统。层次分析法为这类问题的决策和排序提供了一种新的、简洁而实用的建模方法。

运用层次分析法建模，大体上可按下面四个步骤进行：

（1）建立递阶层次结构模型。

（2）构造出各层次中的所有判断矩阵。

（3）层次单排序及一致性检验。

（4）层次总排序及一致性检验。

下面分别说明这四个步骤的实现过程。

7.2.4.1　层次单排序及一致性检验

判断矩阵 A 对应于最大特征值 λ_{max} 的特征向量 W 经归一化后即为同一层次相应因素对于上一层次某因素相对重要性的排序权值这一过程称为层次单排序。

上述构造成对比较判断矩阵的办法虽能减少其他因素的干扰较客观地反映出一对因子影响力的差别。但综合全部比较结果时其中难免包含一定程度的非一致性。如果比较结果是前后完全一致的则矩阵 A 的元素还应当满足：

$$a_{ij}a_{jk}=a_{ik},\forall i,j,k=1,2,\cdots,n \tag{7-11}$$

满足关系式（7-11）的正互反矩阵称为一致矩阵。

需要检验构造出来的（正互反）判断矩阵 A 是否严重地非一致以便确定是否接受 A 。

定理 1：正互反矩阵 A 的最大特征根 λ_{max} 必为正实数其对应特征向量

的所有分量均为正实数。A 的其余特征值的模均严格小于 λ_{max}。

定理 2：若 A 为一致矩阵则

（1）A 必为正互反矩阵。

（2）A 的转置矩阵 A^T 也是一致矩阵。

（3）A 的任意两行成比例比例因子大于零从而 rank（A）= 1（同样 A 的任意两列也成比例）。

（4）A 的最大特征值 λ_{max}=n 其中 n 为矩阵 A 的阶。A 的其余特征根均为零。

（5）若 A 的最大特征值 λ_{max} 对应的特征向量为

$$W = (w_1, \cdots, w_n)^T \quad a_{ij} = \frac{w_i}{w_j} \quad \forall i, j = 1, 2, \cdots, n \qquad （7\text{-}12）$$

$$A = \begin{bmatrix} \dfrac{w_1}{w_1} & \dfrac{w_1}{w_2} & \cdots & \dfrac{w_1}{w_n} \\[2ex] \dfrac{w_2}{w_1} & \dfrac{w_2}{w_2} & \cdots & \dfrac{w_2}{w_n} \\[2ex] \dfrac{w_3}{w_1} & \dfrac{w_3}{w_2} & \cdots & \dfrac{w_3}{w_n} \\[2ex] \dfrac{w_n}{w_1} & \dfrac{w_n}{w_2} & \cdots & \dfrac{w_n}{w_n} \end{bmatrix}$$

定理 3：n 阶正互反矩阵 A 为一致矩阵当且仅当其最大特征根 λ_{max} 且当正互反矩阵 A 非一致时必有 $\lambda_{max} > n$。

根据定理 3 我们可以由 λ_{max} 是否等于 n 来检验判断矩阵 A 是否为一致矩阵。由于特征根连续地依赖于 a_{ij} 故 λ_{max} 比 n 大得越多 A 的非一致性程度也就越严重 λ_{max} 对应的标准化特征向量也就越不能真实地反映出 $X = \{x_1, \dots, x_n\}$ 在对因素 Z 的影响中所占的比重。因此对决策者提供的判断矩阵有必要作一次一致性检验以决定是否能接受它。

对判断矩阵的一致性检验的步骤如下：

（1）计算一致性指标 CI

$$CI = \frac{\lambda_{max} - n}{n - 1}$$

（7-13）

（2）查找相应的平均随机一致性指标 RI。对 n=1…9Saaty 给出了 RI 的值如表 7-2 所示。

表 **7-2**

n	1	2	3	4	5	6	7	8	9
RI	0	0	0.58	0.90	1.12	1.24	1.32	1.41	1.45

RI 的值是这样得到的，用随机方法构造 500 个样本矩阵：随机地从 1～9 及其倒数中抽取数字构造正互反矩阵，求得最大特征根的平均值 λ'_{max}，并定义 $RI = \frac{\lambda'_{max} - n}{n - 1}$。

（3）计算一致性比例 CR

$$CR = \frac{CI}{RI}$$

（7-14）

当 $CR<0.10$ 时，认为判断矩阵的一致性是可以接受的，否则应对判断矩阵作适当修正。

7.2.4.2 层次总排序及一致性检验

上面我们得到的是一组元素对其上一层中某元素的权重向量。我们最终要得到各元素，特别是最低层中各方案对于目标的排序权重，从而进行方案选择。总排序权重要自上而下地将单准则下的权重进行合成。设上一层次（A 层）包含 $A_1, \cdots, A_m$ 共 m 个因素，它们的层次总排序权重分别为 $a_1, \cdots, a_m$。又设其后的下一层次（B 层）包含 n 个因素 $B_1, \cdots, B_n$，它们关于 A_j 的层次单排序权重分别为 $b_{1j}, \cdots, b_{nj}$（当 B_i 与 A_j 无关联时，$b_{ij} = 0$）。现求 B 层中各因素关于总目标的权重，即求 B 层各因素的层次总排序权重 $b_1, \cdots, b_n$，计算按如下所示方式进行，即 $b_i = \sum_{j=1}^{m} b_{ij} a_j$，i=1，$\cdots$，n。

对层次总排序也需作一致性检验，检验仍像层次总排序那样由高层到低层逐层进行。这是因为虽然各层次均已经过层次单排序的一致性检验，各成对比较判断矩阵都已具有较为满意的一致性。但当综合考察时，各层次的非一致性仍有可能积累起来，引起最终分析结果较严重的非一致性。

设 B 层中与 jA 相关的因素的成对比较判断矩阵在单排序中经一致性检验，求得单排序一致性指标为 $CI(j),(j=1,\cdots,m)$，相应的平均随机一致性指标为 $RI(j)$（$CI(j)$、$RI(j)$ 已在层次单排序时求得），则 B 层总排序随机一致性比例为

$$CR = \frac{\sum_{j=1}^{m} CR(j)a_j}{\sum_{j=1}^{m} RI(j)a_j}$$

（7-15）

当 $CR<0.10$ 时，认为层次总排序结果具有较满意的一致性并接受该分析结果。

7.3 基于层次分析法的灌溉效益综合评价

在应用层次分析法研究问题时，遇到的主要困难有两个：（1）如何根据实际情况抽象出较为贴切的层次结构。（2）如何将某些定性的量作比较接近实际定量化处理。层次分析法对人们的思维过程进行了加工整理，提出了一套系统分析问题的方法，为科学管理和决策提供了较有说服力的依据。但层次分析法也有其局限性，主要表现在：（1）它在很大程度上依赖于人们的经验，主观因素的影响很大，它至多只能排除思维过程中的严重非一致性，却无法排除决策者个人可能存在的严重片面性。（2）比较、判断过程较为粗糙，不能用于精度要求较高的决策问题。AHP 至多只能算是一种半定量（或定性与定量结合）的方法。

（一）系统性的分析方法

层次分析法把研究对象作为一个系统，按照分解、比较判断、综合的思维方式进行决策，成为继机理分析、统计分析之后发展起来的系统分析的重要工具。系统的思想在于不割断各个因素对结果的影响，而层次分析法中每一层的权重设置最后都会直接或间接影响到结果，而且在每个层次中的每个因素对结果的影响程度都是量化的，非常清晰、明确。这种方法尤其可用于对无结构特性的系统评价以及多目标、多准则、多时期等的系统评价。

（二）简洁实用的决策方法

这种方法既不单纯追求高深数学，又不片面地注重行为、逻辑、推理，而是把定性方法与定量方法有机地结合起来，使复杂的系统分解，能将人们的思维过程数学化、系统化，便于人们接受，且能把多目标、多准则又难以全部量化处理的决策问题化为多层次单目标问题，通过两两比较确定同一层次元素相对上一层次元素的数量关系后，最后进行简单的数学运算。即使是具有中等文化程度的人也可了解层次分析的基本原理和掌握它的基本步骤，计算也经常简便，并且所得结果简单明确，容易为决策者了解和掌握。

（三）所需定量数据信息较少

层次分析法主要是从评价者对评价问题的本质、要素的理解出发，比一般的定量方法更讲求定性的分析和判断。由于层次分析法是一种模拟人们决策过程的思维方式的一种方法，层次分析法把判断各要素的相对重要性的步骤留给了大脑，只保留人脑对要素的印象，化为简单的权重进行计算。这种思想能处理许多用传统的最优化技术无法着手的实际问题。

（四）层次分析法的操作步骤

（1）建立层次结构模型。在深入分析实际问题的基础上，将有关的各个因素按照不同属性自上而下地分解成若干层次，同一层的诸因素从属于上一层的因素或对上层因素有影响，同时又支配下一层的因素或受到下层因素的作用。最上层为目标层，通常只有 1 个因素，最下层通常为方案或对象层，中间可以有一个或几个层次，通常为准则或指标层。当准则过多时（譬如多于 9 个）应进一步分解出子准则层。

（2）构造成对比较阵。从层次结构模型的第 2 层开始，对于从属于（或影响）上一层每个因素的同一层诸因素，用成对比较法和 1~9 比较尺度构追成对比较阵，直到最下层。

（3）计算权向量并做一致性检验。对于每一个成对比较阵计算最大特征根及对应特征向量，利用一致性指标、随机一致性指标和一致性比率做一致性检验。若检验通过，特征向量（归一化后）即为权向量；若不通过，需重新构追成对比较阵。

（4）计算组合权向量并做组合一致性检验。计算最下层对目标的组合权向量，并根据公式做组合一致性检验，若检验通过，则可按照组合权向量表示的结果进行决策，否则需要重新考虑模型或重新构造那些一致性比率较大的成对比较阵。

7.3.1　评价指标选取

层次分析法将不同层次、多个指标综合成一个无量纲的评判参数，通过判断矩阵计算出相对权重，再进行判断矩阵的一致性检验，得到各指标的权重，最终建立起一套综合评价体系。

社会影响指标、经济影响指标、生态影响指标等三大类指标又可以分为若干子指标。灌溉行为效益综合评价指标体系共分三层：

第一层为目标层：灌溉行为效益综合评价指标体系 A。

第二层为大类指标层 B：经济效益 B1、社会效益 B2、生态效益 B3。

第三层为子类指标 C，第三层是子类指标 C，共 15 个，其中定量指标 6 个，定性指标 9 个：C11 人均纯收入年增长率，C12 单方灌溉农业水投资，C13 经济内部收益率，C14 亩均净效益现值，C15 农业增加值，

C21 改善农产品品质，C22 促进区域经济发展的作用，C23 促进区域农业发展的作用，C24 促进国家节水灌溉法规健全，C25 粮食亩均年增长率，C31 植物适应程度，C32 改善农田小气候，C33 对水资源可持续利用的影响，C34 防止土壤侵蚀，C35 作物水分利用率；其中，C11 至 C15 的上层指标为 B1，C21 至 C25 的上层指标为 B2，C31 至 C35 的上层指标为 B3，详见表 7-3。

表 7-3　指标体系

目标层 A	大类指标层 B	子类指标层 C	定性/定量
灌溉行为效益综合评价	经济效益 B1	C11 人均纯入年增长率	定量
		C12 单方灌溉农业水投资	定量
		C13 经济内部收益率	定量
		C14 亩均净效益现值	定量
		C15 农业增加值	定量
	社会效益 B2	C21 改善农产品品质	定性
		C22 促进区域经济发展的作用	定性
		C23 促进区域农业发展的作用	定性
		C24 促进国家节水灌溉法规健全	定性
		C25 粮食亩均年增长率	定性
	生态效益 B3	C31 植物适应程度	定性
		C32 改善农田小气候	定性
		C33 对水资源可持续利用的影响	定性
		C34 防止土壤侵蚀	定性
		C35 作物水分利用率	定量

7.3.2　指标数据来源

（一）调查表普选

陕西师范大学、中国科学院、西安交通大学、西北农林科技大学、西北大学、扬州大学等 8 家单位的 70 名不同专业的学者和专业工作人员参加了本次调查表普选活动。

（二）统计分析各指标的排序以及权重

调查共收回 65 份有效答卷，其中男性为 25 份，女性 40 份。硕士研究生以上学历 47 人，其中博士 10 人，硕士 37 人，本科生 18 人。涉及专业：生态经济学、人口资源与环境经济学、农业经济管理、企业管理、酒店管理、金融学、国际经济与贸易、给排水、城市规划、草业、园林、精算统计、电子与信息技术、景观学、人力资源、中文、政治经济学、环境工程、环境科学、企业管理、高分子物理、农学、林学、法学、建筑工程等 20 个。

（三）灌溉综合效益评价调查表

表 7-4　灌溉综合效益评价调查表

姓名：	性别：	年龄：	专业：
学历：博士（　　）	研究生（　　）	本科（　　）	其他（　　）

1. 请为节水灌溉主要的三个效益方面按重要性大小排序：
　　a.经济效益＞社会效益＞生态效益（　　）；b.社会效益＞经济效益＞生态效益（　　）；
　　c.经济效益＞生态效益＞社会效益（　　）；d.社会效益＞生态效益＞经济效益（　　）；
　　e.生态效益＞社会效益＞经济效益（　　）；f.生态效益＞经济效益＞社会效益（　　）

2. 你觉得最能体现经济效益的是以下那几项：（多选　排序）
　　人均纯收入增长率（　　）单方灌溉农业水投资（　　）经济内部收益率（　　）
　　亩均净效益现值（　　）农业增加值（　　）

3. 你觉得最能体现社会效益的是以下那几项：（多选　排序）
　　改善农产品质量（　　）促进区域经济发展（　　）促进区域农业发展（　　）
　　促进国家节水灌溉法规健全（　　）粮食亩均年均增长率（　　）

4. 你觉得最能体现生态效益的是以下那几项：（多选　排序）
　　植物适应程度（　　）改善农田小气候（　　）对水资源可持续利用的影响（　　）
　　防止土壤侵蚀（　　）作物水分利用率（　　）

（四）统计方法：兼顾得票数量多少和权重的大小

$$权重=排名的倒数之和$$

7.3.3　统计结果分析

第 1 题　表 7-5 为灌溉的三个效益按重要性大小的排序请选出您认为

合理的。

表 7-5 灌溉效益重要性顺序表

选项	小计	比例
a. 生态效益＞社会效益＞经济效益（ ）	2	3.08%
b. 社会效益＞经济效益＞生态效益（ ）	0	0%
c. 经济效益＞生态效益＞社会效益（ ）	12	18.46%
d. 社会效益＞生态效益＞经济效益（ ）	10	15.38%
e. 经济效益＞社会效益＞生态效益（ ）	27	41.54%
f. 生态效益＞经济效益＞社会效益（ ）	14	21.54%
本题有效填写人次	65	

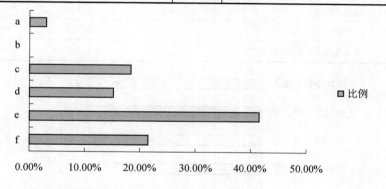

a. 生态效益＞社会效益＞经济效益

b. 社会效益＞经济效益＞生态效益

c. 经济效益＞生态效益＞社会效益

d. 社会效益＞生态效益＞经济效益

e. 经济效益＞社会效益＞生态效益

f. 生态效益＞经济效益＞社会效益

调查显示，灌溉的三个效益按重要性大小的排序结果：经济效益＞社会效益＞生态效益。

超过 40%的受访者把经济效益排在了第一位，这说明灌溉活动对于一个地区的农业发展和粮食保障有着至关重要的作用，并且个体农户在灌溉的保障之下可以保证有较为稳定的粮食与现金收入。其次是社会效益，灌溉农业保障了我国的粮食安全,使得社会稳定,国家稳定,有着巨大的社会效益。灌溉管理的科学化对周围生态环境有着很好的正面影响,产生生态效益。

第2题 请按照重要性从大到小依次对灌溉的经济效益进行排序,详见表7-6。

表7-6 灌溉经济效益排序表

选项	平均综合得分
亩均净效益现值	3.28
人均纯收入增长率	3.09
农业增加值	2.97
经济内部收益率	2.57
单方灌溉农业水投资	2.48

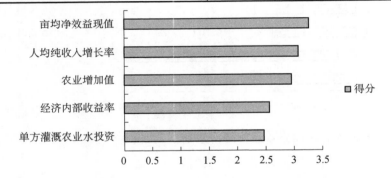

调查显示,按照重要性从大到小依次对灌溉的经济效益进行排序结果:亩均净效益现值>人均纯收入增长率>农业增加值>经济内部收益率>单方灌溉农业水投资。对于灌溉的经济效益,作为一个理性经济人来说,最关注的就是亩净收益(用社会折现率将计算期内净效益流量折算到灌溉期初的现值之和)。此数值的高低决定总净收益的高低。对于人均收入增长率的关注略高于农业增加值及经济内部收益率,而单方灌溉农业水投资则会影响灌溉的成本,从而影响灌溉的经济效益。

第3题 请按照重要性从大到小依次对灌溉的社会效益进行排序,见

表 7-7。

表 7-7　灌溉社会效益排序表

选项	平均综合得分
改善农产品质量	3.63
促进区域农业发展	3.29
促进区域经济发展	2.95
粮食亩均年均增长率	2.74
促进国家节水灌溉法规健全	1.92

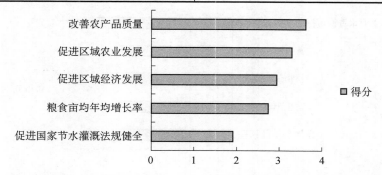

调查显示，按照重要性从大到小依次对灌溉的社会效益进行排序：改善农产品质量>促进区域农业发展>促进区域经济发展>粮食亩均年均增长率>促进国家节水灌溉法规健全。

灌溉的社会效益指最大限度地利用有限的灌溉资源满足社会上人们日益增长的物质文化需求，及对整个社会的人产生的效益。满足人民饮食健康，生活快乐是最基本也是最为重要的前提，这就对作物的安全，产品的质量有很高的要求，所以对于改善农产品质量尤为关注。其次带动整个地区的农业发展对当地人民群众也产生积极向上的作用，产生很大的社会正效益。促进区域经济发展也很重要，物质水平的提高才能带动精神层面的提高。对于粮食亩均年均增长率及促进国家节水灌溉法规安全也很重要。

第 4 题　请按照重要性从大到小依次对灌溉的生态效益进行排序，详见表 7-8。

表 7-8　灌溉生态效益排序表

选项	平均综合得分
对水资源可持续利用的影响	3.77
改善农田小气候	2.77
植物适应程度	2.74
防止土壤侵蚀	2.65
作物水分利用率	2.62

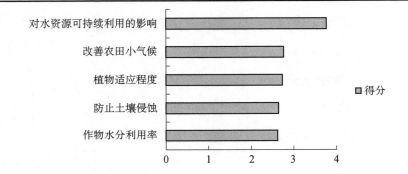

调查显示，按照重要性从大到小依次对灌溉的生态效益进行排序：对水资源可持续利用的影响>改善农田小气候>植物适应程度>防止土壤侵蚀>作物水分利用率。

灌溉的生态效益指在灌溉及生产中依据生态平衡规律，使生物系统对人类的生产、生活条件和环境条件产生的有益影响和有利效果，它关系到人类生存发展的根本利益和长远利益。灌溉最为重要的就是水资源的利用及使用问题，我们应该最高效的利用水资源，做到用节约的方式产生最大的效益。其次灌溉过程中改善农田小气候也是我们很关注的，这在一定程度上会影响农作物的生长。还有植物对灌溉大小及方式的适应程度，土壤的防侵蚀及作物水分利用率也会引起注意，这些都会影响对灌溉的生态效益。

本文在广泛征询有关专家意见的基础上综合分析得出指标判断矩阵，

见表 7-9、表 7-10。

表 7-9 B 层比较判断矩阵及权向量计算

B	经济效益	社会效益	生态效益	权重
经济效益	1	0.5	0.333	0.160 115
社会效益	2	1	0.4	0.270 183
生态效益	3	2.5	1	0.569 702

表 7-10 C 层比较判断矩阵以及权向量计算

C1	亩均净效益现值	人均纯收入增长率	农业增加值	经济内部收益率	单方灌溉农业水投资	权重
亩均净效益现值	1	1.82	2	2.5	3.33	0.331 083
人均纯收入增长率	0.55	1	1.45	1.78	2	0.202 725
农业增加值	0.5	0.69	1	1.25	1.55	0.173 796
经济内部收益率	0.4	0.56	0.8	1	1.58	0.156 205
单方灌溉农业水投资	0.3	0.5	0.65	0.63	1	0.136 191

C2	改善农产品质量	促进区域农业发展	促进区域经济发展	粮食亩均年均增长率	促进国家节水灌溉法规健全	权重
改善农产品质量	1	1.2	1.5	1.8	2.1	0.325 609
促进区域农业发展	0.83	1	1.3	1.65	1.9	0.270 341
促进区域经济发展	0.67	0.77	1	1.4	1.85	0.213 735
粮食亩均年均增长率	0.56	0.61	0.71	1	1.4	0.105 157
促进国家节水灌溉法规健全	0.48	0.53	0.57	0.72	1	0.085 158

C3	对水资源可持续利用的影响	改善农田小气候	植物适应程度	防止土壤侵蚀	作物水分利用率	权重
对水资源可持续利用的影响	1	2	2.4	4	5	0.420 621
改善农田小气候	0.5	1	1.5	2	2.5	0.219 909
植物适应程度	0.42	0.67	1	1.8	2	0.169 263
防止土壤侵蚀	0.25	0.5	0.57	1	1.6	0.109 35
作物水分利用率	0.2	0.4	0.5	0.63	1	0.080 857

表 7-11   一致性检验

比较判断矩阵	最大特征值	矩阵阶数	CI	IR	CR
A（B）	3.028 668	3	0.014 3	0.58	0.024 8<0.1
A（C1）	6.015 719	6	0.003 1	1.24	0.002 5<0.1
A（C2）	4.005 58	4	0.033 0	0.58	0.056 9<0.1
A（C3）	5.025 817	5	0.007 4	0.90	0.008 2<0.1

表 7-12   系统指标总权重

评价指标	B1 0.100 624	B2 0.225 543	B3 0.673 833	C 层各指标总权重
C11	0.331 083	—	—	0.033 315
C12	0.202 725	—	—	0.020 399
C13	0.156 205	—	—	0.015 718
C14	0.133 012	—	—	0.013 384
C15	0.095 408	—	—	0.009 6
C21	—	0.081 568	—	0.008 208
C22	—	0.325 609	—	0.073 439
C23	—	0.280 341	—	0.063 229
C24	—	0.223 735	—	0.050 462
C25	—	0.170 315	—	0.038 413
C31	—	—	0.420 621	0.277 101 329
C32	—	—	0.219 909	0.144 874 07
C33	—	—	0.169 263	0.111 508 941
C34	—	—	0.109 35	0.072 038 796
C35	—	—	0.080 857	0.053 267 865

表 7-13   总权重表

指标	权重
亩均净效益现值	0.218 3
人均纯收入增长率	0.114 132
农业增加值	0.098 826
经济内部收益率	0.087 847
单方灌溉农业水投资	0.067 906
改善农产品质量	0.056 752

指标	权重
促进区域农业发展	0.051 692
促进区域经济发展	0.041 964
粮食亩均年均增长率	0.035 641
促进国家节水灌溉法规健全	0.032 545
对水资源可持续利用的影响	0.023 254
改善农田小气候	0.021 657
植物适应程度	0.018 375
防止土壤侵蚀	0.086 472
作物水分利用率	0.044 637

7.4　小结

　　本章首先对我国农业灌溉的起源与发展做了系统地梳理和分析，之后就灌溉效益的概念、计算方法及综合评价体系进行了简介和述评，并应用层次分析法对灌溉效益进行了综合评价。研究结果表明，农业灌溉对于保障一个地区的农业发展和粮食安全有着至关重要的作用，其分指标的重要性排序依次为经济效益、社会效益和生态效益。在生态效益中，对水资源可持续利用的影响居于最为重要的地位。

参考文献

　　［1］蔡守华等：《灌溉效益分摊系数计算的研究现状与新方法》，《节水灌溉》2008 年第 2 期，第 25～27 页。

　　［2］崔延松：《水资源经济学与水资源管理》，北京：中国社会科学出版社，2008年，第 218～274 页。

[3] 黄琳琳，王会肖：《节水灌溉效益研究进展》，《节水灌溉》2007 年第 5 期，第 45～48 页。

[4] 缴锡云：《依靠新的理论技术推动节水灌溉研究的突破》，《河北工程技术高等专科学校学报》，2003 年第 1 期，第 1～4 页。

[5] 梁忠民等：《干旱评估和灌溉效益计算方法研究》，《水力发电》2011 年第 8 期，第 11～14 页。

[6] 刘代勇，梁忠民，易知之：《旱灾农业损失动态评估模型及灌溉效益评估研究》，《南水北调与水利科技》2011 年第 5 期，第 36～39 页。

[7] 刘国勇：《新疆焉耆盆地农户灌溉行为选择与农民用水组织研究》，北京：中国农业科学技术出版社，2011 年。

[8] 刘华：《城市绿地节水灌溉效益模糊综合评价方法》，《中国水利水电科学研究院学报》2006 年第 2 期，第 146～150 页。

[9] 罗茂婵：《城市绿地节水灌溉效益评价方法研究》，硕士学位论文，北京林业大学草坪研究所，2006 年。

[10] 罗乾，方国华，黄显峰等：《基于能值理论分析方法的农业灌溉效益研究》，《水电能源科学》，2011 年第 6 期，第 137～139 页。

[11] 罗乾，魏广平：《能值法计算农业灌溉效益分摊系数》，《水利科技与经济》，2011 年第 6 期，第 61～63 页。

[12] 孟翀，范树禄，张建民：《汾河灌区水资源高效利用与节水灌溉技术初探》，《中国水利学会 2002 学术年会论文集》，北京：中国三峡出版社，2002 年。

[13] 孟兆江等：《黄淮豫东平原冬小麦节水高产水肥耦合数学模型研究》，《农业工程学报》，1998 年第 3 期，第 86～90 页。

[14] 王成刚等：《岭东南地区节水灌溉综合评价与优化选择》，《节水灌溉》2015 年第 7 期，第 103～105 页。

[15] 张兵，张建生，黄文生：《基于遗传算法的西北旱区灌溉效益决策模型研究》，《节水灌溉》2013 年第 1 期，第 61～63 页。

[16] 张红亚，陈展华：《灌溉工程效益计算方法中的问题》，《中国农村水利与水

电》,1997 年第 11 期,第 24~26 页。

［17］张晓琳,霍再林,佟玲:《石羊河流域主要作物节水灌溉效益评价》,《中国农村水利水电》,2014 年第 8 期,第 15~17 页。

［18］赵有彪,于安芬,李瑞琴:《绿洲灌区覆膜方式对制种玉米产量和水分利用效率及灌溉效益的影响》,《节水灌溉》2013 年第 5 期,第 15~16 页。

［19］朱星,陶汪,卫红:《小麦丰产栽培措施的数学模型研究》,《贵州农业科学》,1998 年第 2 期,第 20~23 页。

第8章　中国灌溉水资源治理

8.1　灌溉水资源配置和治理中存在的问题

2014 年我国农业用水占用水总量的 63.5%，农田灌溉用水是农业用水和耗水的主体，我国粮食生产对灌溉用水依赖度高。因此灌溉用水配置和管理，决定着整个农业生产的效率，甚至影响和制约国民经济的增长。我国水资源对经济的约束日益明显，2014 年全国水资源总量为 27 266.9 亿 m^3，人均水资源为 1993m^3。按照国际公认的标准，人均水资源低于 3000m^3 为轻度缺水，低于 2000m^3 为中度缺水，低于 1000m^3 为重度缺水，低于 500m^3 为极度缺水。现阶段我国已经步入中度缺水国家的行列，且缺水情况依然会加剧。据水利部评估，到 2030 年我国人均水资源将降到 1760m^3。因此，优化灌区水资源配置战略意义重大。

灌溉区水资源配置指水量在各个产业和主体之间的配给，包括水资源在灌溉渠系之间的配置，水量在不同作物之间的配置。我国灌溉水资源配置和管理中存在的问题可以从宏观、中观、微观三个层面来分析。

8.1.1　宏观层面分析

8.1.1.1　灌溉方式粗放，水资源的利用率过低，节水空间巨大

我国农田水利建设不断提速。2015 年，我国农田有效灌溉面积达 9.52 亿亩，其中节水灌溉工程面积达到 4.07 亿亩。农田灌溉效率不断提升，灌溉水有效利用系数达到 0.52，在保持粮食连年丰收的同时，农业灌溉用水总量实现 14 年零增长。2011 年以来全国新增高效节水灌溉面积 9300 多万亩。现地面灌溉仍是我国主要的灌溉方式，约占我国灌溉面积的 98%左右。地面灌溉是采用沟、洼等地面设施，对作物进行灌溉的方式。主要是通过田间渠沟或管道，水流连续向田面流动。现在洼灌、沟灌、漫灌和淹灌这些最古老的灌水方法，还被广泛采用。我国渠灌约占 75%，井灌约占 25%。这些灌溉方式虽然维护保养方便，运费低，节省能源，但一是对土地的平整度要求高，二是用水量大，蒸发损失大，且劳动生产率较低。尤其是漫灌，是对水资源的极大的浪费。2014 年据水利部公布的《中国水资源公报》显示，全国总用水量 6095 亿 m^3。其中，农业用水占 63.5%；全国农业用水消耗总量 3222 亿 m^3，耗水率（消耗总量占用水总量的百分比）53%，其中农业耗水为 65%，农田灌溉水有效利用系数 0.530。其中至少有 1000 亿～1200 亿 m^3 补给了地下水。灌溉用水超过农作物所需要水量的 1/3 甚至一倍以上。我国农业灌溉平均每亩用水 488m^3，农业灌溉水利用溪水为 0.43，2014 年农田灌溉水有效利用系数 0.530，而发达国家高达 0.7～0.8。这就意味着 55%的水即每年有 1800 多亿 m^3 的水在输水过程中渗漏或蒸发了。全国超过 300 万 km 的灌溉渠道中土渠占 80%，渠道每年渗漏损失约占总用水量的 40%以上。真正被农业利用的只是灌溉总水量的 1/3 左右。2015 年我国节水灌溉面积为 4.07 亿亩，节水灌溉面积占有效灌溉面积的 42.8%。与发达国家节水灌溉面积比例 80%差距巨大，灌溉节水任务艰巨。

表 8-1　2005～2014 年我国各行业用水结构配置表

年份	用水总量（亿 m³）	农业用水总量（亿 m³）	工业用水总量（亿 m³）	生活用水总量（亿 m³）	生态用水总量（亿 m³）	人均用水量（亿 m³）
2005	5633	3580	1285.2	675.1	92.68	432.07
2006	5795	3664.45	1343.76	693.76	93	442.02
2007	5819	3599.51	1403.04	710.39	105.73	441.52
2008	5910	3663.5	1397.1	729.3	120.2	446.15
2009	5965	3723	1391	748	103	448.04
2010	6022	3689.1	1447.3	765.8	119.8	450.17
2011	6107	3743.6	1461.8	789.9	111.9	454.4
2012	6131	3903	1381	740	108	454.71
2013	6183.4	3921.5	1406.4	750.1	105.4	455.54
2014	6220	3924	1420	770	106	446.75

资料来源：国家统计局（2005～2014）

　　我国灌溉区水资源的经济效率偏低。从经济的角度，水资源的效率被认为是投入和产出比，包括配置效率、技术效率和动态效率。我国 2002 年每单位用水量产生的 GDP 为 2.25 美元/m³，而同期发达国家单位 GDP 在 13～45 美元/m³左右，英国最高，为 107.10 美元/m³，德国高达 45.85 美元/m³，我国和发达国家水资源效率总体差距巨大。据水利部公布，2014 年我国水资源产生的 GDP 为人民币 15.13 元/m³，折合成 2014 年的美元价格约为 2.46 美元，每立方米农业用水的产出为 14.16 元。近 13 年期间，我国灌溉水资源的经济效率只增长了 9.3%，接近于停滞不前。2014 年耕地实际灌溉亩均用水量 402m³，工业万元增加值（当年价）用水量 59.5m³，农业万元增加值（当年价）用水量 706m³。我国灌溉农业的经济效益低，耗水量大，创造的经济价值低。这也是农民增收难，农业发展慢的一个表现，同时也是一个重要的原因。灌溉水资源拥挤使用也是造成灌溉农业经济效益低下的原因和表现。我国各地的降水主要集中在夏季，降水季节过于集中，大部分地区每年汛期连续 4 个月的降水量占全年的 60%~80%，不但容易形成春旱夏涝，还会造成灌溉用水拥挤使用。农业灌溉的季节性、同时性又使农户对水资源的使用集中性。目前我国灌溉用水所使用的水利设施一般归集体使用，并且灌溉水具有公共池塘资源的特征。这就造成了农户对水资源的抢夺性使用，尽可能多的获取所需要的水资源。一旦水资源出现短缺，必然导致农户之间发生抢夺、偷水等行为、造成水事纠纷。

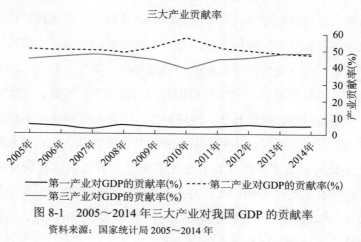

图 8-1　2005～2014 年三大产业对我国 GDP 的贡献率

资料来源：国家统计局 2005～2014 年

8.1.1.2　灌区水权制度有待完善

水权制度的实质是在限制水量的总需求下，政府出面，把水资源一系列的所有权、使用权、经营权等进行分割，用市场机制来有效配置水资源的使用。我国宪法规定水资源归国家或集体所有。虽然我国水权制度建设了十几年，从经济发达的东部地区到中西部地区，取得了骄人的成绩。但也存在很多问题：

第一，灌区水权转让制度和政策不够完善，缺乏可操作性。转让程序中的权限和主体尚不明晰，转让的期限和许可证的有效期限脱钩，合同不够规范。我国宪法虽然规定水源归国家或集体所有，但由于我国现行的水权管理体制存在很多问题，使得我国水资源水权实质归部门或者地方所有，不利于水资源的优化和配置。水权主体虚置，以至于国家有所的水权流于形式，权利被稀释，失去排他性。国家自觉不自觉地将水资源的经营权授于地方或部门，而这些地方或部门又授权给最终受益者，导致水权的所有权、经营权和使用权被分割给不同的主体。这就使水权的转让制度和政策缺乏可操作性。

第二，灌区水权转让定价机制还有待健全。水权转让的价格是水权交易的重要的供求机制要素，是水权稀缺的信号机制。若水权价格过低，必然导致水权的转让方积极性受挫，导致水权交易的萎缩。水权转让的定价方式，形式上是双方协商和政府协调的结果，水权交易的双方并非处于平等的地位。水权交易后，对工程后期的费用落实不到实处，工程的运行维护费、更新改造费、风险补偿、经济补偿、生态补偿等费用不到位。

第三，灌区水权转让中的权益保护和补偿不合理。水权权益保护补偿机制是指政府或者水资源受益者通过某种形式补偿因水权转让或失去发展、受益机会的受偿主体。实质是依托水权、借助补偿费反应主体之间的产权关系的积极补偿。现在我国主要是农用水向非农用水转让，但农民用水户的缺位，导致补偿和保护急待加强。

第四，灌区水权交易市场机制尚未充分被发挥。水权交易应该具备的三个基本前提是：首先，可交易的水权，使用者同意再分配水权并能够在水权交易中得到补偿。其次，明晰的水权。这就意味着水权的中的各个权利都对应着有主体，可以和相关部门讨价还价。最后是安全的水权。用水者在考虑了全部机会成本后，在卖水和用水之间做出合理的选择，从而促进投资和节约用水。水权制度要提高水资源的配置效率，必须要使水权转让可以在市场中自由流动，这要求要有完善的补偿机制，明确的产权主体，稳定、明确的制度安排。但目前我国主要依赖于行政配置，还需要进一步推动市场机制的发挥。

第五，在我国水权制度建设实现中也存在着很多问题。首先，水权制度建设尚未很好融入水资源管理公共政策中。无论是宏观层面用水量控制指标的分解，还是中观层面上水资源的调度，还是微观层面上取水许可管理和计划用水管理，市场的作用发挥尚不充分，主要依靠行政手段。其次，初始水权分配制度的某方面不能适应新形势的发展。目前我国用水总量控制滞后，权利配置的边界条件不够清晰，导致水资源配置效率过低，分配不公。

8.1.1.3　水价过低

长期以来我国农业水价偏低，不能有效反映水资源稀缺程度和生态环境成本，价格杠杆对促进节水的作用未得到有效发挥，不仅造成农业用水方式粗放，用水效率较低，而且难以保障农田水利工程良性运行。同时，在农业和非农用水间存在着巨大的价格差异，也容易导致权力寻租等现象的发生。2016 年 1 月 21 日国办发〔2016〕2 号文件《国务院办公厅关于推进农业水价综合改革的意见》首次明确提出全国将用 10 年左右的时间使"农业用水价格总体达到运行维护成本"，对于"水资源稀缺，用户承受能力强的地区，可用 3~5 年时间使农业水价提高到完全成本水价"。该文件的出台标志着我国农业福利水价时代的终结，彰显了国家在水资源资产化管理和市场化改革方面的信心和决心，将农业水价大幅提升至完全成本水价，是新中国成立以来最具有里程碑意义的水价改革，也表明了我国对水资源节约综合利用的重视达到了前所未有的高度。同时必须看到，农业水价长期低于成本运行，从未有过如此大幅度农业水价提升，而农业处于行业产业链的初始位置，对整个国民经济命脉起着牵一发而动全身的作用。农业水价的大幅提升所带来的对农民收入、农业结构等方面的影响必将通过产业链传导至工业、服务业、乃至整个经济社会，并产生深远的影响。由于缺乏历史数据和经验，我们亟须预测水价大幅提升对中国农业乃至国民经济其他行业的重大影响，现阶段对农业完全成本水价构成进行科学合理的论证，对价格变化趋势及其传导机制、传导效应进行深入的研究和分析是当前极为重要和紧迫的任务。

8.1.1.4 灌溉用水污染严重

随着我国经济的发展，对环境的透支也日益加剧，我国灌溉用水也面临着污染严重的问题。除了干旱地区缺水，富水地区缺好水的现象也越来越紧迫。根据环保部发布的《2012 年中国环境状况公报》，我国地表水总体为轻度污染。但根据我国《2013 年中国环境状态公报》的数据，我国主要流域水污染严峻，情况不容乐观。长江、黄河、珠江、松花江、淮河海河、辽河、西南诸河和西北诸河等十大流域中，Ⅰ—Ⅲ类、Ⅳ—Ⅴ类和Ⅴ类和劣Ⅴ类水质的断面比例分别为 68.9%、20.9%和10.2%。海河为中度污染。我国灌区污染物主要有：农业污染、工业污染、生活污染和废弃品污染。并且灌区的污染是以面污染为主，后果相对严重。由于大量的农药、化肥和除草剂的使用以及畜牧业和家禽业的发展，使农业污染较为普遍。2012 年我国农业面源污染物排放量占总量的 47.6%，灌区农业污染主要有两种表现形式：以氮、磷等富营养形式污染水体，它主要来自农用化肥和畜禽粪便；以有机磷、有机氯、重金属等毒害形式污染水体，它主要来自农药、除草剂和部分化肥。根据2013 年的数据，我国农用化肥使用折纯量计算，我国灌区每公顷土地上化肥的施用量约为 930kg，而 2000 年是 770kg，1995 年化肥的施用量只有 0.2kg 每公顷，近 20 年时间化肥使用量增长了 4600 多倍。化肥、农药的消耗量占世界总量的25%和30%，但利用率都不足 35%。

工业源污染即未经处理而排放的工业废水。生活及废弃物污染是未经处理而排放的生活污水、生活垃圾和排水口污染，即堆放在渠道边的废弃物，存在于人口密集的地区。其主要有两种表现形式：排水口污染和地面径流污染。排水口污染主要是未经处理而排放的生活污水，通过涵管排入渠道造成灌溉用水污染。首先，化肥、农药、畜牧业和水产业快速的发展，农用覆膜使用量增加。其次，灌区工业的粗放型发展，对工业废水的排放管理不到位。最后，生活废弃物的污染是由于人口过于集中，生活污水、垃圾和废气处理没有跟进导致。我国灌区灌溉主要是天然降水和井灌、渠灌等，农民普遍采用污水灌溉，不仅对农作物生长有害，还使土地污染严重。2014 年的废水排放总量是 2004 年的 1.5 倍。水体污染进一步加剧了我国水资源短缺的局面，一些丰水地区产生了水质型缺水的现象。

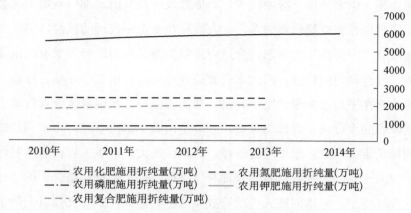

图 8-2　2010～2014 年我国化肥施用量汇总
资料来源：国家统计局 2010～2014 年

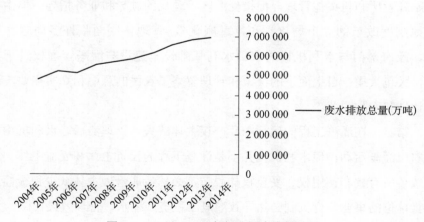

图 8-3　2004～2014 年间我国废水排放量
资料来源：国家统计局 2004～2014 年

8.1.2 中观层面分析

8.1.2.1 农业灌溉地区治理制度有待完善

第一，灌溉地区管理委托—代理风险较高。在灌溉区，很多地方存在双层委托。国家是第一级委托者，而地方政府及其所属部门是第二级委托者。同时也存在双层代理关系。一方面存在委托—代理的风险，另一方面存在政府"内部性"的问题，会造成政策失效。从国际经验来看，水资源应该是综合利用的资源，因此水资源的管理应该和水文、环境、社会、经济等结合在一起来考虑利用、开发、节约和保护。我国灌区管理行政上由各级政府的水行政主管部门负责，一般是由数个部门管理。市水利局或县水利局负责大多数灌溉工程的管理，跨地区的大型灌溉工程由省水利厅管理。我国一直以来采取"专业管理与农民群众民主管理相结合"的"计划化"管理体制，即由同级人民政府成立灌区管理局，负责支渠以上的工程建设管理和用水管理；支渠以下的工程由乡村集体和农民建设，乡、镇水利站或者所和村集体管理，但接受灌区管理局的领导和业务指导。但由于农地制度改革的"市场化"和"家庭化"，管理体制面临许多问题。例如，政府部门与水利机构的农田水利基础设施建设与灌溉管理权过于集中，大包大揽；自上而下的决策和管理忽略了农民的意愿和真实需要，造成计划和实际脱节。

第二，在灌溉工程的运行中，产权主体缺失，管理滞后。水利机构管理农田灌溉活动，但水利机构并不是灌溉工程的投资主体和受益主体。这导致了所有权和使用权、受益权的脱节，必然造成管理主体缺少积极性，水管单位的事业单位机制必然导致灌溉工程资产缩水，管理效果甚微。

第三，管理部门权责不明，权力界限模糊。地表水一般由灌区管理局或者站管理，主要负责灌区规划的制定，防汛排涝和防汛抢险、水利工程设施的日常管理和维修养护、灌溉实验、水价制定与水费收缴、水量分配等；而地下水一般是县级的水利局或水务局管理，且管理权较大，对行政区域内的地下水可以规划、管理和开发。但在很多地区，地下水的所有权不清，基本是自由进入的状况。导致地下水被无限制的开发利用。同时在管理水资源中，忽视了地下水的特点，对地下水资源的立法、评价、规划、监测和监督都滞后。水资源管理过于粗放，重视数量开发，轻视保护的作用，忽略了地下水的生态环境作用，导致了一系列生态问题。

8.1.2.2　灌区工程老化失修配套设施差效益衰减

农田水利设施建设和发展不足是制约我国农业发展的瓶颈。目前，全国仍有一半耕地缺少基本灌排条件。灌区的灌溉工程建设匮乏，导致部分地区农民的基本生活缺乏保障。缺乏灌溉工程的地区，农业产出低，收入低，抵抗灾害的能力也低，靠天吃饭。因此一旦发生一次较大的自然灾害，就会导致农民连温饱都难以解决。例如，在四川，全省有一万多个村庄存在干旱、缺水严重的现象，靠天浇水的土地有近 1000 多万亩。

对于灌区已建的灌溉工程，普遍存在设施老化、田间设备配套不足、维修管理资金不足、管理效率不高的问题。据统计，我国 80%以上大中型灌区工程设施应急运行 30 年以上。由于当时技术有限，标准过低，质量差，现在维修维护困难，"跑、冒、滴、漏"问题突出，不仅造成水资源浪费严重，而且直接降低了灌区的灌溉土地面积数量和效益。全国大型灌区骨干设施完好率不足 60%，中小型灌区干支渠完好率只有 50%左右，大型灌溉排水泵站老化，破坏率高达 75%左右，干旱山丘的"五小水利"工程损坏严重。

8.1.2.3　灌区工程投入不足

灌溉工程的维修和管理资金的不足也影响了灌溉工程的功能的发挥。近几年各级政府增加的投入主要流向了大型的水利工程建设中去。且投入和需要的缺口过大。地方政府更乐意将精力和资金投入到招商引资或者

GDP 见效快的项目建设中去。这导致灌溉工程有人建设、无人管理,管用脱节。虽有工程配备了管理人员,但由于资金缺乏,管理人员工资低,管理水平低下,很多工程难以正常运转。很多水库和渠道经久失修,要么被用来排放污水,要么被泥沙拥堵。据陕西省的调研数据显示,小型灌溉田每年的清淤修复需要一个劳动力投入 5 个工作日。这些都导致水利工程灌溉排水能力不断降低,直接影响了农业生产。

灌溉主体的小型水利工程管理主体缺位、效益下滑。小型农田水利工程具有公共物品的性质,但长期以来,各级政府认为是农民自己的事情,农民受益,建设与管理都应由农民自己承担。导致小型农田水利工程管理机构被缩减,投入越来越小,用于管理的资金投入几乎没有。由于其公共物品性,投资规模较大,且经营管理风险大,受自然条件约束强,利润率较低,回报周期长,农户不愿意进行投资,导致小型水利工程管理主体缺位,效益下滑。目前,承担灌溉功能的以小型水利工程为主。调蓄河水及地面径流以灌溉农田的水利工程设施主要包括水库和塘堰。以水库为例,2013 年为止,我国小型水库占水库总数的 95%以上。虽然从 2007 年我国水库数量不管大、中、小型都稳定地有所上升,但中、大型水库的建设依然滞后,发展缓慢,小型水库依然是灌溉工程的主体。小型水库分散范围广,受众面大,分布在田间地头,运行效果的好坏直接影响到农作物的收成和水资源的使用效率。虽然大型水库的容量占总水库容量的 79%,小型水库的容量只占 8%,但我国大型水库数量少,其辐射面少,其他功能远大于其防洪抗旱及灌溉功能。很多灌溉农户无法分享大型水库的灌溉效益。小型水利工程是灌区的灌溉任务的主要承担者。我国农户生产规模小、农业经营分散、比较效益低,农业生产对灌溉依赖性强。灌溉服务受水资源、地形、地理条件限制,供水范围和服务对象也限定在有限的地域内,具有天然的垄断性,因此小型水利工程的投入资金有限,渠道较窄。如何调动灌溉农户维护保养好小型水库,充分发挥小型水库的作用是和广大灌溉农户密切相关的。

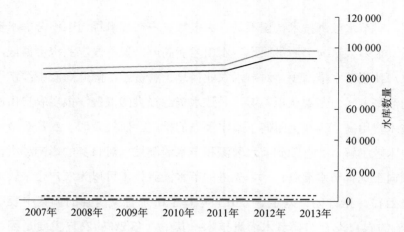

图 8-4　2007～2013 年水库数量图

资料来源：国家统计局 2007～2013 年

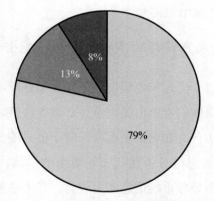

图 8-5　2014 年我国水库结构的饼状图

注：大型水库库容：1 亿 m³ 以上；中型水库库容：1000 万至 1 亿 m³；小型水库库容：
10 万～1 千万 m³

8.1.3　微观层面分析

8.1.3.1　灌溉农户的节水意识弱及对节水灌溉技术认识的不足

农户自身能力有限，节水灌溉的宣传力度不够，很多灌溉农户节水意识弱，对节水灌溉技术认识不足。大多数农户在灌溉行为中不考虑水资源短缺，很多人认为"酒足饭饱"农田才能高产，现阶段农业水价偏低，灌溉农户使用节水措施少，对节水农业信息了解贫乏，因此灌溉中经常用落后的灌溉方式，主观认识不够，导致水资源极大的浪费。很多农户由于节水技术费用高，客观上阻碍了节水灌溉的推广。研究表明，农户对节水灌溉技术越了解，并意识到节水灌溉和节水灌溉技术对自身的影响越大，就越倾向于选择节水灌溉技术。先进的节水灌溉技术可以为农户带来较大的经济效益。据许朗、刘金金 2013 年基于山东省蒙阴县的调查中表明：60.4%的农户没有选择节水灌溉技术；其中，43.2%的农户主要是因为对节水灌溉技术不了解或者不知道而没有选择。因此，政府应该加大对节水灌溉技术宣传和对农户培训的力度，使农户真正了解节水灌溉技术的功能和优点，促使他们选择节水灌溉技术。①

8.1.3.2 灌溉农户获得的市场信息的不完全性和不对称性

灌溉农户由于自身能力和收集市场信息渠道有限，造成市场信息的不完全性和不对称性，他们所做出的决策并非最优决策。即使市场信息较为完全，灌溉农户由于自身知识水平有限，对于信息的分析和解读会出现偏差，或者用传统经验思维分析现代市场繁杂的信息，也易做出非最优决策。灌溉农户收集和处理市场信息能力较弱，自主决策能力较差。农户是种植利益最大化追求者，但并不一定是行为最优决策者。伴随专业化水平不断提高，农户交易的产品种类、规模及交易范围不断扩大，交易双方间的信息不对称逐步加剧，加上专用性投资的增加，农户市场风险趋于增加。信息不对称和交易的不公平经常致使灌溉农户利益受损。其次，灌溉农户受政策和灌溉水资源管理的影响显著。政府制定出相关用水政策对农户灌溉行为有显著的影响。政府的政策规范可以约束农户灌溉行为，控制

---

① 许朗，刘金金：《农户节水灌溉技术选择行为的影响因素分析——基于山东省蒙阴县的调查数据》，《中国农村观察》2013 年第 6 期。

农户用水浪费和不科学的现象；激励政策可以提高农户节水意识，激励农户采用高效节水设施等。政府通过水权、用水配额限制、水价、水源分配、资金支持与技术支持引导灌溉农户的行为，具有积极的作用。但也显著地干预了灌溉农户的市场行为，削弱灌溉农户作为独立决策的市场主体的能力。

8.1.3.3 灌溉农户抗风险能力较弱

我国灌溉农户抗风险的现实能力和潜在能力都落后。农户是风险厌恶者，会经常遇到各种各样的风险，虽然尽量回避这些风险，但所受影响依然较大。即便我国现代农业有了快速的发展，但总体来看农业基础设施薄弱，靠天吃饭式的生产模式普遍。一旦出现灾害，作物的产出率会大幅度下降，直接导致农民歉收，甚至致使农户返贫。现在我国灌溉农户应对自然灾害大多数仍采取的是传统的风险管理方式。例如，为防范自然灾害带来的损害，采取多样化种植、修水渠、施肥、非农自营、洒农药、使用良种、外出打工等。一旦发生重大自然灾害，灌溉农户无法独自抵抗，通过政府救助可以帮助农户应对一定的风险。但由于灌溉农户受土地规模的局限，大多数农户仍然需要自担风险。

灌溉农户的市场风险指在市场交易活动中因市场因素的不确定性导致市场主体出现经济损益的可能性及对其的判断与认知，主要是价格风险和农产品产量的变化。在市场发育完善、交易规则和制度健全有效的地方，交易双方能够在规则的约束下平等地进行议价，价格也能真正反映市场供求状况，此时市场机制常常能够发挥自身的调节功能，在一定程度上降低市场风险的影响。现阶段我国市场机制不够完善，市场的滞后性，信息的不对称性和不完全性，导致扎堆种植，扎堆上市，农产品价格暴跌，农户利益受损严重。例如 2015 年鲜玉米的收购价格暴跌，从春节期间最高 4.8 元/kg，一路狂降到 0.7 元/kg，依然少有问津，按照玉米种植成本，每斤成本价为一元，农民损失惨重。

8.2 灌溉水资源治理政策建议

8.2.1 全国灌溉水资源治理的政策措施

8.2.1.1 逐步合理地提高农业用水价格

我国农业用水价格远远低于农业水资源的真实价值，且农户采用节水灌溉技术缺乏强有力的经济激励。因此，为了激励农户采用节水灌溉技术，必须合理地、逐步地提高水价。合理调整农业水价，激励农户采用节水技术。根据利益最大化原则，农户只有在节水效益大于节水成本时才会主动采用节水技术和措施，而节水收益直观表现为节省的水费，水价的高低成为激励节水的重要因素。同时，也需要考虑到水价调整对农户选择节水行为起到的仅是杠杆作用，而不是绝对影响因素。一部分农户在水价影响下采用节水技术，也有一部分农户虽然受水价影响会产生节水意愿，但可能由于耕地条件、节水设施投入资金不足等因素的影响，使其不能在短时间内采用节水技术，所以水价调整是一个必需而又敏感的途径。由此，水资源管理部门需要测算合理的临界水价，使农户采用节水灌溉技术得到的净收益大于不采用节水灌溉技术的净收益，在刺激一部分农户选择节水技术的同时，又不会过分增加短期内无法采用节水技术的农户水费负担。

8.2.1.2 加快土地整合形成规模化经营

首先，农户经营的土地面积越大，其应用节水灌溉技术的成本越低，产生的效益越大，易形成规模效应。例如山区土地比较分散，农户采用节水灌溉技术有很多不便之处。其次，土地面积越大，产权越清晰，灌溉农户对土地的投资越大。土地的交易和流转不畅，直接会减少对土地的中长期投资，阻碍资本对劳动力、土地的替代作用。劳动力转移的农户可以通过土地的转移和流转收回土地投资的回报，直接推动资本进入农业生产中，使资本替代土地和劳动力。另一方面，农户可以将土地作为抵押物向银行申请贷款，从事有利可图的活动。加快土地流转，将小的、细碎化的地块整合，有利于提高农户采用节水灌溉技术的积极性。一部分农民能安心经营土地，增加投入，提高技术，提高土地产出率。另一部分农民放心流转土地，就业转移，推进土地规模化，不仅会获得土地经营权流转的收益，增加财产性收入，同时可以通过自己的劳动，获得工资性的收益。不仅解决了农业劳动力转移的就业问题，也增加了农户的收入。

8.2.1.3　逐步完善水权市场

构建更加符合我国国情、经济社会发展和水资源管理的水权制度体系框架。水权制度是一个复杂而庞大的制度体系，其研究内容涉及水文学、水资源、法学、经济学等多个学科。水权制度框架的构建和关键支撑技术有很多地方还存在可以改进的空间，尤其以下几方面为急需深入的重点：

随着与水权制度相关的各个领域研究的深入，新的理论和新的方法会不断地出现，不同学科对水权制度的研究切入点和重点都不相同。水权制度的建立和完善需要以各个学科的优秀成果综合为基础，对水权的界定和水权制度的推进会更加科学和全面。且随着社会的发展，人的需求不断地演化，关于水权制度的角度和侧重点各个时期都会不同，因此，制度的框架要有纳新的能力，也有自己不断深化的机制。这需要从事水权制度研究和创建的人的不断努力，充分发挥市场的基础配置作用。

我国水权的产权制度的改革和法律的跟进也是我国农业用水改革的方向。产权制度的改革应该逐步细化到具体的实施标准和鉴定，将所有权、使用权、收益权明确划分。在产权主体明确并形成完整的产权形式的背景下，我国水权市场化将会产生质的飞越，将会大力促进水资源的效率提高，促使资本流向水利设施。水权能够实现市场化的前提是产权的划分有明确的法律依据和具体的划分细则和标准。

8.2.1.4 推动水污染控制向水污染综合治理转变

水污染防治是我国水环境保护的主战场，从"九五"开始，我国逐渐建立了一套较为成熟的水污染防治工作机制，即以流域为单位，以重点流域为核心，与国家"五年计划"的时段相匹配，编制重点流域水污染防治的五年规划，指导全国的水污染防治工作。目前我国对水污染的治理还停留在对工业污染的控制，忽视了城市生活污水的处理和农业污染的综合防治。我国人多地少，人均耕地面积更少。因此我国农业发展长期是处于追求产量、扩大经营面积以求高产量的粗放发展的道路。因此这样的发展路径导致我国农业资源被严重破坏，水资源被严重污染。虽然已经认识到水染防治应从单纯点源治理向面源和流域、区域综合整治发展；从侧重污染的末端治理逐步向源头和工业生产全过程控制发展；从浓度控制向浓度和总量控制相结合发展；从分散的点源治理向集中控制与分散治理相结合转变。但这些还是不够的，我国水污染的防治要立足长期，兼顾当下，使防治水污染具有可实践性。水污染的防治不仅要注重浓度控制、总量控制，还要向质量控制转变。推动水污染防治由污染值为主，向污染治理与生态修复转变。目标由单一的污染物排放量总量消减转向水环境治理改善，使生态得以修复，水环境安全得到保障。在灌区，要积极推进环境综合治理，根据土地的消纳能力合理确定养殖规模，以资源化利用为指导原则，防治畜禽养殖污染。通过推行生态养殖、在重要湖库水体取缔网箱养殖等措施不断加强水产养殖污染治理。通过推广测土配方施肥、生物农药和高效低毒低残留农药、调整种植结构和空间布局等手段，逐步减少种植业污染物产生。采用沼气池建设等资源化利用手段，解决农村粪便、生活垃圾等污染，积极推进农村环境综合整治。通过船舶废弃物接收站点、船舶生活污水岸上接收站点和化学品运输船舶洗舱基地建设等手段，加快实施船舶流动源污染防治，积极开展水生态保护和修复。推动水污染防治由治理为主向治理与生态恢复并重的历史性转变，首先要因地制宜利用灌区的支流河口及河流入海口的开敞河势、回水区等自然条件建设规模化湿地，恢复河岸带植被，保障河道生态需水量，恢复河流生态系统；恢复湖泊生态系统；加强水库消落区的管理，进一步强化水域清漂工作，促进水库生态系统健康。

再次，建立分区防治体系，细化落实水污染防治任务。在"流域—控制区—控制单元"三级分区体系中，流域决定了产汇流以及污染物迁移转化的基本格局，是最高层次的空间单元。该层面重点把握水污染防治的宏观布局，明确流域水污染防治重点和方向，协调流域内上下游、左右岸各行政区的防治工作控制区，边界一般是省级行政区边界与流域边界相切割而确定，该层面重点落实地方政府水污染防治目标、责任和任务。而控制单元则是根据流域内不同区域具体水环境特征而划分，针对更为具体的水环境问题提出更具针对性的措施，确保水污染防治取得实效。根据实际需要，控制单元下面可进一步划分控制子单元，根据不同区域的水环境和经济社会发展特征，因地制宜确定水污染防治目标，制定针对性的防治方案。

水污染的治理还需要水污染权配置制度的健全。水污染权出售的总量要受到水资源容量的限制，也是对污染量的一个人为的控制。这一工作是由政府部门评估、测算这一水域可容纳、消纳污染物质的上限。灌区实现水污染权限配置存在很多障碍。企业的污水的排放可以被限定，但监督的成本较高，尤其是农业水污染较分散，不好度量也不好测算。这使灌区的水污染权配置有很大的障碍。

8.2.1.5　推动行政界线的突破，加强区域间合作

水资源由于本身的特殊性，广泛连续分布于各地。因此，要达到水资源的优化、治理和水权市场的建立，单靠一个市、一个县是无法完成的，甚至一个省也是达不到预期目标的。并且我国关于水资源的研究由于水资

源形势日益严峻，逐渐被社会所重视，水市场和水权市场刚刚起步还有很长的路要走。由于水资源的准公共物品的性质，关于水资源的很多治理方法不可能依靠市场自发的力量大幅改进，只能依靠政府不断地推进。水资源从宏观看，是一体的，河流等水资源往往分布范围很广，那些只有小范围权力的行政部门或管理单位是无法实现整个河流、地上地下的水资源的宏观调控。水资源的开发利用、水权市场的建立是一个系统性工程，只有区域间加强合作，才有可能协调整个流域的相关的利益冲突。例如整条河流的水资源的分配，这需要上中下游联动进行水资源的分配，建立合理的水权出让补偿机制，才有可能解决。而且水资源要有一个统一的标准，例如水质标准，水权划分的界限，这必须通过区域间的联合统一，才能真正使统一的水权市场形成。

8.2.2 针对灌区水资源治理的相关政策

8.2.2.1 明确灌区各级政府和灌区水资源管理部门的权责

灌区水资源管理政府和水利部门、灌区水资源管理部门之间权力界限模糊，加强政府的引导和建立制度的职能，将权力下放给各水利部门，让渡给市场。灌区政府现在的主要职能是政府要界定和保护产权，尤其是土地产权中各项产权的归属，灌溉水利设施的产权界定和保护制度，水权的制度的建立，推动灌区农业生产和资源配置的市场的基础地位。并完善市场监督体系，积极推动灌区农户参与决策和管理，规范行政执法，维持市场秩序。灌区政府应该在提高灌区农业效益上，积极推出特色的产业政策，并鼓励技术创新和技术的推广。要消除政府对市场的干预、扭曲，让市场进行资源配置。这并不意味着政府从资源配置中退出，而是要求一个更强有力、高效率的政府，对市场进行有效的监管和引导，政府在农业职能的转变和农业市场发展的协调是我国农业现代化的重要因素和明显标志。

8.2.2.2 灌区法律和制度的完善

水资源方面的法律制度是其他行为的准则和框架。水资源管理是市场、政府和微观主体活动的前提和基础。并且我国水权制度要建立，水市场要完善，我国关于水资源的法律的立法已经取得了一定的成绩，基本的法律框架都已经建立。我国在水资源管理方面的法律已有：《中华人民共和国水法》《中华人民共和国水土保持法》《中华人民共和国环境保护法》《中华人民共和国水污染防治法》等，各地又有各地的水资源保护条例、管理办法等。但我国关于水资源管理依然存在一些空白。例如关于水源保护补偿的法律、水权交易法律、水污染权交易的法律。制度的另一个层面是执法问题，我国关于水资源管理的执法相对落后。导致了现实经济行为中，出现了各种问题。对于水资源这样的具有公共物品性质的资源，政府在调节资源时是重要的主体。因此要实现水资源的有效管理，在法律和制度的完善中不仅要注重法律的健全，还要将执法落到实处。执法要落到实处，不仅仅要加大执法力度，提高水资源管理的执法效果，更重要的有监管机制，增加执法的透明度。这对将水资源管理落到实处，意义重大。现在信息网络发达，舆论监督，公众的监督作用在加强，但这些自发的监督缺乏全面性和完善性，如何利用这些监督力量，这也是制度创新的重要方向。在传统的灌溉水资源的管理中，管制手段是最常见的手段。一般是各级政府根据相关的法律、法规和标准，对活动主体的行为加以约束和限制。

8.2.2.3 加大节水灌溉的投入

这是我国节水型社会建设的重要环节。解决灌区水资源供需的矛盾，无非就是"开源"加"节流"。"开源"往往要花费巨大的成本，受水资源禀赋和生态系统的限制。"节流"是全国灌区的成本较低，效果良好的选择。并且从 2002 年《中华人民共和国水法》将节水型社会建设纳入其框架中，确立了我国在水资源方面的重大战略。而农业是节水型社会建设的优先领域，我国有 9 亿人在农村，是节水型社会建设的重要基础。灌溉又是农业耗水大头。因此要推进节水型社会的进步，核心环节是节水灌溉的建设。且我国农业生产普遍落后，绝大多数农业生产还以大水漫灌为主，导致水资源浪费严重。节水灌溉的发展空间很大。

在灌区，一些节水灌溉工程公益性强，正外部效应强，一次性投资的规模大、建设周期长，投资回收周期长，缺乏市场投资的激励。只能通过政府大力推进建设和经营，联合投资，联合收益，联合受益，发挥大的灌溉工程的真正效益首先通过宣传、实验、鼓励等方式。除了推广灌区工程节水技术和农艺节水技术，还要重视生物节水技术的推广。

8.2.2.4 加快灌区农业农村灌溉的信息化建设

现今信息技术已经深入到生产、生活，不管是现代产业还是传统产业，都被信息化技术改头换面，以其新的活力和形式出现。灌区农业和灌区也被这场革命席卷。信息技术逐步渗透到农村经济社会、生产生活、民主政治、文化教育等各个领域。农业农村信息化也是农业现代化的高级阶段，也是未来农业和农村发展的趋势。目前，我国农村农业信息化取得了一定的成绩，"三网"为主体的信息化基础社会不断夯实，基本 100%的乡镇能上网，广播、电视综合覆盖率达到了 96.8%和 97.6%。我国农村农业现代化形成的基础包括服务设施、服务队伍、信息资源、社会环境等，这些组合构建了信息化产品和信息化服务的主体。服务设施是信息化建设的物质基础，是信息建设的骨架。

灌区农业信息化的加速能提高灌区农业生产率，转变农业的生产、经营方式。使生产的新技术有广泛的传播渠道，生产效益的测算更科学、精准，对生产的指导意义更强。灌区信息化同时改变了农民的生活方式，也使农民更深入了解市场信息。

灌溉水利的信息化是农村农业信息化的一部分。水利信息化充分利用现代信息技术，开发和利用水利信息资源，包括对水利信息进行采集、传输、存储、处理和利用，提高水利信息资源的应用水平和共享程度，从而全面提高水利建设和水务处理的效能及效益。我国水利信息化工作起步较晚，也较单一，仅围绕计算机技术的推广和应用于水利信息的汇总和处理。到目前，我国水利信息网初步建成，全国实时水情能及时传输，防汛抗旱系统工程建设已经基本成形。

灌区的信息资源是农业农村生产、生活活动的信息、知识、数据的集合，是信息建设的各个细胞组织，是灌区农户和组织获得市场信息和生产技术的重要途径，也是灌区农户成为独立决策主体的重要条件。首先，农业农村信息化服务队伍是信息化的大脑，过硬的基础设施和全面的数据都需要人来处理，因此服务队伍的建设也是信息化的关键和核心。其次，现在我国农业农村基础薄弱，只能通过政府自上而下的推动信息化建设，但这或多或少会造成农业农村信息化服务的农户的主体地位丧失，导致信息化建设的效率较低，甚至会和最初的目标背离。灌区农村农业信息化最终要回到农户主体地位这一起点，这是灌区农业农村信息化的内生动力。因此在本阶段推进信息化过程中制度的设计和政策的制定要从农民需求出发，积极调动农民的积极性和主动性，使农民真正从信息化中受益。最后，社会环境是外在影响因素，农村农业信息化建设的发展方向和具体过程都将受到农民行为、政府行为和政策法规等外部环境影响。

8.2.3　针对农户灌溉行为的政策设计

8.2.3.1　推动农户自治模式的建立

理清灌区农户和集体的关系，建立良性的农户自治模式，在我国水权制度建立和运行中意义重大，是我国水权制度运行的内在推动力，也是我国农业发展的内生制度因素。自治是现在理论中公认的关于公共事务领域中一种有效的治理模式，在灌溉农业区也需要农户的自治模式运行。虽然我国总的社会体系的发展还不足以支撑起社会组织全面承接政府职能转移的能力。笔者认为农业的领域是最容易推动自治模式的，一方面是因为我国农村的集体土地制度，广大农村的以村为单位的集体议事模式依然存在，且农村基层的民主是真正实现一人一票制度，是村民体现诉求，实现在集体中利益的重要方式。因此，建立农户自治模式在我国农村具有可行性。但要建立足以承接政府让权的自治模式，现代化的农户自治模式，还需要政府的进一步推动。倡导灌区基层民主的探索，提高灌区农户的组织化程度，在未来政府逐步退出农村时，依然有组织承担公共事务的管理。灌区政府要提高农户的权利意识，提高农户参与公共事务决策的积极性。认识到加强灌溉工程的重要性，引导农户参加灌溉工程建设和维护。推动灌区农户水权和部分灌溉设施的使用权和所有权等产权的界定和保护，还有灌溉的决策制定权、服务提供权以及筹集资金权，在集体组织中有知情权、监督权等等。灌溉生产有明显的公共池塘资源属性，水权的私有化难度较大，历史经验也证明，要使大中型灌溉工程发挥效益，运行、维修这些灌溉设施，必须使靠集体的力量才能完成。明确小型农田水利建设的收益主体和投资主体，在尊重农民意愿的前提下，合理引导农民筹资筹劳，提高农民的积极性。解决好集体外部效益的内在化，形成灌溉生产合作行为的激励机制是农户自治的核心所在。

8.2.3.2 加强对灌区农户的教育与培训政策的制定和实施

要实现农业现代化，提高灌区农业的收益，除了新技术的推广，核心是全面提高灌区农民素质。培育有文化、懂技术、会经营的新型农民，也是我国农村建设，农业发展的战略问题。农民是农业生产的主体，农户本身的知识水平和能力素质在很大程度上决定农户是否采用节水灌溉技术，为了适应现代农业生产，农户必须不断更新自己的知识技术。现代农民的来源除了从第二、三产业之间流动，还有农民本身的现代化。从现在农业和工业、服务业的要素报酬来看，农业的报酬远低于工业和服务业，因此现代农民的主体还是建立在现阶段农民的能力和素质的提高。我国灌区农民受教育程度整体偏低，科技素质不是很高，农民受教育程度远低于城镇人口，且留在灌区务农的教育程度更低；接受过技术培训的农村劳动力比例很小，只有 20%，发达国家都在 70%以上。因此要推动现代农业的发展，首当其冲的是要培养出新型农民，尤其是对现有农户的培养。灌区作为我国的粮食生产的主要地区，更需要走在农民教育培训的前列。

提高生产决策者采用节水灌溉技术的能力，是成功推广节水灌溉技术的关键，也是促进科技向现实生产力转化的动力。政府及科研推广决策部门在推广节水灌溉技术和项目时，首先，要考虑农户在技术风险、资金投入方面的承受能力以及对技术的掌握能力，帮助农民客观认识技术的风险和资金方面的信息；其次，要强调农民的主体作用，不能只见技术不见人，要深入分析农民的需求和心理特点，吸引农民积极主动地参与和合作，让农民感受到自己的参与权利。最后，要充分发挥广播电视、农业院校和协会组织等社会各方力量，开展适应农民需要的多种形式的培训活动，建立真正意义上的由政府组织、农业部门主导、农科教结合、社会广泛参与的农民教育培训网络。

表 8-2　2008～2014 年三大产业对我国 GDP 的贡献率

指标	2008 年	2009 年	2010 年	2011 年	2012 年	2013 年	2014 年
就业人员（万人）	75 564	75 828	76 105	76 105	76 704	76 977	77 253
第一产业就业人员	29 923	28 890	27 931	27 930	25 773	24 171	22 790
第二产业就业人员	20 553	21 080	21 842	21 842	23 241	23 170	23 099
第三产业就业人员	25 087	25 857	26 332	26 332	27 690	29 636	31 364
城镇就业人员	32 103	33 322	34 687	34 687	37 102	38 240	39 310
乡村就业人员	43 461	42 506	41 418	41 418	39 602	38 737	39 743

资料来源：国家统计局 2008～2014

现代灌区农户的培训和教育的内容也要发生转变。不能局限于种植技术为主的传统农户培训和教育。农户要在市场中获利，就必须遵循市场经济原则，生产出市场需要的农产品。随着国人生活水平的提高，消费者对农产品的质量、品种等要求越来越高。市场需求结构也在不断地调整和变化。这就决定了未来农户的培训和教育内容要适应市场经济。不仅要培养农户生产技能的提高，还要培养农民生产技术选择技能、市场信息收集技能、市场信息分析技能、应对风险技能、循环使用有限资源的技能，更要培养农民节约水资源保护环境的意识，使农业、农村实现可持续发展，使现代农民不仅能用现代科技武装自身，武装农业，同时使现代农民成为独立主体进入市场中，不断提高自身竞争力。

建立灌区农户长效培训机制。农民教育培训属于公共物品供给，政府发挥着主导作用。政府要建立完善的长效机制以保障农户培训和教育落到实处。要建立农户培训教育的动力机制、运行机制、保障机制、调节机制和评估机制。动力机制是农户培训教育活动得以正常有序开展的根本，是探讨如何从多方面调动农户参与培训和教育主动性和积极性的问题。运行机制是具体流程操作，使农户培训和教育工作科学有序进行。保障机制不仅要有思想保障、组织保障，还要有经费保障、制度保障和环境保障。调节机制指使培训的方向、流程保持正确方向，不断修正培训教育计划，使培训教育更适合农户和市场的需求。评估机制主要对培训教育效果评估鉴定。这一长效机制中，五大机制之间是相互作用，相互影响的复杂关系。

8.2.3.3 制定节水灌溉技术采用的激励和扶持政策加大宣传

在节水灌溉技术推广初期，政府采取相应的激励政策和扶持政策能够激发农户采用新技术的积极性。对于采用节水灌溉技术的农户，可以通过生产资料补贴等物质补助的形式或奖励政策加以鼓励，或者通过降低农业用水价格来提高农户采用技术的概率。同时，政府要加强对鼓励和扶持政策的宣传工作，让农户了解鼓励政策的目的和相应的实施办法。使农民意识到灌溉节水程度越高，农民的收入会越高，经济状况也会越来越好。

农民才会关注节水灌溉，使用节水灌溉的技术。再次，政府一方面要加大教育培训的投入，借助大众媒体的宣传，基层技术推广人员的深入推广，印刷宣传册等方式，使灌溉节水的信息被广大农户知晓，并广泛接纳，才会真正促进节水灌溉的普遍推广。

8.2.3.4　加大对灌区种粮农民的财政补贴适度提高粮食收购价格

种粮补贴与种粮投入的比例越大，农户越倾向于参与小型农田水利建设。由于种粮补贴可以作为政府的间接引导投入，同时对农户的家庭收入也能起到补充作用。这和理论也是一致的，根据刘易斯的二元结构理论，要使二元结构趋于一元，即生产要素能在现代产业和传统产业中自由流动，必须使二元结构中的生产要素报酬趋于一致。要提高灌溉农业区的生产要素报酬，即要提高生产率。若将技术内生化，提高生产率一方面要加大资本的投入，另一方面要加大人力资本的投入。但由于现代农业基础太过薄弱，靠其内生因素促进增长太过困难。我国粮食的 70%，棉花的 90% 都产自灌溉地区，因此要促进农业的发展，比如加大灌区的投资。灌区政府利用各种手段直接投资，加以引导，使资本、技术、劳动力等资源流入灌区农业之中，从而提高生产率。加大对灌区种粮农民的补贴，提高粮食收购价格，增加农民的收入，使二元结构中的收益率差距逐步拉小。

8.3　小结

灌溉行为中的三大主体有其自身的特点，在灌溉水资源管理中的存在问题差异明显。因此，本章从三个维度论述了我国灌溉水资源配置和管理存在的问题：全局的宏观维度、灌区管理的中观维度、灌溉农户的微观维度。从全局的宏观维度出发，我国灌溉水资源配置和管理的问题有：灌溉方式粗放，水资源的利用率过低，节水空间巨大；灌区水权制度有待完善；水价过低；灌溉用水污染严重。从灌区管理的中观维度出发，我国灌区水资源管理的问题有：农业灌溉地区管理制度有待完善；灌区工程老化失修，配套设施差，效益衰减；灌区工程投入不足。从灌溉农户微观维度出发，灌溉农户存在的问题有：灌溉农户节水意识弱，对节水灌溉技术认识不足；灌溉农户获得的市场信息的不完全性和不对称性；灌溉农户抗风险能力较弱。

　　作为灌溉政策的供给者——政府，解决以上问题时，也要根据这三个维度的特征，有的放矢，制定行之有效的法律、政策。本章顺沿灌溉水资源配置和管理的分析框架，从三个层面提出政策建议。从灌溉水资源管理的顶层设计看，农业用水价格长期偏低；加快土地整合，形成规模化经营；完善水权市场；推动水污染控制向水污染综合治理转变；推动行政界线的突破，加强区域间合作。从灌区水资源管理层面看，首先要明确灌区各级政府和灌区水资源管理部门的权责；其次，完善灌区法律和制度；加大节水灌溉的投入；加快灌区农业农村灌溉的信息化建设。从灌溉农村层面看，要推动农户自治模式的建立；加强对灌区农户的教育与培训政策的制定和实施；制定节水灌溉技术采用的激励和扶持政策，加大宣传；加大对灌区种粮农民的财政补贴，适度提高粮食收购价格。

参考文献

　　[1] 窦明等：《最严格水资源管理制度下的水权理论框架探析》，《中国人口·资源与环境》2014 年第 12 期。

　　[2] 中华人民共和国国家统计局：《中国统计年鉴（2003—2014）》，http://www.stats. gov. cn/tjsj/ndsj/(2016-08-20)。

　　[3]（美）赫伯特·金迪斯等：《人类的趋社会性及其研究——一个超越经济学的经济分析》，浙江大学跨学科社会科学中心译，上海：上海人民出版社， 2006 年。

　　[4] 李九一等：《中国水资源第区域社会经济发展的支撑能力》，《地理学报》

2012 年第 3 期。

　　［5］刘辉：《农户参与小型农田水利建设意愿影响因素的实证分析——基于对湖南省粮食主产区 475 户农户的调查》，《中国农村观察》2012 年第 2 期。

　　［6］刘学文：《中国农业风险管理研究——基于完善农业风险管理体系的视角》，博士学位论文，西南财经大学，2014 年。

　　［7］罗必良等：《农业产业组织：演进、比较与创新》，北京：中国经济出版社，2002 年。

　　［8］（日）速水佑次郎：《发展经济学——从贫困到富裕》，北京：社会科学文献出版社，2003 年。

　　［9］魏清顺：《农村水资源开发利用与管理》，北京：中国社会出版社，2010 年。

　　［10］吴丹：《中国经济发展与水资源利用脱钩态势评价与展望》，《自然资源学报》2014 年第 1 期。

　　［11］徐中民，龙爱华：《中国社会化水资源稀缺评价》，《地理学报》2004 年第 6 期。

　　［12］许朗，刘金金：《农户节水灌溉技术选择行为的影响因素分析——基于山东省蒙阴县的调查数据》，《中国农村观察》2013 年第 6 期。

　　［13］于法稳：《中国粮食生产与灌溉用水脱钩关系分析》，《中国农村经济》2008 年第 10 期。

　　［14］赵亚莉：《长三角地区城市建设用地扩展的水资源约束》，《中国人口·资源与环境》2016 年第 5 期。

　　［15］中华人民共和国水利部：《中国水资源公报》，北京：中国水利水电出版社，2014 年。

后记

改完书稿的最后一个字，合上电脑，多年来的研究历程一幕幕在脑海里回放，从雄浑的黄土高原到灵秀的汉水谷地，从雨量充沛的喀斯特地区到雪水浇灌的祁连山下，都有我们研究团队的足迹。灌溉水资源的利用、农业和农村的发展，一直是我和我的研究团队持续多年的关注焦点。我们欣喜地看到我国正在进入快速的城镇化和步入农业的现代化，看到专业化农业生产为农民带来的巨大的收入提升，看到现代节水技术在水资源短缺地区的推广和应用，看到政府和民众在节水方面所做出的努力和贡献，所有的一切，让我们对中国的农业水资源高效利用充满希望和研究热情。

多年来的研究发现不断丰富着我的知识，也不断扩展和调整着我的研究思路，我们从最初关注农业灌溉用水的技术效率，扩展至对其技术效率和经济效率的综合考量；从单纯的农业种植业到农、林、牧等多行业水资源配置的研究；从区域的农业发展战略到综合社会经济发展战略，从实体水到虚拟水的研究，我们真切地感受到了水对于生命、农业生产、社会经济发展乃至人类社会的意义。研究工作的不断深入，研究成果被实践所认可，也让我充满自豪和欣慰，作为学者，对国家和社会的贡献也就在此了。

应该看到，多年来"水资源短缺"与"水资源利用效率低下"总是同时出现在对中国农业水资源利用状况的描述中，也成为困扰决策者和科学研究工作者的一个瓶颈问题。就实践领域而言，制定相关政策、扶持农业生产、实施节水战略、推广节水技术，是我国政府（宏观层面）工作的重要任务；而个体农户（微观层面）作为灌溉活动的终端实施者，更是农业灌溉活动成功进行的关键。因此在我们的研究工作中，我们除了考察政策、资金、技术对灌溉水利用效率的影响外，特别将研究重点放在了灌溉活动中政府和农户的行为优化上。我们建议推进需求为主和参与式的灌溉水资源管理模式，建议给予农户更多的资金与技术扶持，给予农户更多的自主管理空间，从而推进水资源利用效率的提升。近年来，随着我国水资源管理制度改革的深入，各级政府包括水行政主管部门已经实现与供水管理单位（此处为中观层面）政企分开，各司其职，供水单位"上"执行国家政策的执行，"下"对农户提供灌溉服务，同时增强自身经济核算，成为了处于中观层面的影响农业灌溉活动的重要主体，也成为了我们研究的主要对象之一。本研究成果表明，农业水资源的优化管理，灌溉效率的提高，不仅仅依赖于基础设施建设的完善及技术手段的提高，更重要的是上述灌溉活动中三个主要利益相关者，即政府、供水管理单位和农户之间行为模式的优化。我国的农业水资源管理正在从传统的供给管理向需求和参与式管理转变的过程中，重视并发挥利益相关者的作用，统筹和协调利益相关者之间的关系成为关键，这也是本书写作的初衷。

认识的深化是一个艰苦的过程，需要不断充实自己的理论前沿，需要大量的田野调查和访问，需要将灌溉水的治理放在国家发展的宏观大背景中去思考；认识的深化又是一个快乐的过程，为自己的认知有了新的高度而快乐，为了涅槃之后的重生而狂喜。在不断的认知深化中，有关"水"研究的系列目标正在我脑海中排队：水权制度在全国的推行效应，农业水价综合改革对中国农业及其他行业乃至整个中国经济社会的影响，生态文明理念对中国水资源治理目标的提升与扩展，流域管理的多目标集成系统……

"路漫漫其修远兮，吾将上下而求索"，科研无止境，我将带领我的团队，勤奋努力，继续前行。

本书的研究仍存在很多不足，敬请读者批评指正。

方兰

2016 年 9 月